例題で学ぶ材料力学

Mechanics of Materials -Learning through Examples-

堀辺 忠志 [著]

森北出版

まえがき

　本書は，大学および高専の機械工学系学科で開講されている材料力学の教科書，もしくは設計を業務とするエンジニアの参考書として執筆したものである．材料力学の基本的な事項に対し，図や例題を数多く取り入れてわかりやすく内容を記述し，設計の現場でも役立つよう具体的な問題を数多く取り上げている．

　材料力学は，いうまでもなく機械工学の中心をなす基礎科目の一つであるが，近年，有限要素法（FEM）などの計算力学的なツールによる構造強度解析が容易になり，その必要性はますます高まってきている．現代は，解析条件を設定して FEM を用いてコンピュータによる構造計算を行うと即座に答えが得られる便利な時代になっている．一方，FEM では，適切な境界条件を設定しないと現実的ではない解が生じ得るが，この誤りは非常に気づきにくい．しかしながら，材料力学の知識があれば FEM の結果の奇妙さに気づき，適切に対処することが可能である．このため，コンピュータによるシミュレーションが隆盛を極める現代においても，材料力学は以前にも増して重要な位置を占めることは論をまたない．以上の点を踏まえ，執筆に際しては，以下の点に配慮した．

(1) 取り上げた項目には例題を配置して，その場で理解が深まるようにした．
(2) 初等的な微分積分学，線形代数学で理解できるようにした．
(3) 各章末には精選した演習問題を配置し，問題を解くことによって真の理解が深まるようにした．
(4) 自学自習がスムーズに進められるよう，演習問題に対しては詳細な解答を示した．
(5) 国際標準の技術者教育認定制度（JABEE）などへの対応として，英語による例題や問題を配置した．

　学習の成果を上げるために予習や復習が重要であるが，この自学自習を促すために，本書では他書に比べてかなり詳しい解答をつけている．また，式の導出についても丁寧な記述を心がけた．これらは冗長に思われるかもしれないが，理解が及びにくい点を自力で解決できるための手がかりとなってほしいという著者の希望の現れである．ただし，逆説的な言い方になるが，どうしても解決の糸口が見つからない場合だけに，解答を参照してほしい．はじめから解答に頼ってしまうことは学習に有害となることに注意されたい．

　執筆中に常に念頭にあったのは，近年の日本の技術力の低下，および基盤技術が軽視される風潮への懸念である．本書を読むであろう若い学生やエンジニアの皆さんが今後の日本の工業界を担うには，応用に過ぎずに基本的なことを深く理解することが必要である．そのことを絶えず意識して内容を記述したつもりであり，本書が先に示した懸念を少しでも払拭することに役立つのであれば，著者の望外の喜びである．他方，著者の非才のために誤った記述や内容に不整合があることを危惧している．それらの点に気づいた場合には，読者の皆さんからの遠慮のないご叱正を期待する．

　なお，本書を書くにあたっては，内外の多数の著書を参考にした．ここにそれらの著者に対して敬意とともに深甚なる謝意を表したい．また，元日立製作所 木本寛氏からは貴重なコメントを頂いた．ここに記して厚くお礼を申し上げる．

2022 年 5 月

堀辺 忠志

目　次

第1章　応力とひずみ

　物体に外力が作用すると，物体内部には外力に抗した力が生じ，この抗力を断面の面積で割ったものを応力（stress）という．物体が壊れるのは，この応力が物体固有の値，すなわち引張り強さ（あるいはせん断強さ）を超えてしまうことを意味する．また，外力が作用すると物体は変形し，変形の尺度としてひずみを考える必要がある．さらに，応力やひずみの関係そして安全率などは，強度設計上，きわめて重要である．本章では，以上の基本的事項を理解し，簡単な引張り，せん断を受ける棒の応力やひずみを考える．

● 1.1　応力とひずみ

　図 1.1 (a), (b) のように棒状の物体に荷重 P を加え，荷重方向とは垂直な断面を仮想し，その左右の部分 (1), (2) を考えたとき，それぞれの断面には荷重 P とつり合う内力 Q が生じて，物体はつり合い状態にある．この物体内部に生じる力 $Q\,(= P)$ を単位面積あたりで考えたものを応力 σ という（σ は，シグマと読む．なお，付録 E に各種ギリシャ文字の読み方を示す）．応力は，荷重方向に垂直な面だけに作用するものではない（第 10 章参照）が，ここでは図 1.1 (b) のように，荷重に垂直な断面を考え，その面に垂直な方向に引張りもしくは圧縮力が作用している場合を考える．したがって，断面積を A とすると，応力は

$$\sigma = \frac{P}{A} \tag{1.1}$$

と表される．応力の単位は，力/面積であり，N/m^2（$= Pa$，パスカル）で示すことが多い．なお，引張り応力および圧縮応力を総称して垂直応力（normal stress）という．

　一方，変形を表す尺度として，以下のようなひずみ（strain）ε を導入する．すなわち，図 1.1 (c) のように l を棒のもとの長さ，l_1 を変形後の棒の長さ，λ を伸び（elongation）

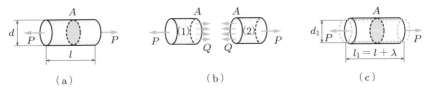

図 1.1　物体に生じる応力および変形（伸縮）

として，ε を

$$\varepsilon = \frac{l_1 - l}{l} = \frac{\lambda}{l} \tag{1.2}$$

と定義する．ここで，縦方向（引張り）方向のひずみ ε を**縦ひずみ**（longitudinal strain）といい，ε は無次元である．

さて，鋼製棒などでは，変形が小さければ，変形の大きさと外力は比例する．これに応じて，応力 σ とひずみ ε も比例関係にあるものと考え，

$$\sigma = E\varepsilon, \quad \text{または} \quad \frac{P}{A} = E\frac{\lambda}{l} \tag{1.3}$$

となる．この関係を**フックの法則**（Hooke's law）とよぶ[†]．ここで，E は比例定数であり，一般には，**縦弾性係数**（modulus of longitudinal elasticity）またはヤング率（Young's modulus）とよばれている．E は材料によって一定値をとり，軟鋼では $E = 206\,\text{GPa}\,(= 206 \times 10^9\,\text{N/m}^2)$ 前後である．E が大きいほど同じ量の変形をするのに大きな荷重を必要とする一方，E が小さいほど同じ大きさの荷重のときには変形量が大きくなる．

次に，棒に作用する荷重 P の方向に対して直交する方向の寸法変化を考えると，丸棒の直径 d は図 1.1 (c) のように d_1 の大きさに縮む．したがって，この方向のひずみ ε' を考えると

$$\varepsilon' = \frac{d_1 - d}{d} = -\frac{d - d_1}{d} \quad (\text{無次元}) \tag{1.4}$$

となる．この横方向（引張りと直交する方向）のひずみ ε' を**横ひずみ**（lateral strain）という．また，横ひずみと縦ひずみの比の絶対値を**ポアソン比**（Poisson's ratio）ν とよび，$\varepsilon' < 0$ を考慮して

$$\nu = \left| \frac{\varepsilon'}{\varepsilon} \right| = -\frac{\varepsilon'}{\varepsilon} = \frac{(d - d_1)/d}{\lambda/l} \tag{1.5}$$

と定義する．ν も材料によって一定値をとり，通常の金属材料では $\nu = 0.25 \sim 0.35$ である．

物体への負荷様式としては，**図 1.2** (a) のように，面をずらす方向へ作用する場合もある．この負荷様式を**せん断**（shear）とよび，負荷する力をせん断力，面に生じる単

[†]　R. Hooke (1635–1703，イギリスの科学者) は，1676 年にフックの法則をアナグラム（ある語を構成している文字の入れ替えによって異なる意味をもつ語をつくる言葉遊びのこと．たとえば orange（オレンジ）を organe（器官）とするなど）を用いて発表した．これは当時の科学界では珍しいことではなく，ホイヘンスやガリレオ・ガリレイもアナグラムを使っていた．アナグラムは，詳細を明かさずに先に発見したことを示す手段だったようである．

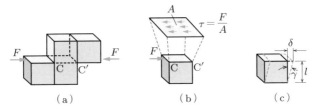

図 1.2 物体の変形（せん断）

位面積あたりの力をせん断応力（shear stress）τ とよぶ．このせん断応力は，せん断力を F，せん断面の面積を A とおくと，図 1.2 (b) から

$$\tau = \frac{F}{A} \quad (\text{単位：N/m}^2 = \text{Pa}) \tag{1.6}$$

と表される．さらに，図 1.2 (c) に示すように，せん断の大きさを表すせん断ひずみ（shear strain）γ を導入すると，せん断によるずれの大きさを δ，基準の長さを l として，

$$\gamma = \frac{\delta}{l} \quad (\text{無次元}) \tag{1.7}$$

と定義される．

このせん断応力 τ とせん断ひずみ γ も比例関係にあり，

$$\tau = G\gamma \tag{1.8}$$

と表される．ここに比例定数 G は，横弾性係数（modulus of transverse elasticity）またはせん断弾性係数（shear modulus）とよばれる．一般の軟鋼では，$G = 80\,\text{GPa}$ 程度であり，付録 D に各種工業材料の E, G および ν の値を示す．

なお，以上の弾性係数とポアソン比との間には

$$E = 2G(1 + \nu) \tag{1.9}$$

の関係がある（10.5 節参照）．

● **例題 1.1** ● 直径 $d = 20\,\text{mm}$，長さ $l = 2\,\text{m}$ の一様な断面の丸棒に引張り荷重 $P = 15\,\text{kN}$ を加えたとき，伸びが $\lambda = 0.46\,\text{mm}$ であった．このときの応力 σ，ひずみ ε および縦弾性係数 E を求めよ．また，ポアソン比を $\nu = 0.3$ として，直径の縮み量 δ を求めよ．

● **解** ● 応力 σ は，式 (1.1) より

$$\sigma = \frac{P}{A} = \frac{P}{\pi d^2/4} = \frac{4P}{\pi d^2} = \frac{4 \times 15 \times 10^3}{\pi \times 0.02^2} = 47.746 \times 10^6\,\text{N/m}^2$$

$$\approx 47.7\,\text{MPa}$$

となる（注：応力の単位は一般に MPa（$10^6\,\text{N/m}^2$）で表すことが多いので，長さの単位

を m, 力の単位を N に直して計算するとよい). ひずみ ε は, 式 (1.2) より

$$\varepsilon = \frac{\lambda}{l} = \frac{0.46 \times 10^{-3}}{2} = 2.3 \times 10^{-4}$$

となる. 縦弾性係数 E は, 式 (1.3) より

$$E = \frac{\sigma}{\varepsilon} = \frac{47.746 \times 10^6}{2.3 \times 10^{-4}} = 2.0759 \times 10^{11}\,\mathrm{N/m^2} \approx 208 \times 10^9\,\mathrm{N/m^2}$$
$$= 208\,\mathrm{GPa}$$

と得られる. 直径の縮み量 δ は, 式 (1.5) より

$$\nu = \frac{\delta/d}{\varepsilon} \qquad \therefore\ \delta = \nu d\varepsilon = 0.3 \times 20 \times 2.3 \times 10^{-4} = 1.38 \times 10^{-3}\,\mathrm{mm}$$

と求められる.

この例題の応力 σ を電卓で計算すると, 四捨五入の設定をしていなければ, 表示パネルに 47746482.92 のような数字が現れることだろう. 答えの精度は与えられたデータよりもよくなることはないから, 答えは 47.7 MPa と丸めている. 厳密にいえば, 与えられたデータの有効数字 (significant figures) のうちで最小の有効桁に合わせて答えを示すべきであるが, この問題の場合には, 有効数字をはっきりと示していないので 3 桁の有効数字で処理している. 工学的な問題の測定精度はせいぜい 3 桁程度 (誤差百分率で 1% 以内) なので, 本書では 3 桁 (場合によっては 4 桁) の有効数字で処理することにする. なお, 後に示す安全率も考慮することが多いので, 有効数字の 4 桁以降の細かな数値に神経質になる必要はない.

さらに, 本書では SI 単位を用いているために, 応力や縦弾性係数は大きな値となり, SI 接頭語として k $(= 10^3$, キロ$)$, M $(= 10^6$, メガ$)$, G $(= 10^9$, ギガ$)$ などを添える.

● **Example 1.2** ●　A steel wire $l = 9\,\mathrm{m}$ long, hanging vertically, supports a load of $P = 2.2\,\mathrm{kN}$ as shown in **Fig. 1.3**. Neglecting the weight of the wire, determine the required diameter d if the stress is not to exceed $140\,\mathrm{MPa}$ and the total elongation λ is not to exceed $5\,\mathrm{mm}$. Assume $E = 206\,\mathrm{GPa}$.

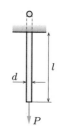

図 1.3　引張り力を
受ける丸棒

● **解** ●　直径 d の鋼線に生じる応力は, **例題 1.1** に示したように $\sigma = P/A = 4P/(\pi d^2)$ となる. これより, 直径 d は, $\sigma = 140\,\mathrm{MPa} = 140 \times 10^6\,\mathrm{N/m^2}$ として,

$$d = \sqrt{\frac{4P}{\pi\sigma}} = \sqrt{\frac{4 \times 2200}{\pi \times 140 \times 10^6}} = 4.473 \times 10^{-3}\,\mathrm{m} \approx 4.47\,\mathrm{mm}$$

と求められる. 一方, 鋼線の伸び $\lambda\,(= 5\,\mathrm{mm})$ は, 式 (1.3) より

$$\lambda = \frac{Pl}{AE} = \frac{4Pl}{\pi d^2 E}$$

である. これより, 直径 d を求めると

$$d = \sqrt{\frac{4Pl}{\pi E\lambda}} = \sqrt{\frac{4 \times 2200 \times 9}{\pi \times 206 \times 10^9 \times 0.005}}$$
$$= 4.947 \times 10^{-3}\,\mathrm{m} \approx 4.95\,\mathrm{mm}$$

と得られる. したがって, 応力が 140 MPa 以下であり, かつ伸びが 5 mm 以下であるた
めには, 鋼線の直径は $d > 4.95\,\mathrm{mm}$ でなければならない.

● **例題 1.3** ● 図 1.4 (a) に示すように, 厚さ $h = 5\,\mathrm{mm}$ の鋼板を直径 $d = 20\,\mathrm{mm}$ のポン
チで打ち抜くときに必要な荷重 P を求めよ. ただし, 鋼板のせん断強さを $\tau_B = 350\,\mathrm{MPa}$
とする.

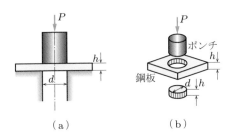

図 1.4 剛体ポンチによる穴あけ

● **解** ● ポンチはせん断により鋼板を打ち抜くが, このときに打ち抜かれるのは, 図 1.4 (b)
の円孔部分である. したがって, このせん断面の面積は πdh である. これより, せん断応
力 τ は式 (1.6) より

$$\tau = \frac{P}{\pi dh}$$

となる. このせん断応力が τ_B に達したときに打ち抜かれると考えれば, 打ち抜き力 P は

$$P = \tau_B \pi dh = 350 \times 10^6 \times \pi \times 0.02 \times 0.005 = 109.96 \times 10^3\,\mathrm{N} \approx 110\,\mathrm{kN}$$

と求められる.

● 1.2　応力 – ひずみ線図

　前節では，ひずみが小さければ応力とひずみが比例関係にあることを示したが，ひずみがさらに大きい場合の材料の変形や力学的特性を知っておくことは，強度を適切に評価するうえで重要なことである．

　この材料の力学的特性を知る方法には各種の材料試験があるが，その中でもっとも基本的な材料試験として**引張り試験**（tensile test）がある．この引張り試験は，JIS（日本産業規格，旧称日本工業規格）によって規定された試験片を一定の速度で引張り，そのときの伸びと荷重とを試験片が破断するまで記録するものである．**図1.5**に引張試験機の概要を示す．また，**図1.6**(a)は，軟鋼（炭素含有量が0.2%未満）の引張り試験結果であり，横軸は

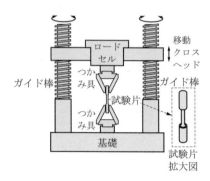

図 1.5　引張試験機

試験片の標点間距離に基づいて求めたひずみ，縦軸は荷重をもとの断面積で割って得られる応力である．このようにして得た図を**応力 – ひずみ線図**（stress-strain diagram）とよぶ．

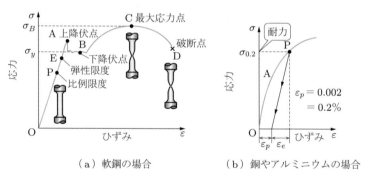

（a）軟鋼の場合　　　　　（b）銅やアルミニウムの場合

図 1.6　応力 – ひずみ線図

　図1.6(a)の点Oは材料が変形していない無負荷状態を表し，材料に荷重が加えられると，応力とひずみの両方が増加し，点Oから点Pに変形が進む．点Pに達するまで，応力とひずみは直線関係（フックの法則）を示す．次の点Eは，**弾性限度**（elastic limit）とよばれ，荷重を取り去れば点Oに戻るという限界点である．さらに応力を増加させると，降伏点A（上降伏点という）に至る．また，これ以降荷重がやや減少し

て，ほぼ一定の応力（下降伏点という）で変形が進行する．JIS では，上降伏点を単に降伏点とよんでいるが，下降伏点を降伏点とする場合もある．弾性限度を過ぎると，荷重を取り去っても伸びが残りもとの長さに戻らない．このときのひずみを永久ひずみ（permanent set）とよび，永久ひずみを生じる変形を塑性変形（plastic deformation）という．

点 B 以降は，応力とひずみがともに増加するが，その傾きは弾性域（点 O から E まで）に比べてはるかに小さい．点 C で応力の最大値（σ_B：引張り強さ（tensile strength）または極限強さ（ultimate strength）という）を示し，その後は材料のもっとも弱い部分に局所的な収縮（くびれ）を生じて点 D で破断する．下降伏の応力と引張り強さは材料の強さの基準となる値であり，一般に降伏応力 σ_y という場合は，下降伏応力を指すものと考えてよい．

銅やアルミニウムの場合は，はっきりとした降伏点が現れない．この場合には，図 1.6 (b) のように 0.2% の永久ひずみを生じる応力 $\sigma_{0.2}$ の値をとり，これを便宜的に降伏点としている．このようにして求めた降伏点の応力を耐力（proof stress）という．

● 1.3　許容応力と安全率

設計上，許容し得る最大応力を許容応力 σ_a（allow-able stress）という．すなわち，実際の部材に作用する荷重から生じる応力は，常に許容応力よりも小さくなければならない．この σ_a は，機械や機器に用いる材料の安全さを保証する応力であり，材料や荷重の種類によって定まる基準の強さ σ_S を安全率 S（safety factor）で割った値，すなわち

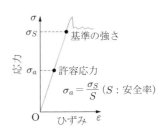

図 1.7　安全率の考え方

$$\sigma_a = \frac{\sigma_S}{S} \tag{1.10}$$

で表される．安全率の考え方を**図 1.7** に示す．ここで，基準の強さとは破損しない限界を表す応力であり，**表 1.1** に示すように使用条件や材料によって決まる†．

一方，安全率は，材料強度のばらつきや荷重の見積もりの推定の不確実性などを考慮して設定するものである．この安全率は，一般には工業製品ごとに長い経験を経て決められている．ここでは，引張り強さ σ_B を基準の強さに用いた，アンウィン

---

†　表 1.1 の延性材料（ductile material）とは，軟鋼のように大きく塑性変形して破断する材料であり，脆性材料（brittle material）とは，鋳鉄のようにほとんど塑性変形せずに破断する材料をいう．

表 1.1　基準の強さの選択

使用条件，材料など		基準の強さ
静荷重	延性材料	降伏応力
		0.2% 耐力
	脆性材料	引張り強さ
繰り返し荷重		疲労限度
高温での機器の使用		クリープ限度

表 1.2　アンウィンの安全率

材料	静荷重	繰り返し荷重	衝撃荷重
鋼・軟鋼	3	5〜8	12
鋳鉄	4	6〜10	15
銅	5	6〜9	15
木材	7	10〜15	20
石材・レンガ	20	30〜	

（W. C. Unwin, 1838–1933）の提唱した安全率を**表 1.2** に示す．設計部位で異なるが，一般に圧力容器の安全率はおおよそ 3〜5 程度，航空機は 1.5 程度といわれている．航空機の低い安全率は，徹底した品質管理や機体整備に支えられている．

● **例題 1.4** ● 軟鋼の丸棒に引張り荷重 $P = 50\,\mathrm{kN}$ が作用し，材料の引張り強さ $\sigma_B = 500\,\mathrm{MPa}$，安全率 $S = 3$ としたとき，許容応力 σ_a および安全な軸径 d を求めよ．

● **解** ● 式 (1.10) より，許容応力は

$$\sigma_a = \frac{\sigma_B}{S} = \frac{500}{3} \approx 167\,\mathrm{MPa}$$

となる．丸棒に生じる応力が σ_a より小さければ安全を担保できると考えると，

$$\frac{P}{\pi d^2/4} \leq \sigma_a \quad \therefore d \geq \sqrt{\frac{4P}{\pi \sigma_a}} = \sqrt{\frac{4 \times 50 \times 10^3}{\pi \times 167 \times 10^6}} = 0.01952\,\mathrm{m}$$

$$\approx 19.5\,\mathrm{mm}$$

となる．なお，安全率を考慮しない場合 $(S = 1)$ の軸径は $d' = 11.3\,\mathrm{mm}$ と求められるので，軸径は $d/d' = 1.73 \,(= \sqrt{3})$ 倍だけ大きくなっている．

● **演習問題**

1.1　直径 $d = 14\,\mathrm{mm}$，長さ $l = 500\,\mathrm{mm}$ の軟鋼製棒を荷重 $P = 16\,\mathrm{kN}$ で引張ったとき，棒に生じる引張り応力の値 σ はいくらか．

1.2　問題 1.1 において，軟鋼製棒の縦方向に $\lambda = 0.25\,\mathrm{mm}$ の伸びが生じた．ひずみ ε，縦弾性係数 E はいくらか．

1.3　問題 1.1 で直径が $\Delta d = 0.0021\,\mathrm{mm}$ 減少した．ポアソン比 ν を求めよ．

1.4　A rod is composed of an aluminum section rigidly attached between steel and bronze sections, as shown in **Fig. 1.8**. Axial loads are applied at the positions indicated. If $P = 13\,\mathrm{kN}$ and the cross sectional area of the rod is $300\,\mathrm{mm}^2$, determine the stress in each section and the whole elongation of the rod. Assume $E_{st} = 206\,\mathrm{GPa}$, $E_{al} = 70\,\mathrm{GPa}$, $E_{br} = 120\,\mathrm{GPa}$.

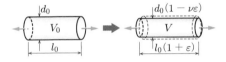

l_1	l_2	l_3	
0.75 m	0.9 m	0.6 m	
bronze	aluminum	steel	

$P = 13\,\mathrm{kN}$,
$A = 300\,\mathrm{mm}^2$

図 1.8　問題 1.4

1.5　A hollow steel tube with an inside diameter $d_i = 100\,\mathrm{mm}$ must carry a tensile load $P = 400\,\mathrm{kN}$. Determine the outside diameter of the tube d_o if the stress is limited to $\sigma_a = 120\,\mathrm{MPa}$.

1.6　図 1.9 のように，長さ l_0，直径 d_0 の丸棒が長さ方向に引張られて縦ひずみ ε を生じたとき，丸棒の体積変化率（体積ひずみ）$\varepsilon_v = \Delta V/V_0$ はいくらになるか．ここで，ΔV：体積増加分，V_0：もとの体積，ν：ポアソン比とする．

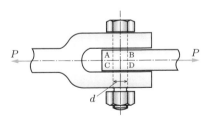

図 1.9　問題 1.6

1.7　図 1.10 のボルトの継手において，引張り荷重 $P = 45\,\mathrm{kN}$ が作用するとき，ボルトの横断面 AB および CD に生じる平均せん断応力を $46\,\mathrm{MPa}$ にするには，ボルトの直径（谷の径）d をいくらにすればよいか．また，ボルトの谷の径を $30\,\mathrm{mm}$，ボルトの許容せん断応力を $\tau_a = 80\,\mathrm{MPa}$ としたときには，どれくらいの荷重まで許容できるか．

1.8　A homogeneous $m = 800\,\mathrm{kg}$ bar AB is supported at either end by a cable as shown in Fig. 1.11. Calculate the smallest area of each cable if the stress is not to exceed $\sigma_B = 90\,\mathrm{MPa}$ in bronze and $\sigma_S = 120\,\mathrm{MPa}$ in steel.

図 1.10　問題 1.7

図 1.11　問題 1.8

第2章 引張りと圧縮

本章では，真直な棒やそれを組み合わせた構造において，棒の軸方向に引張りや圧縮が作用する場合の応力や変形を考える．また，負荷荷重として，通常の外力のほかに，機械構造物によく見られる遠心力，熱による負荷および自重などを考える．

● 2.1 不静定問題

外力が与えられたとき，物体に作用する力やモーメントのつり合いだけでは個々の棒に生じる力，すなわち部材力を決定することのできない問題がある．このような問題を**不静定問題**（statically indeterminate problem）といい，つり合い条件のほかに部材の変形を考慮して解を得ることができる．以下，例題を通して不静定問題の解法を示す．

● **例題 2.1** ● 図 2.1 (a) のように，長さ l，断面積 A_1 および縦弾性係数 E_1 の丸棒が，同じ長さ l で断面積 A_2 および縦弾性係数 E_2 の円筒内に配置されている．圧縮力 P が剛性板に加えられたとき，それぞれの部材の圧縮力 P_1，P_2 および縮み δ を求めよ．

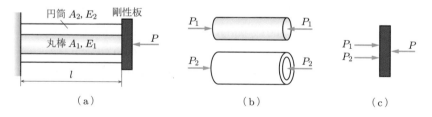

（a）　　　　　　　　　　（b）　　　　　　　　　（c）

図 2.1 圧縮力を受ける組合せ棒

● **解** ● 図 2.1 (b)，(c) に示すように，圧縮力 P は丸棒および円筒に分配される．したがって，

$$P = P_1 + P_2 \tag{a}$$

と得られる．これは図 2.1 (c) に示すように，剛性板に作用している力のつり合い式でもあるが，これだけでは，P_1，P_2 を求めることはできない．そこで，丸棒および円筒の圧縮量 λ_i $(i = 1, 2)$ に注目すると，両者は等しくなければならない．フックの法則より

$$\lambda_1 = \frac{P_1 l}{A_1 E_1}, \quad \lambda_2 = \frac{P_2 l}{A_2 E_2} \tag{b}$$

となるから

$$\frac{P_1}{A_1 E_1} = \frac{P_2}{A_2 E_2} \tag{c}$$

となる．したがって，式 (a), (c) より

$$P_1 = \frac{A_1 E_1}{A_1 E_1 + A_2 E_2} P, \quad P_2 = \frac{A_2 E_2}{A_1 E_1 + A_2 E_2} P \tag{d}$$

となる．変位 $\delta\,(=\lambda_1 = \lambda_2)$ は，式 (d) を式 (b) に代入して

$$\delta = \frac{P l}{A_1 E_1 + A_2 E_2} \tag{e}$$

と得られる．これは，ばね定数 $A_1 E_1/l$, $A_2 E_2/l$ の二つの並列ばねを圧縮したときの縮み量にも等しい．

● 2.2　トラス

　直線棒を連結して組み合わせたものを骨組構造（frame work）とよぶ．このとき，個々の棒を部材とよび，連結した点を節という．節が回転自由な場合を滑節（hinged joint），溶接されたもののように回転できない場合を剛節（rigid joint）という．また，骨組構造が滑節のみで構成されているものをトラス（truss）という．トラスの各部材は，引張りまたは圧縮力だけを受け，これらの力を軸力とよぶ．トラスの軸力の正負について，図 2.2 を例に説明する．

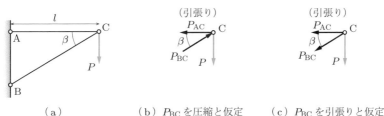

（a）　　　　　　　　（b）P_{BC} を圧縮と仮定　　　（c）P_{BC} を引張りと仮定

図 2.2　トラスの軸力

　この例では，部材 AC には引張り，部材 BC には圧縮力が作用していることは直感的にわかる（たとえば，部材 BC は，「つっかえ棒」の役割を果たしているから圧縮力が作用）．したがって，図 2.2 (b) のような節点 C の力のベクトル図を考えることができる．これより $P_{BC} = P/\sin\beta$ を得る．しかし，部材力が引張りか圧縮かの判断

がつかない場合には，さしあたって部材力を引張りと考えれば，力のベクトル図は同図 (c) のようになる．このときには，$P_{\mathrm{BC}} = -P/\sin\beta$ となり，負号は圧縮力を示すものと考えればよい．圧縮力が作用するのが明らかな場合を除き，一般には，部材力を引張りと仮定してトラス軸力を計算すると，混乱なく計算が進められる．

● **例題 2.2** ● 図 2.3 (a) に示すように，両端が回転自由に結合された長さ l，断面積 A の 2 本の軟鋼丸棒がある．点 C に荷重 P を加えたとき，棒が破損しない最小の直径 d および点 C の変位 δ を求めよ．ただし，$\theta = 30°$，$l = 1500\,\mathrm{mm}$，$P = 10\,\mathrm{kN}$，棒の許容応力 $\sigma_a = 100\,\mathrm{MPa}$，棒の縦弾性係数 $E = 210\,\mathrm{GPa}$ とする．

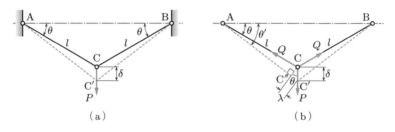

図 2.3　剛体壁に取り付けられたトラス

● **解** ● 図 2.3 (b) に示すように，節点 C に加わる力は荷重 P と部材 AC，BC が及ぼす力 Q（引張り力）であり，力のつり合いから

$$P = 2Q\sin\theta \quad \therefore\ Q = \frac{P}{2\sin\theta}$$

を得る．したがって，部材 AC，BC の伸び λ は

$$\lambda = \frac{Pl}{2AE\sin\theta}$$

となる．部材は伸びて同図 (b) の破線のように変位し，θ は θ' に変わる．しかし，変位は小さいため，$\theta \fallingdotseq \theta'$ なので $\lambda = \delta\sin\theta$ と求められる．したがって，$\sigma = Q/A = P/(2A\sin\theta)$ として

$$\delta = \frac{\lambda}{\sin\theta} = \frac{Pl}{2AE\sin^2\theta} = \frac{\sigma l}{E\sin\theta}$$

となる．以上より，部材 AC，BC の軸力 Q は

$$Q = \frac{10000}{2 \times \sin 30°} = 10000\,\mathrm{N}$$

となる．一方，部材 AC，CB の許容応力は $\sigma_a = 100\,\mathrm{MPa}$ なので

$$\sigma_a = \frac{4Q}{\pi d^2} \quad \therefore\ d = \sqrt{\frac{4Q}{\pi\sigma_a}} = \sqrt{\frac{4 \times 10000}{\pi \times 100 \times 10^6}} = 0.01128\,\mathrm{m} \approx 11.3\,\mathrm{mm}$$

となる．点 C の変位 δ は

$$\delta = \frac{\sigma_a l}{E \sin\theta} = \frac{100 \times 10^6 \times 1.5}{210 \times 10^9 \times \sin 30°} = 1.429 \times 10^{-3}\,\text{m} \approx 1.43\,\text{mm}$$

と求められる．このとき，変形後の角度 θ′ については，θ = 30° として

$$\tan\theta' = \frac{l\sin\theta + \delta}{l\cos\theta} = \frac{1.5 \times \sin 30° + 1.4286 \times 10^{-3}}{1.5 \times \cos 30°} = 0.5785$$

$$\therefore \theta' \approx 30.05°$$

となって，力のつり合い式において θ′ の代わりに θ を用いてもよいことがわかる．

．．

● **例題 2.3** ● 図 2.4 (a) に示すように，同じ長さ l の 3 本の部材 AD，BD，CD に荷重 P を加えたとき，部材の AD の軸力 P_1，部材 BD，CD の軸力 P_2，および点 D の変位 δ を求めよ．ただし，AD の断面積および縦弾性係数は A_1，E とし，BD，CD のそれらは A_2，E とする．

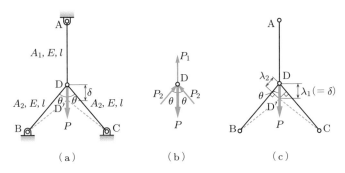

図 2.4 不静定トラス

．．

● **解** ● 図 2.4 (b) に示すように，節点 D に加わる力は荷重 P と部材 AD，BD，CD が及ぼす力 P_1（引張り力），P_2（圧縮力）であり，力のつり合いから

$$P_1 - P + 2P_2\cos\theta = 0 \tag{a}$$

となる．この式だけでは部材力を決定できないから，この問題は不静定問題に分類される．これを解くために，部材 AD の伸び λ_1 と部材 BD の縮み λ_2 の関係を調べる．図 2.4 (c) から，$\lambda_1 = \delta$ となる．また，伸びは小さいとして

$$\lambda_2 = \delta\cos\theta = \lambda_1\cos\theta \tag{b}$$

となる．一方，フックの法則より λ_1，λ_2 を書き換えると，式 (b) は

$$\frac{P_2 l}{A_2 E} = \frac{P_1 l}{A_1 E} \cos\theta \qquad\qquad (c)$$

と表される．したがって，式 (a), (c) より

$$P_1 = \frac{1}{1 + 2(A_2/A_1)\cos^2\theta}\, P, \quad P_2 = \frac{(A_2/A_1)\cos\theta}{1 + 2(A_2/A_1)\cos^2\theta}\, P$$

となる．また，式 (b) より，点 D の変位 δ は

$$\delta = \frac{Pl}{(A_1 + 2A_2\cos^2\theta)E}$$

と得られる．

● 2.3　熱膨張，熱応力

　拘束された状態にある物体が加熱または冷却された場合には，物体の自由な膨張と収縮が拘束されて応力が生じる．このような応力を熱応力（thermal stress）という．

　はじめに，線膨張係数（coefficient of thermal expansion）α を考える．これは，温度上昇によって物体の長さが膨張する割合を単位温度あたりで示したもので，熱膨張係数ともよばれている．α の単位は，[1/K]，または [1/℃] である．固体の線膨張係数 α は以下のように定義される．

$$\alpha = \frac{1}{l}\frac{\Delta l}{\Delta t} \qquad\qquad (2.1)$$

ここで，l：物体の長さ，Δl：長さの変化量，Δt：温度の変化量である．これより，温度上昇による伸びは，$\Delta l = \alpha l \Delta t$ と計算される．主な工業材料の室温のもとでの線膨張係数の値を表 2.1 に示す[†]．

　次に，図 2.5 に示すように，長さ l_0，線膨張係数 α，断面積 A の両端 A, B が固定された棒が，t_0 [℃] から t_1 [℃] に加熱された場合を考える．

表 2.1　主な工業材料の線膨張係数（室温）

材料	線膨張係数 [1/℃]	材料	線膨張係数 [1/℃]
軟鋼	11.6×10^{-6}	アルミニウム合金	23×10^{-6}
鋳鉄	$10 \sim 12 \times 10^{-6}$	ゴム	$22 \sim 23 \times 10^{-6}$
ステンレス鋼	13.6×10^{-6}	セラミックス	$7 \sim 11 \times 10^{-6}$
銅	18×10^{-6}	—	—

[†]　参考書：文献 [14].

もし，棒端 B が自由なら，棒の長さは，式 (2.1) より $l_0\{1+\alpha(t_1-t_0)\}$ となる．しかし，棒は実際は固定されているから，両固定端からの力 R によって，l_0 に圧縮されていると考えればよい．したがって，棒の縦弾性係数を E とすると，フックの法則より

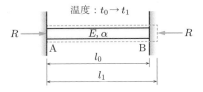

図 2.5 両端固定棒に生じる熱応力

$$-l_0\alpha(t_1-t_0) = \frac{Rl_1}{AE} \tag{2.2}$$

を得る．これより，熱応力 σ は，$l_0 \approx l_1$ と考えて

$$\sigma = \frac{R}{A} = -\frac{E\alpha l_0(t_1-t_0)}{l_1} = -E\alpha(t_1-t_0) \tag{2.3}$$

となり，圧縮応力であることがわかる．また，固定壁からの力 R は，式 (2.3) に断面積 A を掛けて得られる．

● Example 2.4 ● Steel railroad reels $l = 10\,\mathrm{m}$ long are laid with a clearance of $\delta_t = 3\,\mathrm{mm}$ at a temperature of $t_0 = 15℃$. At what temperature will the rails just touch? What stress would be induced in the rails at that temperature if there were no initial clearances? Assume $\alpha = 11.7 \times 10^{-6}\ [1/℃]$ and $E = 200\,\mathrm{GPa}$.

● **解** ● レールが $\delta_t = 3\,\mathrm{mm}$ 伸びて隣のレールに接する温度を t_1 とすると，

$$\delta_t = \alpha l(t_1 - t_0)$$

が成り立つ．これより

$$t_1 = t_0 + \frac{\delta_t}{\alpha l} = 15 + \frac{0.003}{11.7 \times 10^{-6} \times 10} \approx 40.6℃$$

と得られる．また，このすき間がない場合には，レールの伸びが妨げられて，式 (2.3) で表される圧縮応力が生じる．したがって，

$$\sigma = -E\alpha(t_1 - t_0) = -200 \times 10^9 \times 11.7 \times 10^{-6} \times (40.6 - 15)$$
$$= -59.904 \times 10^6\,\mathrm{N/m^2} \approx -59.9\,\mathrm{MPa}$$

となる．

● 2.4 遠心力

質量 m の物体が加速度 $\boldsymbol{a}$ で運動するとき，$-m\boldsymbol{a}$ の慣性力が働く．回転運動をする物体に作用する慣性力は遠心力 (centrifugal force) とよばれている．プロペラなどの

回転体にはこの遠心力が生じ，遠心力に基づく応力や変形も適切に評価する必要がある．そこで，円運動をする物体の加速度 a および遠心力を考える．

図 2.6 のように，円運動の中心を原点とする座標平面を考えると，角速度 ω で半径 r の円運動をしている物体の時刻 t における位置 (x, y) は $(r\cos\omega t, r\sin\omega t)$ と表すことができる．速度は位置を時刻で微分すると得られ，$v = (-r\omega\sin\omega t, r\omega\cos\omega t)$ となる．さらに，加速度は速度の微分であるから，$a = (-r\omega^2\cos\omega t, -r\omega^2\sin\omega t)$ となる．したがって，遠心力は

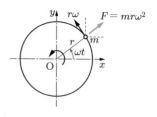

図 2.6　遠心力

$$-ma = (mr\omega^2\cos\omega t, mr\omega^2\sin\omega t)$$

となる．この遠心力の大きさ F は

$$F = \sqrt{(mr\omega^2\cos\omega t)^2 + (mr\omega^2\sin\omega t)^2} = mr\omega^2 \tag{2.4}$$

であり，遠心力は外向きの法線方向を向いている．

● **例題 2.5** ● 図 2.7 に示すように，断面積 A，長さ $2l$，密度 ρ，縦弾性係数 E の棒が垂直軸 XX のまわりに ω の角速度で回転するとき，棒に生じる最大応力 $\sigma_{\max}$ および伸び λ を求めよ．

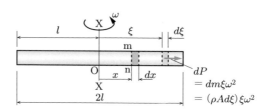

図 2.7　回転する棒

● **解** ● 回転軸 XX から x だけ離れた位置の微小要素 dx に作用する遠心力を考える．この遠心力は，断面 mn より右方にある棒に生じる遠心力の総和と考えればよい．すると，x より右方の ξ $(x \leq \xi \leq l)$ の位置にある微小要素 $d\xi$ に作用する遠心力は，式 (2.4) より $dP = dm\xi\omega^2 = (\rho A\, d\xi)\xi\omega^2$ となるので，この積分値，すなわち

$$P = \int dP = \int_x^l (\rho A\, d\xi)\xi\omega^2 = \rho A\omega^2 \int_x^l \xi\, d\xi = \frac{\rho A\omega^2}{2}(l^2 - x^2)$$

が断面 mn より右方の棒に生じる遠心力となる．したがって，断面 mn に生じる応力 σ，ひずみ ε は

$$\sigma = \frac{P}{A} = \frac{\rho\omega^2}{2}(l^2 - x^2), \quad \varepsilon = \frac{\sigma}{E} = \frac{\rho\omega^2}{2E}(l^2 - x^2)$$

となる．これより，σ は断面積の大きさには無関係であることがわかり，断面積を大きくしても応力は小さくならないことに注意しよう．

$\sigma_{\max}$ は，棒の中心 $(x = 0)$ で生じ，上式より

$$\sigma_{\max} = (\sigma)_{x=0} = \frac{\rho\omega^2 l^2}{2}$$

となる．

微小要素 dx の伸び $d\lambda$ は $d\lambda = \varepsilon\,dx$ であるから，棒の伸び λ は，棒の左側の伸びも考慮して

$$\lambda = 2\int \varepsilon\,dx = 2\int_0^l \frac{\rho\omega^2}{2E}(l^2 - x^2)\,dx = \frac{2\rho\omega^2 l^3}{3E}$$

となる．

2.5 棒の自重による伸び

棒に作用する外力に対する変形や応力を考える際に，通常は自重の影響を考えなくてよいが，棒が長くなると自重の影響を考慮しなければならない．ここでは，図2.8のように，下端に荷重 P を受け，長さ l，断面積 A，密度 ρ の棒が鉛直方向につり下げられている場合を考えよう．

棒の下端から x の位置の応力 σ_x は，その位置より下側の自重と荷重を加えたものを断面積で割って得られ，

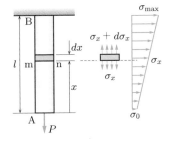

図2.8 自重を考慮した棒

$$\sigma_x = \frac{\rho Axg + P}{A} = \frac{P}{A} + \rho gx \tag{2.5}$$

となる．ここで，g は重力加速度である．これより，つり下げ位置 $(x = l)$ で最大応力 $P/A + \rho gl$ となることがわかる．一方，任意位置 x における微小要素 dx の微小な伸び $d\lambda$ は，式 (1.3) より $d\lambda = \sigma_x\,dx/E$ である．したがって，この棒全体の伸びは

$$\lambda = \int d\lambda = \int_0^l \frac{P/A + \rho gx}{E}\,dx = \frac{Pl}{AE} + \frac{\rho gl^2}{2E} \tag{2.6}$$

となる．式 (2.6) の第2項が自重による伸びを表し，この伸びの大きさは断面積には関係しないことに注意しよう．

たとえば，ピアノ線を考えると，破断するまでにつり下げられる長さ l（破断長という）は，式 (2.5) において $P = 0$ とおき，破断強さ（図 1.6 の点 D のように材料が破断するときの応力）$\sigma_D = 2\,\mathrm{GPa}$，密度 $\rho = 7.85 \times 10^3\,\mathrm{kg/m^3}$，重力加速度 $g = 9.8\,\mathrm{m/s^2}$ とすると

$$l = \frac{\sigma_D}{\rho g} = \frac{2 \times 10^9}{7.85 \times 10^3 \times 9.8} = 25.998 \times 10^3\,\mathrm{m} \approx 26.0\,\mathrm{km}$$

となる．このときの伸び λ は，式 (2.6) の第 2 項より，$E = 206\,\mathrm{GPa}$ として

$$\lambda = \frac{7.85 \times 10^3 \times 9.8 \times 25998^2}{2 \times 206 \times 10^9} = 126.21 \approx 126\,\mathrm{m}$$

となる．

さて，近年，宇宙エレベーターの建設が検討されている．宇宙エレベーターは，赤道上から約 3 万 6000 km の宇宙空間の静止軌道に配置する必要があるので，以上のようなピアノ線では，エレベーターを支える以前に自重による破断が先立ってしまう．そこで，カーボンナノチューブ（CNT）のような先進材料が注目されている[†]．

●**例題 2.6**● 長さ $l = 30\,\mathrm{m}$ の軟鋼製の棒が上端を固定され，垂直につり下げられている．この棒の密度を $\rho = 7.85 \times 10^3\,\mathrm{kg/m^3}$，縦弾性係数を $E = 206\,\mathrm{GPa}$ とするとき，棒に生じる最大応力 $\sigma_{\max}$ および伸び λ を求めよ．

●**解**● 式 (2.5) において，$P = 0$, $\sigma_x = \sigma_{\max}$, $x = l$ とおくと

$$\sigma_{\max} = \rho g l = 7.85 \times 10^3 \times 9.8 \times 30 = 2.308 \times 10^6\,\mathrm{N/m^2} \approx 2.31\,\mathrm{MPa}$$

となる．また，伸びは，式 (2.6) において $P = 0$ とおいて

$$\lambda = \frac{\rho g l^2}{2E} = \frac{7.85 \times 10^3 \times 9.8 \times 30^2}{2 \times 206 \times 10^9} = 1.681 \times 10^{-4}\,\mathrm{m} \approx 0.168\,\mathrm{mm}$$

と得られる．

[†] 宇宙エレベーターとは，静止衛星軌道上からケーブルを上下に延伸し，地球まで到達した下向きのケーブルに昇降機をつけ，人や物資の輸送手段にしようという仕組みである．ツィオルコフスキー（K. E. Tsiolkovsky, 1857–1935）が 1895 年にその着想を自著の中で述べ，これまでは SF の世界で語られていた．しかし，ケーブル素材の強度に著しい進展が見られ，実現への期待も少しずつ高まってきている．なお，ツィオルコフスキーは，ロシアの物理学者，数学者，SF 作家であり，彼の名を冠した公式「ツィオルコフスキーの公式」$v_f = u \log(m_0/m_f)$ で有名である．ここで，u：ロケットの噴射ガスの速度，m_0/m_f：ロケット点火時と燃焼終了時の質量比，v_f：ロケットの速度である．

● 2.6 平等強さの棒

前節では自重の影響を考慮した棒を取り上げたが，棒に生じる最大応力が許容応力を超えないように設計すると，棒の下方では必要以上に断面積が大きく，無駄な部分が出てくる．したがって，どこでも棒内の応力が一様な形状を考えると，材料が節約できる．

そこで，**図2.9**(a)のように下端に荷重 P が作用し，また自重を考慮したとき，断面積が変化して応力が一定値 σ_0 となるような棒を考える．

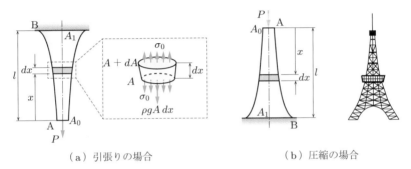

（a）引張りの場合 （b）圧縮の場合

図2.9 平等強さの棒

棒の下端から x の位置の断面積を A，それより微小距離 dx だけ離れた位置の断面積を $A + dA$ とすると，微小部分 dx の力のつり合いより

$$\sigma_0(A + dA) = \sigma_0 A + \rho g A\, dx$$

となる．これを整理して変数分離形にまとめると，

$$\frac{dA}{A} = \frac{\rho g}{\sigma_0}\, dx$$

を得る．この式は1階の変数分離形の微分方程式なので，両辺を積分して解が得られ，C, C_0 を積分定数として

$$\log A = \frac{\rho g}{\sigma_0} x + C \quad \therefore A = C_0\, e^{\rho g x / \sigma_0} \quad (C_0 = e^C)$$

となる．棒の下端 $(x = 0)$ の断面積を A_0 とすると $A_0 = C_0$ となるから，結局，断面積は

$$A = A_0\, e^{\rho g x / \sigma_0} \tag{2.7}$$

と表され，指数関数状に変化するようにすればよい．このような棒を，平等強さの棒

(bar of uniform strength) という．圧縮の場合も同様に考えればよく，図2.9(b)のようになる．タワー状の建築構造物は，この考え方に基づいて設計されている．

なお，各断面の応力が σ_0 に等しいので，棒の伸びは

$$\lambda = \frac{\sigma_0}{E} l \tag{2.8}$$

により計算される．

● **演習問題**

2.1 両端を固定した，**図2.10**のような一様断面を有する棒の点Cに荷重 P が作用したとき，両端点A，Bに生じる反力 R_A，R_B はいくらか．ただし，棒の断面積を A，縦弾性係数を E とする．また，$P = 9800\,\text{N}$，$a = 200\,\text{mm}$，$b = 100\,\text{mm}$ として数値計算せよ．（ヒント：AC部の伸びとBC部の縮みがともに等しいこと，および棒の力のつり合いを考えよ．）

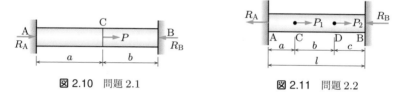

図2.10 問題2.1   図2.11 問題2.2

2.2 **図2.11**に示すように，両端が剛体壁に固定された長さ l の棒ABが，断面CとDにそれぞれ軸力 P_1 と P_2 を受ける．このとき，両端に生じる反力 R_A および R_B を求めよ．ただし，棒の断面積を A，縦弾性係数を E とする．（ヒント：問題2.1の1個の荷重の場合を重ね合わせるとよい．）

2.3 A rigid block of mass M is supported by three symmetrically spaced rods as shown in **Fig. 2.12**. Each copper rod has an area of $900\,\text{mm}^2$; $E_C = 120\,\text{GPa}$; and the allowable stress is $70\,\text{MPa}$. The steel rod has an area of $1200\,\text{mm}^2$; $E_S = 200\,\text{GPa}$; and the allowable stress is $140\,\text{MPa}$. Determine the largest mass M which can be supported. Assume that the three rods are evenly shortened.

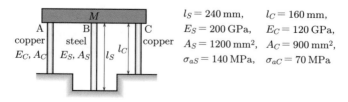

$l_S = 240\,\text{mm}$, $l_C = 160\,\text{mm}$,
$E_S = 200\,\text{GPa}$, $E_C = 120\,\text{GPa}$,
$A_S = 1200\,\text{mm}^2$, $A_C = 900\,\text{mm}^2$,
$\sigma_{aS} = 140\,\text{MPa}$, $\sigma_{aC} = 70\,\text{MPa}$

図2.12 問題2.3

2.4 **図 2.13** のように組み合わされた棒の点 C に $P = 9800\,\mathrm{N}$ が作用したとき，各棒に作用する力 P_{AC}, P_{BC} および点 C の変位 δ を求めよ．さらに，棒 AC および棒 BC の長さと断面積は $l = 1.2\,\mathrm{m}$, $A = 80\,\mathrm{mm}^2$ とし，角度 $\theta = 20°$，各棒の縦弾性係数 E は等しく $E = 206\,\mathrm{GPa}$ としたとき，δ の大きさを求めよ．

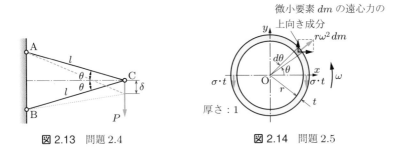

図 2.13　問題 2.4　　　　　　　**図 2.14**　問題 2.5

2.5 **図 2.14** のような薄肉円輪が中心 O のまわりを角速度 $\omega\,[\mathrm{rad/s}]$ で回転する．円輪の平均半径を $r = 0.15\,\mathrm{m}$，円輪材料の許容応力を $\sigma_a = 190\,\mathrm{MPa}$，円輪に生じる応力を σ，密度を $\rho = 7.85 \times 10^3\,\mathrm{kg/m^3}$ とするとき，(1) $\sigma = \rho r^2 \omega^2$ を導き，次に (2) 許容し得る毎分の回転数 $n\,[\mathrm{rpm}]$ を求めよ．ただし，円輪の幅を t，厚さを 1 とする．（ヒント：図に示した微小質量 $dm = \rho r\,d\theta \cdot t$ の遠心力 $r\omega^2\,dm$ の y 方向成分 $r\omega^2\,dm\sin\theta$ を考える．この y 方向成分の上半分の総和が，図に示した応力による力 $2\sigma t$（この力で遠心力による y 方向力を支える）に等しいと考えればよい．）

2.6 **図 2.15** のように，中空円筒 C を中央のボルトで締め付けるとき，両端面が接してからナットをさらに 1/4 回転増し締めした場合，ボルトおよび円筒に生じる応力を求めよ．ただし，ボルトの断面積および縦弾性係数を $A_B = 6\,\mathrm{cm}^2$, $E_B = 196\,\mathrm{GPa}$，円筒の断面積および縦弾性係数を $A_C = 15\,\mathrm{cm}^2$, $E_C = 98\,\mathrm{GPa}$ とし，ボルトのねじのピッチは $p = 1\,\mathrm{mm}$ とする．なお，長さ l はボルト，円筒ともに $l = 50\,\mathrm{cm}$ とする．

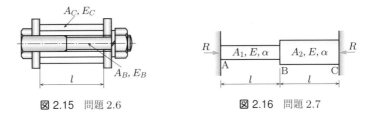

図 2.15　問題 2.6　　　　　　　**図 2.16**　問題 2.7

2.7 **図 2.16** に示すように，長さ l の棒 AB, BC（断面積 A_1, A_2 $(= 2A_1)$）からなる，剛体壁に固定した棒 AC があり，棒の縦弾性係数，線膨張係数は E, α である．棒全体が ΔT だけ温度上昇するとき，壁からの反力 R および棒 AB, BC の圧縮応力 σ_{AB}, σ_{BC} を求めよ．

2.8 A bronze bar 3 m long with a cross sectional area of $320\,\mathrm{mm}^2$ is placed between two rigid walls as shown in **Fig. 2.17**. At a temperature of $-20°\mathrm{C}$, the gap $\delta = 2.5\,\mathrm{mm}$. Find the temperature at which the compressive stress in the bar will be 35 MPa. Use $\alpha = 18.0 \times 10^{-6}\,[1/°\mathrm{C}]$ and $E = 80\,\mathrm{GPa}$.

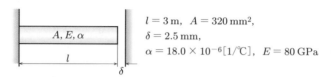

$l = 3\,\mathrm{m},\ A = 320\,\mathrm{mm}^2,$
$\delta = 2.5\,\mathrm{mm},$
$\alpha = 18.0 \times 10^{-6}[1/°\mathrm{C}],\ E = 80\,\mathrm{GPa}$

図 2.17　問題 2.8

2.9 Two cylindrical rods, CD made of steel ($E_S = 206\,\mathrm{GPa}$) and AC made of aluminum ($E_A = 75\,\mathrm{GPa}$), are joined at C and restrained by rigid supports at A and D as shown in **Fig. 2.18** (a). Determine the reactions at A and D. （ヒント：右側の剛体壁を取り払い，図 2.18 (b) および (c) の二つの負荷を受ける場合の重ね合わせとして問題を考えるとよい．ただし，図 (b) の棒全体の伸び λ_1 が，図 (c) の棒全体の縮み λ_2 に等しいと考える．）

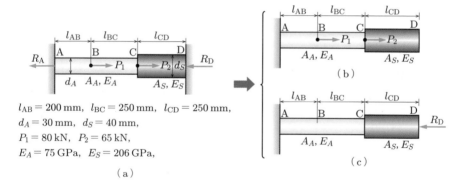

$l_{\mathrm{AB}} = 200\,\mathrm{mm},\ l_{\mathrm{BC}} = 250\,\mathrm{mm},\ l_{\mathrm{CD}} = 250\,\mathrm{mm},$
$d_A = 30\,\mathrm{mm},\ d_S = 40\,\mathrm{mm},$
$P_1 = 80\,\mathrm{kN},\ P_2 = 65\,\mathrm{kN},$
$E_A = 75\,\mathrm{GPa},\ E_S = 206\,\mathrm{GPa},$

（a）

図 2.18　問題 2.9

2.10 **図 2.19** (a) のように，長さが l，底面の直径が d の二つの円錐棒が接合され，垂直軸 y のまわりに角速度 ω で回転している．任意位置 x に生じる応力 σ_x，および最大応力 $\sigma_{\max}$ を求めよ．また，円錐棒全体の伸びはいくらか．ただし，棒の縦弾性係数を E，密度を ρ とする．（ヒント：図 2.19 (b) の任意位置 x より右方の部分 CB に作用する遠心力の総和を断面積 $A_x = \pi d_x^2/4$ で割ることにより，位置 C の応力が得られる．また，位置 C の微小部 dx の微小な伸びは $d\lambda = \sigma\,dx/E$ であるから，この積分により円錐棒の伸びが得られる．）

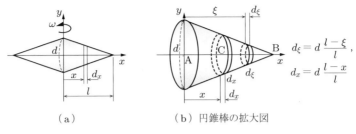

（a）　　　　　　　　　　（b）円錐棒の拡大図

$$d_\xi = d\,\frac{l-\xi}{l}\,,$$

$$d_x = d\,\frac{l-x}{l}$$

図 2.19　問題 2.10

2.11　As shown in **Fig. 2.20**, a rigid bar with negligible mass is pinned at O and attached to two vertical rods. Assuming that the rods were initially stress-free, what maximum load P can be applied without exceeding stresses of $\sigma_S = 150\,\mathrm{MPa}$ in the steel rod and $\sigma_B = 70\,\mathrm{MPa}$ in the bronze rod?

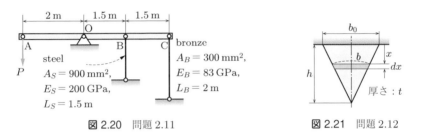

図 2.20　問題 2.11

図 2.21　問題 2.12

2.12　底面の幅 b_0，高さ h，密度 ρ，縦弾性係数 E である厚さ t の三角形板が**図 2.21** のようにおかれたとき，最大引張り応力 $\sigma_{\max}$ および自重による伸び λ を求めよ．（ヒント：図の dx 部分より下方の重量を位置 x の断面積で割れば，応力 σ_x を得る．図の dx 部分の微小な伸びは $d\lambda = \sigma_x\,dx/E$ となり，全体の伸び λ は $d\lambda$ の積分により求められる．）

第3章 軸のねじり

　自動車の伝動軸や発電機のローターなどは，**ねじりモーメント**（torsional moment）を受けながら回転することによって動力を伝達している．このような部材は軸とよばれているが，横断面にはせん断応力が生じている．本章では，ねじりモーメント（場合によっては，**トルク**（torque）ともいう）を受ける円形断面の軸に生じるせん断応力やねじれ角を考える．円形断面では，変形前に平面であった断面はねじり変形後も平面を保つ．一方，円以外の断面をねじると変形後は曲面（そりという）となる．このそりのため，複雑な解析が必要となるので，円以外の断面のねじりについては結果を示すにとどめる．

● 3.1　丸棒のねじり

　図 3.1(a) のように，直径 d，長さ l，横弾性係数 G の一様な丸棒が，一端でねじりモーメント T を受ける場合を考える．このとき，表面の線分 mn は mn′ にらせん状に移動し，右側の端面の回転角を ϕ とすると，せん断ひずみ γ_0 は $\gamma_0 = \mathrm{nn'/mn} = (d/2)\phi/l$ となる．このせん断ひずみから断面周辺にはせん断応力 τ_0 が生じ，

$$\tau_0 = G\gamma_0 = \frac{Gd}{2}\frac{\phi}{l} = \frac{Gd}{2}\theta, \quad \theta = \frac{\phi}{l} \tag{3.1}$$

と表される．ここで，ϕ を**ねじれ角**（angle of torsion）といい，θ は，単位長さあたりの断面のねじれ角となっているため，**比ねじれ角**（specific angle of torsion）とよばれる．次に，断面中心 O から r の位置におけるせん断ひずみ γ，およびせん断応力 τ は，図 3.1(b) のように比例的な変化をするものと考えると，$\gamma_0 = (d/2)\theta$，$\tau = G\gamma$ より

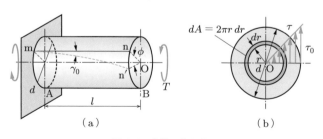

図 3.1　丸棒のねじり

$$\gamma = r\theta, \quad \tau = Gr\theta \tag{3.2}$$

となる．また，ねじりモーメント T は，せん断応力に基づくねじりモーメントとつり合うので，$dA = 2\pi r\, dr$ として

$$T = \int_A (\tau\, dA) \cdot r = G\theta \int_A r^2\, dA = 2\pi G\theta \int_0^{d/2} r^3\, dr = \frac{\pi d^4}{32}\, G\theta$$

$$\therefore\ \theta = \frac{32}{\pi d^4}\frac{T}{G} \tag{3.3}$$

となる．ここで，$\displaystyle\int_A r^2\, dA$ を断面 2 次極モーメント（polar moment of inertia of area）という．これを I_p とおくと（4.3 節より，円断面では $I_p = \pi d^4/32$），比ねじれ角およびねじれ角は

$$\theta = \frac{T}{GI_p}, \quad \phi = \frac{Tl}{GI_p} \tag{3.4}$$

と表される．ここで，GI_p はねじりにくさを表す量であり，ねじり剛性（torsional rigidity）という．軸表面のせん断応力は，式 (3.1), (3.3) より

$$\tau_0 = \frac{T}{\pi d^3/16} = \frac{T}{I_p/(d/2)} = \frac{T}{Z_p} \tag{3.5}$$

と表される．ここで，$Z_p = I_p/(d/2) = \pi d^3/16$ を極断面係数（polar modulus of section）という．同様に，半径 r の位置のせん断応力は，式 (3.2), (3.3) より

$$\tau = \frac{T}{I_p}\, r \tag{3.6}$$

と得られる．

● 例題 3.1 ● 直径 $d = 20\,\mathrm{mm}$ の軟鋼丸棒に $T = 245\,\mathrm{N \cdot m}$ のねじりモーメントが作用するときに生じる最大のせん断応力 τ を求めよ．

● 解 ● 式 (3.5) に基づいて計算すると，次のようになる．

$$\tau = \frac{16T}{\pi d^3} = \frac{16 \times 245}{\pi \times 0.02^3} = 155.97 \times 10^6\,\mathrm{N/m^2} \approx 156\,\mathrm{MPa}$$

● 例題 3.2 ● 長さ $l = 1\,\mathrm{m}$ の軟鋼丸棒がねじりモーメント $T = 8000\,\mathrm{N \cdot m}$ を受けるとき，棒が破損しないためにはその直径 d をいくらにすればよいか．ただし，材料の許容ねじり応力を $\tau_a = 60\,\mathrm{MPa}$ とする．また，丸棒の許容比ねじれ角を $\theta_a = 3°/\mathrm{m}$，横弾性係数を $G = 80\,\mathrm{GPa}$ とすれば，破損しない最小の直径 d はいくらか．

●**解**●　式 (3.5) に基づいて計算すると

$$\tau_a = \frac{16T}{\pi d^3}$$

$$\therefore d = \left(\frac{16T}{\pi \tau_a}\right)^{1/3} = \left(\frac{16 \times 8000}{\pi \times 60 \times 10^6}\right)^{1/3} = 0.08790\,\mathrm{m} \approx 87.9\,\mathrm{mm}$$

となる．また，式 (3.4) に基づいて計算すると（角度は radian で計算する），次のようになる．

$$\theta = \frac{T}{GI_p} = \frac{32T}{\pi d^4 G} \quad \text{より}$$

$$d = \left(\frac{32T}{\pi G\theta_a}\right)^{1/4} = \left\{\frac{32 \times 8000}{\pi \times 80 \times 10^9 \times (3 \times \pi/180)}\right\}^{1/4}$$

$$= 0.06641\,\mathrm{m} \approx 66.4\,\mathrm{mm}$$

● 3.2　ねじりの不静定問題

　第2章では，力のつり合い条件だけでは棒への作用荷重が決定できない場合があることを示したが，ねじりの場合も同様に，ねじりモーメントのつり合い条件だけでは丸棒へ作用しているねじりモーメントを決定できない場合がある．この場合も，変形（ねじれ角）の条件を考慮して問題を解けばよい．以下，この不静定問題の解析手順を例題を通して説明する．

●**例題 3.3**●　図 3.2 (a) のように，長さ $a + b\ (= l)$，直径 d の丸棒が両端を固定されている．このとき，点 C に大きさ T のねじりモーメントを加えたとき，固定端 A および B に生じるねじりモーメント T_A, T_B を求めよ．また，棒 AC，棒 CB に生じる最大せん断応力 τ_{AC}, τ_{CB} を求めよ．

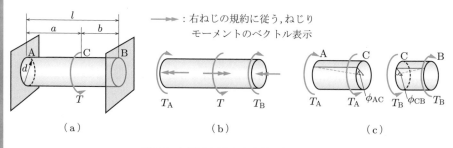

（a）　　　　　　　　　（b）　　　　　　　　　（c）

図 3.2　両端を固定した丸棒のねじり

●**解**● 図3.2 (b) に示すように，トルク T を点Bから見て反時計回りに作用するものとし，固定端から受けるトルク T_A, T_B の向きを時計回りと仮定する．すると，丸棒のトルクのつり合いより

$$T - T_A - T_B = 0 \tag{a}$$

が成立する．このとき，同図 (b) に示したように，トルクの向きに応じて右ねじの進む向きの2重矢印のベクトルを考えると，上式はこのベクトル和がゼロであることを示している．このような2重矢印を用いると，トルクをベクトルのように考えることができるので便利である†．さて，この式 (a) だけでは T_A, T_B を求めることはできない．そこで，図3.2 (c) のように，棒ACのねじれ角 ϕ_{AC} および棒CBのねじれ角 ϕ_{CB} を考えると，点Cでは同じねじれ角となっているから，式 (3.4) より

$$\phi_{AC} = \phi_{CB} \quad \therefore \frac{T_A a}{GI_p} = \frac{T_B b}{GI_p} \tag{b}$$

となる．式 (a), (b) を連立して解くと

$$T_A = \frac{b}{a+b}T, \quad T_B = \frac{a}{a+b}T \tag{c}$$

を得る．最大せん断応力は，式 (3.5) より

$$\tau_{AC} = \frac{16T_A}{\pi d^3} = \frac{16bT}{\pi(a+b)d^3}, \quad \tau_{CB} = \frac{16T_B}{\pi d^3} = \frac{16aT}{\pi(a+b)d^3} \tag{d}$$

と求められる．$a > b$ であれば，$\tau_{CB} > \tau_{AC}$ であり，短い棒のほうに大きなせん断応力が生じる．

3.3 伝動軸

　伝動軸はトルクの作用によって回転を受け，その結果，動力を伝達する軸である．この軸にトルク T [N·m] が作用し，毎分 n [rpm] で回転し，また P [W] の動力を伝達する場合を考える．このとき，1回転あたりの仕事は $2\pi T$ であり，1秒あたりの仕事は，角速度を ω として $\omega T = 2\pi T n/60$ となり，これが伝達動力 P に等しいと考えて

$$P = \frac{2\pi n}{60}T = \frac{\pi n}{30}T \tag{3.7}$$

となる．
　ここで，動力の単位について整理しておこう．仕事量は 1 [N·m] $= 1$ [J]（ジュー

---

† このようなベクトルを軸性ベクトル（axial vector）という．

ル）であり，仕事率 1 [W]（ワット）は 1 [W] = 1 [N·m/s] = 1 [J/s] である[†].

● **例題 3.4** ● $n = 1200\,\text{rpm}$ で回転する $P = 5\,\text{kW}$ のモーターのトルク T はいくらか.

● **解** ● ω を角速度として，$P = T\omega$ の関係式に基づいて計算すると，次のようになる.

$$T = \frac{P}{\omega} = \frac{P}{2\pi n/60} = \frac{30P}{\pi n} = \frac{30 \times 5000}{\pi \times 1200} = 39.79 \approx 39.8\,\text{N·m}$$

● **例題 3.5** ● 図 3.3 の伝動軸において，モーターからの動力 $P = 60\,\text{kW}$ が，ギア B で $P_1 = 45\,\text{kW}$，ギア C で $P_2 = 15\,\text{kW}$ と分配されている．軸の回転数は $n = 300\,\text{rpm}$，左側の軸径は $d_1 = 50\,\text{mm}$ である．この軸に生じる最大せん断応力を AB, BC の両部分で等しくするには，右側の軸径 d_2 をいくらにすればよいか．また，そのときの全ねじれ角 ϕ を求めよ．ただし，$G = 82\,\text{GPa}$ とする.

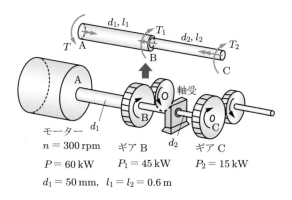

図 3.3

● **解** ● 図 3.3 のように，ギア B において軸に作用するトルクを T_1，ギア C において軸に作用するトルクを T_2，全トルクを T とすると，$T = T_1 + T_2$ である．図からわかるように，軸 BC には T_2，軸 AB には T のトルクが作用している．また，毎分 n 回転する軸の動力 P [W] と作用トルク T [N·m] の間には，式 (3.7) より $T = 60P/(2\pi n)$ の関係がある.

さて，軸 AB と軸 BC に生じる最大せん断応力 τ_1, τ_2 は $\tau_1 = 16T/(\pi d_1^3)$，$\tau_2 = 16T_2/(\pi d_2^3)$ であるが，この両者が等しくなるときの軸径 d_2 は

$$\frac{16T}{\pi d_1^3} = \frac{16T_2}{\pi d_2^3} \quad \rightarrow$$

---

† なお，動力を表す別な単位として，昔から馬力（PS, horse power）が用いられている．1 馬力（PS）は 735.5 W であり，仏馬力ともよばれ，計量法で例外的に使用が認められている．記号 PS は，ドイツ語の Pferdestärke（馬の力）の頭文字に由来している.

$$d_2 = \left(\frac{T_2}{T}\right)^{1/3} \times d_1 = \left(\frac{P_2}{P}\right)^{1/3} \times d_1 = \left(\frac{15}{60}\right)^{1/3} \times 50 = 31.498$$

$$\approx 31.5\,\mathrm{mm}$$

と求められる. 一方, 全ねじれ角 ϕ は, 軸 AB および軸 BC のねじれ角の和となるから

$$\phi = \frac{32Tl_1}{\pi G d_1^4} + \frac{32T_2l_2}{\pi G d_2^4}$$

であるが, 作用トルク T, T_2 は

$$T = \frac{60P}{2\pi n} = \frac{60 \times 60 \times 10^3}{2\pi \times 300} \approx 1910\,\mathrm{N \cdot m},$$

$$T_2 = \frac{60P_2}{2\pi n} = \frac{60 \times 15 \times 10^3}{2\pi \times 300} \approx 477.5\,\mathrm{N \cdot m}$$

となる. したがって

$$\phi = \frac{32 \times 1910 \times 0.6}{\pi \times 82 \times 10^9 \times 0.05^4} + \frac{32 \times 477.5 \times 0.6}{\pi \times 82 \times 10^9 \times 0.0315^4} \approx 0.0589\,\mathrm{rad} = 3.38°$$

となる.

● 3.4 中空丸軸

図 3.4 のような外径 d_o, 内径 d_i の中空丸軸をねじる場合についても, 3.1 節と同じ手順で以下のように解析できる.

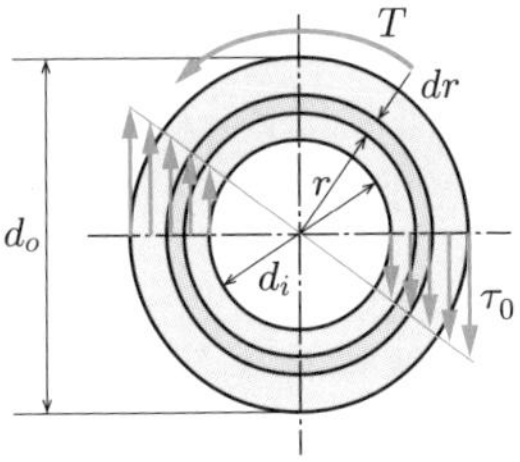

中空断面の丸軸の断面 2 次極モーメントは, $dA = 2\pi r\, dr$ として

図 3.4 中空丸軸

$$I_p = \int_A r^2\, dA = 2\pi \int_{d_i/2}^{d_o/2} r^3\, dr$$

$$= \frac{\pi}{32}(d_o^4 - d_i^4) \tag{3.8}$$

となる. したがって, 半径 r の位置のせん断応力は, 式 (3.6) より

$$\tau = \frac{T}{I_p}\, r = \frac{32T}{\pi(d_o^4 - d_i^4)}\, r \tag{3.9}$$

と表され, 表面 $(r = d_o/2)$ での最大せん断応力は

$$\tau_{\mathrm{max}} = \frac{32T}{\pi(d_o^4 - d_i^4)}\, \frac{d_o}{2} = \frac{16}{\pi}\, \frac{d_o}{d_o^4 - d_i^4}\, T = \frac{T}{Z_p},$$

$$Z_p = \frac{I_p}{d_o/2} = \frac{\pi\{1 - (d_i/d_o)^4\}}{16} d_o^3 \tag{3.10}$$

となる．比ねじれ角は，式 (3.4) より

$$\theta = \frac{T}{GI_p} = \frac{32}{\pi(d_o^4 - d_i^4)} \frac{T}{G} \tag{3.11}$$

と得られる．

● **例題 3.6** ● 外径 $d_o = 250\,\mathrm{mm}$，内径 $d_i = 180\,\mathrm{mm}$ の中空丸軸の許容ねじり応力を $\tau_a = 50\,\mathrm{MPa}$ とすれば，作用し得るねじりモーメント T はいくらか．

● **解** ● 式 (3.10) に基づいて計算すると，次のようになる．

$$T = \frac{\pi}{16} \frac{d_o^4 - d_i^4}{d_o} \tau_a = \frac{\pi}{16} \times \frac{0.25^4 - 0.18^4}{0.25} \times 50 \times 10^6 = 112174\,\mathrm{N\cdot m}$$
$$\approx 1112\,\mathrm{kN\cdot m}$$

● **例題 3.7** ● **図 3.5** に示すように，同一材料でできた長さが等しい中実丸軸（直径 d，重量 W_S）と中空丸軸（外径 d_o，内径 d_i，$m = d_i/d_o$，重量 W_H）が等しいねじりモーメントを受けている．両軸の許容せん断応力を同一にとったとき，両軸の重量比 W_H/W_S を求めよ．また，$m = 1/2$ としたときの重量比を求めよ．

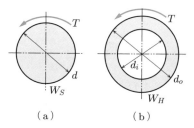

（a）　　　　（b）

図 3.5

● **解** ● 中実丸軸，中空丸軸の最大せん断応力は，式 (3.5), (3.10) より

$$\tau_{S\,\mathrm{max}} = \frac{16T}{\pi d^3}, \quad \tau_{H\,\mathrm{max}} = \frac{16T}{\pi d_o^3(1 - m^4)}$$

となる．題意よりこの両者は等しい．そこで，この等式より d_o を求めると

$$d_o = \frac{d}{(1 - m^4)^{1/3}}$$

となる．一方，二つの軸の長さが同一なので，軸の重量比は断面積の比から計算され，以下のようになる．

$$\frac{W_H}{W_S} = \frac{\frac{\pi}{4}(d_o^2 - d_i^2)}{\frac{\pi}{4} d^2} = \frac{d_o^2(1 - m^2)}{d^2} = \frac{1 - m^2}{(1 - m^4)^{2/3}} = \frac{(1 - m^2)^{1/3}}{(1 + m^2)^{2/3}}$$

ここで，$m = 1/2$ とすると，次のようになる．

$$\frac{W_H}{W_S} = \frac{(1 - 0.5^2)^{1/3}}{(1 + 0.5^2)^{2/3}} \approx 0.783$$

3.5 非円形断面棒のねじり

以上では，円形断面棒のねじりを扱っている．そこでは，ねじりモーメントを受けた後も，断面は平面のままであるとして解析している（この平面保持の仮定を**クーロンの仮定**（Coulomb's hypothesis）という）．しかし，断面が円形でない棒がねじりモーメントを受けると，**図** 3.6 に示すような断面の**そり**（断面に垂直な方向の変位，warping）が生じ，初等的な解析では取り扱うことができない．ここでは，主要な断面について，**弾性学**（theory of elasticity）に基づく結果だけを示しておく．

はじめに，**図** 3.7 (a) に示す楕円断面棒 $(a > b)$ の応力および比ねじれ角は，T をねじりモーメント，G を横弾性係数として

$$\tau_A = \tau_{\max} = \frac{2T}{\pi ab^2}, \quad \tau_B = \frac{2T}{\pi a^2 b}, \quad \theta = \frac{a^2 + b^2}{\pi a^3 b^3}\frac{T}{G} \tag{3.12}$$

となる．ここで，最大せん断応力は楕円の短軸の両端に生じる．

次に，図 3.7 (b) に示す長方形断面棒 $(a > b)$ の応力および比ねじれ角は，近似的に

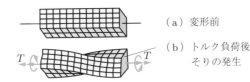

（a）変形前

（b）トルク負荷後
　　 そりの発生

図 3.6　長方形断面棒のそり

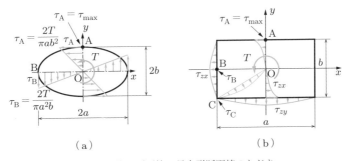

（a）　　　　　　　　　　　　（b）

図 3.7　楕円断面棒，長方形断面棒のねじり

$$\left.\begin{array}{l} \tau_{\mathrm{A}} = \tau_{\max} = k_1 \dfrac{T}{ab^2}, \quad \tau_{\mathrm{B}} = k_2 \dfrac{T}{ab^2}, \quad \tau_{\mathrm{C}} = 0, \quad \theta = \dfrac{1}{k_3} \dfrac{T}{ab^3 G}, \\ k_1 \approx 3 + 1.8 \dfrac{b}{a}, \quad k_2 \approx 1.8 + 3 \dfrac{b}{a}, \quad k_3 \approx \dfrac{1}{3} - 0.21 \dfrac{b}{a} + 0.0175 \left(\dfrac{b}{a}\right)^5 \end{array}\right\}$$

$$(3.13)$$

となる.

　図 3.8 は，楕円 ($b/a = 1/2$) および正方形断面 ($b/a = 1$) の棒をねじったときの断面のそり（＋が紙面手前への変位を示す）を，弾性学におけるサン・ブナン (St. Venant, 1797–1886) のねじり理論に基づいて計算した例である．

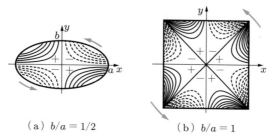

（a）$b/a = 1/2$ 　　　（b）$b/a = 1$

図 3.8　楕円および正方形断面のそり
（断面内の等高線は面外方向への変位を表している）

● **例題 3.8** ●　**図 3.9** に示すように，一辺の長さ a の正方形断面棒と直径 a の円形断面棒が同じねじりモーメント T を受けたとき，正方形断面の最大せん断応力 $\tau_{r\max}$ と円形断面の最大せん断応力 $\tau_{c\max}$ との比はいくらか．

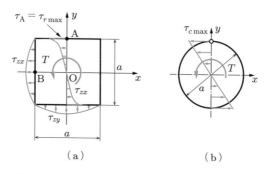

（a）　　　　　　　　（b）

図 3.9　正方形断面棒と円形断面棒の最大せん断応力

● **解** ●　式 (3.13) より，$\tau_{r\max} = (k_1)_{a=b} T/a^3 = 4.8 T/a^3$ となる．また，式 (3.5) より $\tau_{c\max} = 16T/(\pi a^3)$ となる．したがって，以下のようになる．

$$\frac{\tau_{r\,\max}}{\tau_{c\,\max}} = \frac{4.8T/a^3}{16T/(\pi a^3)} = \frac{4.8\pi}{16} = 0.942$$

これより，正方形断面棒は，円形断面棒に対して約 27% の断面積の増加 $(a^2/(\pi a^2/4) = 4/\pi \approx 1.27)$ となっているが，最大せん断応力については約 6% 減少していることがわかる．

3.6 コイルばね

図 3.10 (a) のようなコイルばねに圧縮荷重 W が負荷されたとき，材料（素線）の直径を d，コイルの平均半径を R とし，ピッチ角 α が小さいとする（この場合を密巻きコイルばねという）と，素線に作用するねじりモーメントは $T = WR$ となる（同図 (b) も参照）．したがって，ねじりに基づくせん断応力は

$$\tau_0 = \frac{16WR}{\pi d^3} \tag{3.14}$$

となる．一方で，素線断面には，図 3.10 (c) のように W による平均せん断応力 $\tau_1 = 4W/(\pi d^2)$ も生じる．したがって，素線外周のコイル中心側のせん断応力は，同図 (c) のように，以上の二つのせん断応力の和，すなわち

$$\tau_{\max} = \frac{16WR}{\pi d^3} + \frac{4W}{\pi d^2} = \frac{16WR}{\pi d^3}\left(1 + \frac{d}{4R}\right) \tag{3.15}$$

となっている．さらに，コイルが湾曲していることを考慮し，その影響を取り入れた精密な計算を行うと，（詳細は略すが）

$$\tau_{\max} = \frac{16WR}{\pi d^3}\left(\frac{4c-1}{4c-4} + \frac{0.615}{c}\right), \quad c = \frac{2R}{d} \tag{3.16}$$

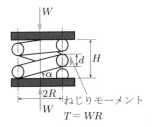

（a）圧縮コイルばね

（b）せん断力と
　　ねじりモーメント

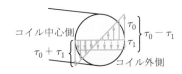

（c）素線の横断面に
　　おけるせん断応力

図 3.10　圧縮コイルばね

となる．これを**ワール（Wahl）の式**という．また，$c = 2R/d$ をばね指数（spring index）といい，一般には $c = 4\sim10$ である．

　次に，コイルばねのたわみ δ を求める．コイルばねのたわみは，素線のねじりから生じる．そこで，**図3.11**(a) のように，コイルの一部に長さ $R\,d\alpha$ の微小要素を考える．実際には点 A, B ともにねじりを生じているが，図3.11 (b) のように点 A を固定点と考え，長さ $R\,d\alpha$ の直線棒が点 B で相対的に角 $\theta R\,d\alpha$ だけねじられているものとみなす．ここで，θ は比ねじれ角である．すると，コイルばねの中心 O は，点 B に対して $d\delta = R\,d\phi = R\theta R\,d\alpha$ だけ下方へ変位する．コイルばね全体にわたってこのような変位が生じるものと考えると，コイルの**有効巻き数**（number of active coil）[†] を n とし，α について 0 から $\alpha_0 = 2\pi n$ まで積分すれば，コイルばねのたわみ δ が得られる．すなわち

$$\delta = \int_0^{\alpha_0} R^2\theta\,d\alpha = \alpha_0 R^2\theta = 2\pi nR^2\theta = 2\pi nR^2\frac{T}{GI_p} \tag{3.17}$$

と求められる．ここで，$T = WR$，$I_p = \pi d^4/32$ を代入すると

$$\delta = \frac{64nWR^3}{Gd^4} \tag{3.18}$$

となる．また，

$$k = \frac{W}{\delta} = \frac{Gd^4}{64nR^3} \tag{3.19}$$

はコイルばねのばね定数である．

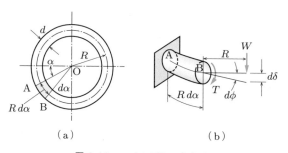

（a）　　　　　　　　　　　（b）

図 3.11　コイルばねのたわみ

[†] コイルばねにおいて，ばねとして有効に作用するコイルの巻き数を有効巻き数という．通常は，総巻き数から両端の座巻き数（コイルばねの両端の平坦な部分で，ばねの作用をしていない箇所（座巻き）の巻き数）を引いた自由巻き数と同じである．ばね特性（ばね定数，応力など）の計算式に用いられるのは，有効巻き数である．

● **例題** 3.9 ● 素線の直径 $d = 5\,\mathrm{mm}$，コイルの平均直径 $D = 2R = 50\,\mathrm{mm}$，有効巻き数 $n = 8$，横弾性係数 $G = 78\,\mathrm{GPa}$ の圧縮コイルばねに $W = 500\,\mathrm{N}$ の荷重が作用するときのたわみ δ とばね定数 k を求めよ．

● **解** ● たわみ δ は，式 (3.18) より

$$\delta = \frac{64nWR^3}{Gd^4} = \frac{64 \times 8 \times 500 \times 0.025^3}{78 \times 10^9 \times 0.005^4} = 0.08205\,\mathrm{m} \approx 82.1\,\mathrm{mm}$$

となる．ばね定数 k も，式 (3.19) より次のようになる．

$$k = \frac{W}{\delta} = \frac{500}{82.1} \approx 6.09\,\mathrm{N/mm}$$

● **演習問題**

3.1　Determine the torque T that causes a maximum shearing stress of 70 MPa in the steel cylindrical shaft shown in **Fig. 3.12**.

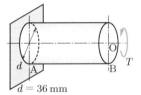

図 3.12　問題 3.1, 3.2

3.2　For the shaft shown in Fig. 3.12, determine the maximum shearing stress caused by a torque of magnitude $T = 800\,\mathrm{N \cdot m}$.

3.3　回転数 $n = 1800\,\mathrm{rpm}$ で動力 $P = 2.2\,\mathrm{kW}$ を伝達する軸径 d を求めよ．ただし，許容せん断応力を $\tau_a = 19.6\,\mathrm{MPa}$ とする．

3.4　問題 3.3 において，**図 3.13** に示すような内外径比 d_i/d_o が 0.65 となる中空丸軸を用いたとき，軸直径 d_i, d_o はいくらか．

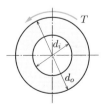

図 3.13　問題 3.4

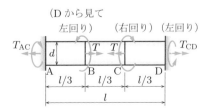

図 3.14　問題 3.5

3.5 　**図 3.14** のように，両端固定した棒の中間点 B, C にそれぞれ図示したような逆向きのトルクを作用させたときの，トルクの分布とねじれ角 ϕ_B, ϕ_C を求めよ．ただし，ねじり剛性を GI_p とする．

3.6 　Determine the maximum torque T that can be applied to a hollow circular steel shaft of 100 mm outside diameter (d_o) and an 80 mm inside diameter (d_i) without exceeding a shearing stress of $\tau_a = 60$ MPa or a twist of $\theta = 0.5°/$m. Use $G = 83$ GPa.

3.7 　A solid aluminum shaft 30 mm in diameter is subjected to two torques as shown in **Fig. 3.15**. Determine the maximum shearing stress in each segment and the angle of rotation of the free end. Use $G = 27$ GPa.

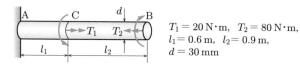

$T_1 = 20$ N·m, $T_2 = 80$ N·m,
$l_1 = 0.6$ m, $l_2 = 0.9$ m,
$d = 30$ mm

図 3.15　問題 3.7

3.8 　**図 3.16** のような長さ l の円錐棒について，トルク T を受けるときのねじれ角 ϕ を求めたい．以下の問いに答えよ．

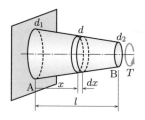

図 3.16　問題 3.8

(1)　左端より x の位置の直径を d とおいたときに，$d = d_1 - (d_1 - d_2)x/l$ となることを導け．

(2)　dx 部に生じる微小なねじれ角 $d\phi$ は，

$$d\phi = \frac{T\,dx}{GI_{px}}, \quad I_{px} = \frac{\pi d^4}{32}$$

となるが，これを積分して円錐棒のねじれ角 ϕ を求めよ．ただし，G を横弾性係数とする．

3.9 　**図 3.17** のように，断面積の等しい円形断面棒（直径 d）と楕円断面棒（長軸の長さ $2a$，短軸の長さ $2b$）が同じねじりモーメント T を受けたとき，最大ねじり応力比 $\tau_{c\,max}/\tau_{e\,max}$

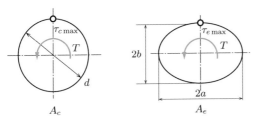

図 3.17 問題 3.9 **図 3.18** 問題 3.10

($\tau_{c\,\mathrm{max}}$：円形棒，$\tau_{e\,\mathrm{max}}$：楕円棒）を求めよ．また，比ねじれ角の比 θ_c/θ_e も求めよ．（ヒント：式 (3.12) 参照．）

3.10 　図 3.18 に示す素線直径 $d = 6\,\mathrm{mm}$，コイル平均直径 $D = 50\,\mathrm{mm}$ の密巻きばねが荷重 $W = 12\,\mathrm{kgf}\ (= 117.6\,\mathrm{N})$ を受けたときの最大せん断応力 τ_{max} は，式 (3.15) を用いるといくらか．また，ワールの式 (3.16) ではいくらか．

3.11 　A steel shaft and an aluminum tube are connected to a fixed support and to a rigid disk as shown in the cross section of **Fig. 3.19** (a). Knowing that the initial stresses are zero, determine the maximum torque T that can be applied to the disk if the allowable shear stresses are 110 MPa in the steel shaft and 65 MPa in the aluminum tube. Use $G_s = 200\,\mathrm{GPa}$ for steel and $G_a = 70\,\mathrm{GPa}$ for aluminum.（ヒント：図 3.19 (b) のように，トルク T が $T = T_a + T_s$ と分配されると考え，アルミ棒か鋼製棒のどちらかが先に許容せん断応力に達するときのトルク T を求めればよい．ただし，アルミ棒と鋼製棒のねじれ角は等しい．）

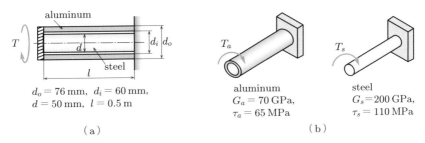

$d_o = 76\,\mathrm{mm}$, $d_i = 60\,\mathrm{mm}$, $d = 50\,\mathrm{mm}$, $l = 0.5\,\mathrm{m}$

（a）

aluminum
$G_a = 70\,\mathrm{GPa}$,
$\tau_a = 65\,\mathrm{MPa}$

steel
$G_s = 200\,\mathrm{GPa}$,
$\tau_s = 110\,\mathrm{MPa}$

（b）

図 3.19 問題 3.11

第4章 断面の性質

　棒の引張りや圧縮の場合の応力は，断面形状に関係なく一様の大きさで断面に分布しているものと考えられる．一方，第6章で述べるように，はりを曲げるときに生じる応力の分布は，断面形状によって大きく異なってくる．本章では，この曲げ応力に大きく関係する断面2次モーメントを考える．同時に，断面2次モーメントの計算に不可欠な断面の図心，断面1次モーメントも考える．

● 4.1　図心，断面2次モーメント

　図 4.1 のような座標系 (X, Y) を定め，平面図形の面積を A，図形内部の任意の点を $\mathrm{P}(X, Y)$ とし，点 P を囲む微小面積 dA を考える．このとき，X 軸，Y 軸に関する dA の1次のモーメントの総和

$$S_X = \int_A Y\, dA, \quad S_Y = \int_A X\, dA$$

(4.1)

を考えたとき，これを**断面1次モーメント**（first moment of area）という．このとき，面積 A の図形の**図心**（centroid）$\mathrm{G} = (\overline{X}, \overline{Y})$ は

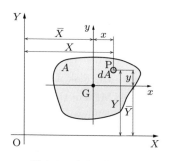

図 4.1　平面図形の図心

$$\begin{aligned}
\overline{X} &= \frac{S_Y}{A} = \frac{1}{A} \int_A X\, dA, \\
\overline{Y} &= \frac{S_X}{A} = \frac{1}{A} \int_A Y\, dA
\end{aligned}$$

(4.2)

により得られる．図心は，面積 A がその1点に集中している位置と考えるとわかりやすい．これより，図心を通る座標軸 (x, y) に関する断面1次モーメントはゼロ，すなわち

$$S_x = \int_A y\, dA = 0, \quad S_y = \int_A x\, dA = 0$$

(4.3)

となる．

　なお，図形が，**図** 4.2 (a) から同図 (b) のように簡単な図形に分解できる場合は，図心は同図の座標 (x, y) のもとで

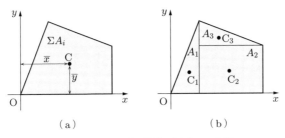

図 4.2 平面図形の簡単な図形への分解

$$\overline{x} = \frac{1}{\sum\limits_i A_i} \sum_i \overline{x}_i A_i, \quad \overline{y} = \frac{1}{\sum\limits_i A_i} \sum_i \overline{y}_i A_i \tag{4.4}$$

と計算される．ここで，$(\overline{x}_i, \overline{y}_i)$, A_i は，それぞれの図形の図心位置および面積である．

● **例題 4.1** ● 図 4.3 (a) に示すような平板の図心を，(1) 積分に基づいて，(2) 単純な図形の和と考えて求めよ．

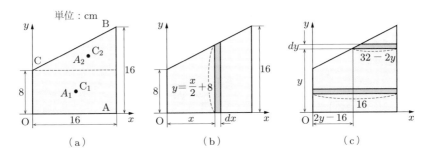

図 4.3 平板の図心

● **解** ● (1) 図 4.3 (a) のような座標軸をとれば，同図 (b) に示すように，任意位置 x における微小面積は $dA = y\,dx = (x/2 + 8)\,dx$ となるので，図心の x 座標は式 (4.2) より

$$\overline{x} = \frac{1}{A} \int_A x\,dA = \frac{1}{A} \int_0^{16} x \cdot \left(\frac{x}{2} + 8\right) dx$$

$$= \frac{1}{8 \times 16 + 16 \times 8/2} \left[\frac{x^3}{6} + 4x^2\right]_0^{16}$$

$$= \frac{1}{192}(682.667 + 1024) \approx 8.889\,\mathrm{cm}$$

となる．図心の y 座標については，図 4.3 (c) のように，任意位置 y における微小面積は，$0 \leq y \leq 8$ のときは $dA = 16\,dy$, $8 \leq y \leq 16$ のときには $dA = (32 - 2y)\,dy$ となるので

$$\overline{y} = \frac{1}{A}\int_A y\,dA = \frac{1}{A}\left\{\int_0^8 y\cdot 16\,dy + \int_8^{16} y\cdot(32-2y)\,dy\right\}$$

$$= \frac{1}{192}\left\{\left[8y^2\right]_0^8 + \left[16y^2 - \frac{2}{3}y^3\right]_8^{16}\right\}$$

$$= \frac{1}{192}\left\{512 + 16\times(16^2-8^2) - \frac{2}{3}(16^3-8^3)\right\} \approx 6.222\,\mathrm{cm}$$

と得られる.

(2) 図4.3 (a) のように，長方形と三角形とに分解すると，$C_1 = (\overline{x}_1, \overline{y}_1) = (8,4)$，$C_2 = (\overline{x}_2, \overline{y}_2) = (16\times2/3, 8+8\times1/3) = (32/3, 32/3)$，$A_1 = 128\,\mathrm{cm}^2$，$A_2 = 64\,\mathrm{cm}^2$ として式 (4.4) より

$$\overline{x} = \frac{\overline{x}_1 A_1 + \overline{x}_2 A_2}{A_1 + A_2} = \frac{8\times128 + 32/3\times64}{128+64} \approx 8.889\,\mathrm{cm}$$

$$\overline{y} = \frac{\overline{y}_1 A_1 + \overline{y}_2 A_2}{A_1 + A_2} = \frac{4\times128 + 32/3\times64}{128+64} \approx 6.222\,\mathrm{cm}$$

と求められ，積分計算に比べてはるかに計算が簡単である.

● **例題 4.2** ● 図4.4 (a) に示すような，一部が円形に切り抜かれた長方形板の図心を求めよ.

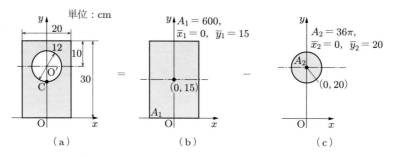

図4.4　円孔を有する平板の図心

● **解** ● 図のように座標軸をとれば，長方形板は y 軸に対称で，図心は y 軸上にある. よって，$\overline{x} = 0$ である. また，$\overline{y}_1 = 15\,\mathrm{cm}$，$\overline{y}_2 = 20\,\mathrm{cm}$，$A_1 = 600\,\mathrm{cm}^2$，$A_2 = 36\pi\,\mathrm{cm}^2$ である. 円形を切り抜いたことを考慮すれば，A_2 については切り抜いたことになるから，図心 $\overline{y}$ は

$$\overline{y} = \frac{A_1\overline{y}_1 - A_2\overline{y}_2}{A_1 - A_2} = \frac{600\times15 - 36\pi\times20}{600 - 36\pi} = 13.839 \approx 13.8\,\mathrm{cm}$$

となり，図心は円孔の下側の縁の近くにある.

次に, 図 4.1 の図形の X 軸, Y 軸に関する**断面 2 次モーメント** (moment of inertia of area) は,

$$I_X = \int_A Y^2\, dA, \quad I_Y = \int_A X^2\, dA \tag{4.5}$$

により計算される. なお, I_X, I_Y の単位は長さの 4 乗である.

また, 以下に定義される k_X, k_Y を**断面 2 次半径** (radius of gyration of area) という.

$$k_X = \sqrt{\frac{I_X}{A}}, \quad k_Y = \sqrt{\frac{I_Y}{A}} \tag{4.6}$$

これらは主に柱の座屈問題 (第 11 章) に関連する.

● 4.2　平行軸の定理

図 4.1 において, $Y = \overline{Y} + y$ であるので, 式 (4.3) を考慮すると, I_X は

$$
\begin{aligned}
I_X &= \int_A Y^2\, dA = \int_A (\overline{Y} + y)^2\, dA \\
&= \overline{Y}^2 \int_A dA + 2\overline{Y} \int_A y\, dA + \int_A y^2\, dA = \overline{Y}^2 A + I_x
\end{aligned} \tag{4.7}
$$

となる. この関係を**平行軸の定理** (parallel-axis theorem) という. これは, 図心を通る軸に関する断面 2 次モーメントがわかれば, これと平行な任意の軸に関する断面 2 次モーメントが求められることを意味し, 広く利用されている.

● **例題 4.3** ● 図 4.5 (a), (b) に示す長方形断面, および円形断面の断面 2 次モーメント I_x を求めよ.

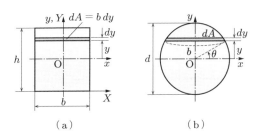

図 4.5　長方形および円形断面の断面 2 次モーメント

● **解** ● はじめに, 図 4.5 (a) に示す幅 b, 高さ h の長方形断面を考える. この断面の図心を通る水平軸 (x 軸) に関する断面 2 次モーメントは, $dA = b\, dy$ として

$$I_x = \int_A y^2 \, dA = \int_{-h/2}^{h/2} y^2 b \, dy = \frac{bh^3}{12}$$

となる. もちろん, 定義どおりに微小面積を $dA = dx \, dy$ と考えて

$$I_x = \int_A y^2 \, dA = \int_{-h/2}^{h/2} \int_{-b/2}^{b/2} y^2 \, dx \, dy = b \int_{-h/2}^{h/2} y^2 \, dy = \frac{bh^3}{12}$$

と計算してもよいが, $dA = b \, dy$ とした計算のほうが簡単である.

なお, 下辺を通る水平軸 (X 軸) に関する断面 2 次モーメントは

$$I_X = \int_A y^2 \, dA = \int_0^h y^2 b \, dy = \frac{bh^3}{3}$$

となる. 以上において

$$I_x + (b \cdot h) \left(\frac{h}{2} \right)^2 = \frac{bh^3}{12} + \frac{bh^3}{4} = \frac{bh^3}{3} = I_X$$

となっており, 平行軸の定理の成立を確かめることができる.

次に, 図 4.5 (b) に示す直径 d の円形断面を考える. この断面の図心を通る水平軸 (x 軸) に関する断面 2 次モーメントは, y の位置の微小部の幅を b とすると, $b = 2\sqrt{d^2/4 - y^2}$ となるから,

$$I_x = \int_A y^2 \, dA = \int_{-d/2}^{d/2} y^2 b \, dy = 2 \int_{-d/2}^{d/2} y^2 \sqrt{\frac{d^2}{4} - y^2} \, dy$$

$$= 4 \int_0^{d/2} y^2 \sqrt{\frac{d^2}{4} - y^2} \, dy$$

と得られる. ここで, $y = (d/2) \sin\theta$ とおけば, 上式は付録 A.(2) のウォリス (Wallis) 積分を参照して

$$I_x = \frac{d^4}{4} \int_0^{\pi/2} \sin^2\theta \cos^2\theta \, d\theta = \frac{d^4}{4} \int_0^{\pi/2} (\sin^2\theta - \sin^4\theta) \, d\theta$$

$$= \frac{d^4}{4} \left(\frac{\pi}{4} - \frac{3 \cdot 1}{4 \cdot 2} \cdot \frac{\pi}{2} \right) = \frac{\pi}{64} d^4$$

となる.

● **例題 4.4** ● **図** 4.6 (a) に示す I 型断面の断面 2 次モーメント I_x を, (1) 積分の定義式に基づいて求めよ. (2) また, 同図 (b) に示すように, 二つの図形 A_1, A_2 の和として求めよ.

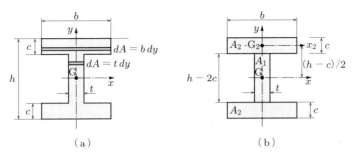

図 4.6 I 型断面

●**解**● (1) x 軸に対する対称性を考慮し，また，ウェブ ($0 \leq y \leq h/2 - c$) とフランジ ($h/2 - c \leq y \leq h/2$) における微小面積は $t\,dy$ および $b\,dy$ であるから，次のようになる.

$$I_x = \int_A y^2\,dA = 2\int_0^{h/2-c} y^2 t\,dy + 2\int_{h/2-c}^{h/2} y^2 b\,dy$$

$$= 2t\left[\frac{y^3}{3}\right]_0^{h/2-c} + 2b\left[\frac{y^3}{3}\right]_{h/2-c}^{h/2} = \frac{t}{12}(h-2c)^3 + \frac{b}{12}\left\{h^3 - (h-2c)^3\right\}$$

$$= \frac{bh^3}{12} - \frac{(b-t)(h-2c)^3}{12}$$

$$= \frac{t(h-2c)^3}{12} + \frac{bc}{6}(4c^2 - 6ch + 3h^2) \tag{a}$$

(2) 図 4.6 (b) に示すウェブ（図形 A_1）の x 軸に関する断面 2 次モーメント I_{x_1} は，**例題 4.3** より

$$I_{x_1} = \frac{t(h-2c)^3}{12}$$

となる．また，フランジ（図形 A_2）において，図心 G_2 を通る軸に関する断面 2 次モーメントは $bc^3/12$ である．さらに，フランジの図心 G_2 を通る軸 x_2 に関する断面 2 次モーメント I_{x_2} は，平行軸の定理を用いて，上下のフランジを考慮して

$$I_{x_2} = 2\left\{\frac{bc^3}{12} + bc\left(\frac{h-c}{2}\right)^2\right\}$$

となる．以上の結果を加えると，図形 A_1，A_2 の x 軸に関する断面 2 次モーメントは

$$I_x = \frac{t(h-2c)^3}{12} + 2\left\{\frac{bc^3}{12} + bc\left(\frac{h-c}{2}\right)^2\right\}$$

$$= \frac{t(h-2c)^3}{12} + \frac{bc}{6}\left\{c^2 + 3(h-c)^2\right\}$$

$$= \frac{t(h-2c)^3}{12} + \frac{bc}{6}(4c^2 - 6ch + 3h^2) \tag{b}$$

となり，式 (a) と一致する.

● 4.3　断面2次極モーメント

図 4.7 において，原点 O から微小面積 dA までの距離を r とするとき，

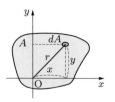

$$I_p = \int_A r^2 \, dA \qquad (4.8)$$

を**断面2次極モーメント**（polar moment of inertia of area）という．これは第3章で示したように，ねじり剛性にも関係する量である．このとき，dA までの x, y 座標を x, y として

図 4.7　断面2次極モーメント

$$I_p = \int_A r^2 \, dA = \int_A (x^2 + y^2) \, dA \\ = I_y + I_x \qquad (4.9)$$

が成り立つ．これを**直交軸の定理**（orthogonal-axis theorem）という．

● **例題 4.5** ●　図 4.8 に示す円形断面の断面2次極モーメント I_p を求めよ．また，この結果に基づいて I_x, I_y を求めよ．

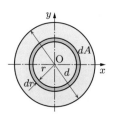

図 4.8　円形断面の断面2次極モーメント

● **解** ●　原点 O から r の距離にある円輪要素の微小面積 dA は $2\pi r \, dr$ であるから，式 (4.8) より

$$I_p = \int_A r^2 \, dA = \int_0^{d/2} r^2 2\pi r \, dr = 2\pi \int_0^{d/2} r^3 \, dr \\ = 2\pi \frac{(d/2)^4}{4} = \frac{\pi d^4}{32}$$

を得る．また，円の場合，対称性から $I_x = I_y$ であり，式 (4.9) より

$$I_x = I_y = \frac{I_p}{2} = \frac{\pi d^4}{64}$$

となる．この結果は，**例題 4.3** の結果と一致する．

● **演習問題**

4.1 **図** 4.9 に示す図形の x 軸および y 軸に関する断面 2 次モーメント I_x, I_y を求めよ. また, 断面 2 次半径 k_x, k_y も求めよ.

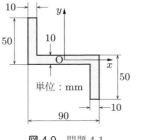

図 4.9 問題 4.1

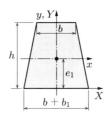

図 4.10 問題 4.2

4.2 **図** 4.10 のような台形断面の図心位置 e_1, および図心を通る軸 (x 軸) に関する断面 2 次モーメント I_x を求めよ.

4.3 Determine the moments of inertia I_x and I_y of the area shown in **Fig. 4.11** with respect to centroidal axes that are respectively parallel and perpendicular to the side AB.

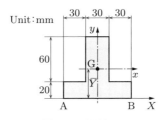

図 4.11 問題 4.3

4.4 **図** 4.12 (a) に示す半径 a の半円の図心 G の位置 e_1 を求めよ. また, G を通って直径 (X 軸) に平行な x 軸に関する断面 2 次モーメント I_x を求めよ. (ヒント:同図 (b) に示した原点 O を通る極座標を用いて計算せよ.)

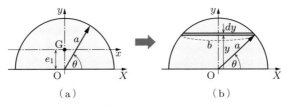

(a) $\Rightarrow$ (b)

図 4.12 問題 4.4

4.5　Determine the moments of inertia of the area shown in **Fig. 4.13** with respect to the x and y axes when $a = 2\,\text{cm}$. （ヒント：I_x については問題 4.4 の結果を利用せよ．）

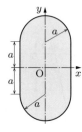

図 4.13　問題 4.5

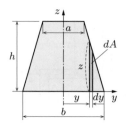

図 4.14　問題 4.6

4.6　**図 4.14** に示すような上辺 a，下辺 b，高さ h の左右対称な台形の対称軸 z に関する断面 2 次モーメントを求めよ．（ヒント：積分範囲を $0 \le y \le a/2$, $a/2 \le y \le b/2$ の二つに分け，$I_z = 2\displaystyle\int_0^{a/2} y^2 h\,dy + 2\int_{a/2}^{b/2} y^2 z\,dy$ とするとよい．）

4.7　Determine the moments of inertia I_x and I_y of the area shown in **Fig. 4.15** with respect to centroidal axes that are respectively parallel and perpendicular to the side AB.

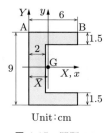

Unit：cm

図 4.15　問題 4.7

第5章 はりのせん断力と曲げモーメント

　軸線に垂直な荷重（横荷重）を受けるはりは，もっとも基本的な構造要素である．横荷重を受けるはりにはせん断力と曲げモーメントが作用し，その結果，はり断面にはせん断応力と曲げ応力が生じる．それらの応力を知ることは，はりの強度評価のうえで不可欠であり，このため，はりに作用するせん断力や曲げモーメントの分布の様子を知る必要がある．そこで，本章では，はりに作用するせん断力や曲げモーメントの求め方について考える．

● 5.1　はりの種類とはりに作用する荷重

　軸線に垂直な方向からの荷重（横荷重）や曲げ作用を与える曲げモーメントを受ける棒をはり（beam）という．

　外力を受けるはりを支えるには支点や剛体壁を必要とし，その様子を図 5.1 に示す．同図 (a) は回転支点（pin support）であり，支点においてはりは回転自由であるが移動ができず，水平および垂直方向の反力を受ける．同図 (b) は移動支点（roller support）であり，同図 (a) の回転支点を水平移動可能としたもので，はりは垂直方向の反力のみを受ける．

　同図 (c) は固定支点（fixed support）であり，はりが移動も回転もできないように支持されており，はりは水平方向と垂直方向の反力，さらに曲げモーメントを受ける．

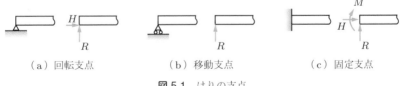

　（a）回転支点　　　　　（b）移動支点　　　　　（c）固定支点

図 5.1　はりの支点

　支持方法によってはりを分類する場合には，図 5.2 に示すように，(a) 一端を固定した片持はり（cantilever），(b) 両端を支持した単純支持はり（simply supported beam），(c) 両端を固定した両端固定はり（both ends clamped beam），(d) 突き出しはり（overhanged beam），(e) 連続はり（continuous beam）などがある．

　はりに作用する横荷重の種類には，図 5.3 に示すように，(a) 1 点に作用する集中

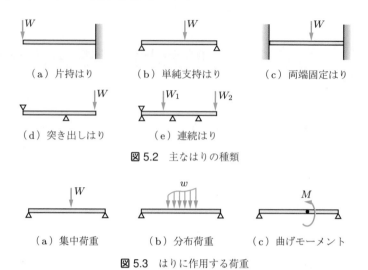

（a）片持はり　　　（b）単純支持はり　　　（c）両端固定はり

（d）突き出しはり　　　（e）連続はり

図 5.2　主なはりの種類

（a）集中荷重　　　（b）分布荷重　　　（c）曲げモーメント

図 5.3　はりに作用する荷重

荷重（concentrated load），（b）ある範囲に分布して作用する**分布荷重**（distributed load），（c）1 点に作用する**曲げモーメント**（bending moment）などがある．それらの荷重の単位は，集中荷重は [N]，分布荷重は [N/m]，曲げモーメントは [N・m] である．

5.2　せん断力と曲げモーメントの符号

　はりの断面に作用するせん断応力や曲げモーメントの向きについては，材料力学では以下のように約束している．

　すなわち，**図 5.4** (a) のように，せん断力については注目している断面の右側が右下がり（あるいは左側が左上がり）となるような変形を生じさせる力を正と約束する．また，曲げモーメントについては，同図 (b) のように下向きに凸となるような変形を生じさせる曲げモーメントを正と約束する．これらはいずれも，はりの長さ方向（x 座標）に進んだときに，たわみが増加するようなせん断力または曲げモーメントに対応する．この約束は，単に座標方向か，あるいは時計回りか反時計回りかということで

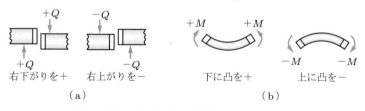

$+Q$　　　$-Q$

$+Q$　　　　$-Q$
右下がりを＋　　右上がりを−

$+M$　　　$+M$

$-M$　　　$-M$
下に凸を＋　　　上に凸を−

（a）　　　　　　　　　　　（b）

図 5.4　はりに作用するせん断力と曲げモーメント

はないことに注意する必要がある．はりの変形の様子に焦点を当てた約束と考えれば
わかりやすい．

● **例題** 5.1 ● 図 5.5 (a) に示すような，先端に集中荷重 W を受ける片持はりのせん断力 Q,
および曲げモーメント M を求めよ．

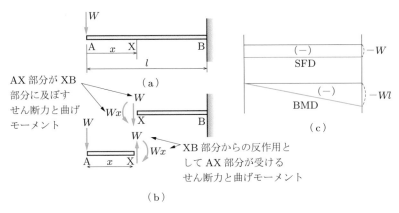

図 5.5 片持はりのせん断力，曲げモーメント

● **解** ● はりの長さ方向を x 軸に定め，図 5.5 (b) のように x の位置ではりを仮想的に切
断した断面 X を考える．このとき，はり XB の断面 X には，同図 (b) に示すようなせん
断力 $Q = -W$，曲げモーメント $M = -Wx$ が作用することがただちにわかる．一方で，
はり AX の断面 X は，この Q や M の反作用として，向きが逆となるせん断力や曲げモー
メントを受ける．したがって，仮想断面 X の左右には，対になったせん断力や曲げモーメ
ントが生じていることがわかる．実際には，この対のせん断力や曲げモーメントのどちら
か一方（たとえばはり XB の Q や M）だけを考えればよく，それらの符号は先に定義し
た約束に従えばよい．

次に，横軸に x，縦軸に Q または M をとって図で表したものを，せん断力線図（shearing
force diagram, SFD），曲げモーメント線図（bending moment diagram, BMD）と
いう．これらの図により，最大せん断力や最大曲げモーメントの値を知ることができ，は
りの強度評価を行うことが可能となる．図 5.5 (c) に SFD，BMD を示しているが，この
図より，せん断力が一定値 $-W$ をとり，また固定端 B で絶対値が最大の曲げモーメント
$-Wl$ を生じていることがわかる．

● **例題** 5.2 ● 図 5.6 (a) に示すように，$x = a$ の位置に集中荷重 W を受ける単純支持は
りの SFD，BMD を求めよ．

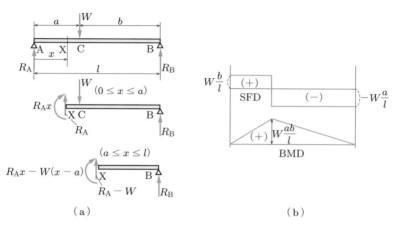

図 5.6 単純支持はりのせん断力，曲げモーメント

● **解** ● はじめに，支点反力 R_A, R_B を求める．これには，はりの力のつり合いやモーメントのつり合い（ここでいうモーメントは，通常の力学で扱うモーメントであり，前節で説明した曲げモーメントとは異なることに注意しよう）を考えればよい．上下方向の力のつり合いおよび点 A まわりのモーメントのつり合いを考えると，

$$R_A + R_B - W = 0, \quad R_B l - W a = 0 \quad \therefore R_A = \frac{b}{l} W, \quad R_B = \frac{a}{l} W$$

を得る．せん断力，曲げモーメントについては，位置 x のはりの左側部分からの作用を考える．

(1) $0 \leq x \leq a$ のとき；支点反力 R_A は，はり BX が左上がりになるように作用するので，$Q = R_A = W(b/l)$．また，R_A は，はり BX が下に凸になるように作用するので，$M = R_A x = W(b/l)x$ となる．

(2) $a \leq x \leq l$ のとき；支点反力 R_A のほかに下向き荷重 W も作用するので，$Q = R_A - W = -W(a/l)$．また，R_A は，はり BX が下に凸になるように，また W ははり BX が上に凸になるように作用するので，$M = R_A x - W(x - a) = Wa(1 - x/l)$ となる．

以上を BMD，SFD として表示すれば，図 5.6 (b) のようになる．これより，荷重点 C で最大曲げモーメント $M_{\max} = W(ab/l)$ が生じていることがわかる．

● **例題** 5.3 ● **図** 5.7 (a) に示すように両端に曲げモーメント M_A, M_B $(M_B > M_A)$ を受ける単純支持はりの SFD, BMD を求めよ.

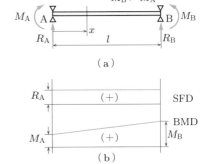

図 5.7　両端に曲げモーメントを受ける単純支持はり

● **解** ● はじめに, 支点反力 R_A, R_B を求めるために, はりに作用する力および曲げモーメントのつり合いを考える. すると, 力のつり合いより

$$R_A + R_B = 0 \tag{a}$$

となり, また, 支点 A まわりのモーメントのつり合いより

$$M_A - M_B - R_B l = 0 \tag{b}$$

となる. 式 (a), (b) より以下が得られる.

$$R_B = \frac{M_A - M_B}{l}, \quad R_A = -R_B = \frac{M_B - M_A}{l}$$

したがって, 任意位置 x の断面に作用するせん断力 Q, および曲げモーメント M は

$$Q = R_A = \frac{M_B - M_A}{l}, \quad M = R_A x + M_A = M_A + \frac{M_B - M_A}{l} x$$

となる. ここで, $M_B > M_A$ ならば, $R_A > 0$, $R_B < 0$ となるから, R_B は図とは逆向きに作用し, SFD, BMD は図 5.7 (b) のようになる.

● 5.3　単純な分布荷重を受けるはりのせん断力と曲げモーメント

前節では, はりに集中荷重や集中曲げモーメントが作用する場合について考えた. ここでは, はりに比較的簡単な分布荷重 w [N/m] が作用するときのせん断力 Q や曲げモーメント M の計算の方法を考える.

はじめに, 簡単な例として, **図** 5.8 (a) のように大きさ w の等分布荷重を受ける片持はりの場合を考えよう. 任意点 x より左方のはり AX には, 分布荷重で構成された図形の面積 wx と同じ大きさの荷重が作用し, 荷重分布の x 方向の図心位置 $x/2$

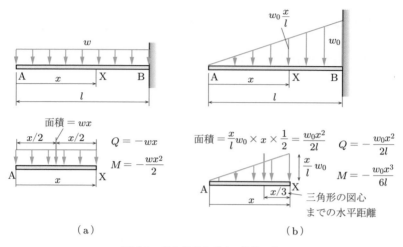

図 5.8　分布荷重を受ける片持ちはり

にその荷重が作用しているものと考えればよい．したがって，点 X には $Q = -wx$，$M = -wx^2/2$ が作用する．

次に，図 5.8(b) のような三角形状の分布荷重が作用する場合を考える．任意点 x より左方のはり AX には，分布の面積 $w_0 x^2/(2l)$ の大きさの荷重が，x より左方 $x/3$ の位置（三角形の図心位置）に作用するものと考えればよい．したがって，点 X には $Q = -w_0 x^2/(2l)$，$M = -w_0 x^3/(6l)$ が作用する．

● **例題 5.4** ●　図 5.9 に示すような等分布荷重 w を受ける単純支持はりの SFD，BMD を求めよ．

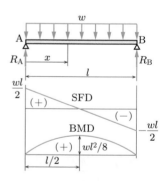

図 5.9　等分布荷重を受ける単純支持はり

● **解** ●　はじめに，支点反力 R_A，R_B を求めるために，はりに作用する力および曲げモーメントのつり合いを考える．すると，力のつり合いより

$$R_A + R_B = wl \tag{a}$$

となり，また，支点 A まわりのモーメントのつり合いより

$$-wl \cdot \frac{l}{2} + R_\mathrm{B} l = 0 \tag{b}$$

となる．式 (a), (b) より以下が得られる．

$$R_\mathrm{A} = R_\mathrm{B} = \frac{wl}{2}$$

次に，任意位置 x の断面に作用するせん断力 Q，および曲げモーメント M を考えよう．x より左方に作用する力は，上向きの R_A と下向きの wx であるから，これより

$$Q = R_\mathrm{A} - wx = w\left(\frac{l}{2} - x\right), \quad M = R_\mathrm{A} x - wx \cdot \frac{x}{2} = \frac{wx}{2}(l - x)$$

となる．SFD，BMD は図 5.9 のようになり，せん断力は直線的に減少し，曲げモーメントは放物線状に変化する．曲げモーメントの最大値は $x = l/2$ に生じ，$M_\mathrm{max} = wl^2/8$ である．

なお，これまでの例題では，力やモーメントのつり合いだけから未知反力や曲げモーメントを求めている．このようなはりを静定はり（statically determinate beam）という．

● **例題 5.5** ● 図 5.10 (a) に示すように，右半分の長さ $l/2$ にわたって等分布荷重 w を受ける単純支持はりの SFD，BMD を求めよ．

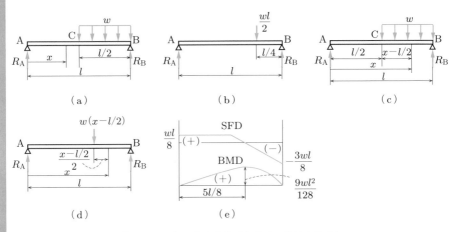

図 5.10 一部に等分布荷重を受ける単純支持はり

● **解** ● はじめに，支点反力 R_A，R_B を求めるために，はりに作用する力および曲げモーメントのつり合いを考える．図 5.10 (b) より，力のつり合い式および支点 A まわりのモーメントのつり合い式を求めると，

$$R_A + R_B = \frac{wl}{2}, \quad -\frac{wl}{2} \cdot \frac{3l}{4} + R_B l = 0$$

となる．これより

$$R_A = \frac{wl}{8}, \quad R_B = \frac{3wl}{8}$$

となる．

　次に，任意位置 x の断面に作用するせん断力 Q，および曲げモーメント M を考えよう．x より左方に作用する力は，区間 AC $(0 \leq x \leq l/2)$ および区間 CB $(l/2 \leq x \leq l)$ で異なるから，それぞれの区間で考える．区間 AC では

$$0 \leq x \leq \frac{l}{2} \; : \; Q_1 = R_A = \frac{wl}{8}, \quad M_1 = R_A x = \frac{wl}{8} x$$

と得られる．さらに，図 5.10 (c) に示した区間 CB では，分布荷重を集中荷重に置き換えた同図 (d) を参照して

$$\frac{l}{2} \leq x \leq l \; : \; Q_2 = R_A - w\left(x - \frac{l}{2}\right) = \frac{wl}{8} - w\left(x - \frac{l}{2}\right)$$

$$= w\left(-x + \frac{5}{8}l\right),$$

$$M_2 = R_A x - w\left(x - \frac{l}{2}\right) \cdot \frac{x - l/2}{2}$$

$$= \frac{wl}{8}x - \frac{w}{2}\left(x - \frac{l}{2}\right)^2 = -\frac{w}{2}\left(x - \frac{5}{8}l\right)^2 + \frac{9}{128}wl^2$$

となる．これより，せん断力 Q_2 は $x = 5l/8$ でゼロとなる．また，M_2 については，1) 上に凸な 2 次曲線，2) $x = 5l/8$ で極大値 $9wl^2/128$ をとる，3) $x = l/2$ で $M_2 = wl^2/16$ となる．以上より，図 5.10 (e) に示すような SFD，BMD を描くことができる．

　なお，せん断力 Q がゼロとなる位置で曲げモーメント M が極値をとることは，5.6 節で示される．

5.4　複数の荷重を受ける単純支持はり

　これまでは，はりに作用する荷重は 1 個や 1 種類として考えてきたが，ここでは，複数の荷重を受ける単純支持はりを考える．SFD，BMD の求め方の基本的な手順は変わらないが，工夫すれば計算が煩雑にならない．以下のはりの例題を考えよう．

● 例題 5.6 ●　図 5.11 のはりの最大曲げモーメントの位置と大きさを求めよ．ただし，$l_1 = 1\,\mathrm{m}$, $l_2 = 2.5\,\mathrm{m}$, $l_3 = 2.5\,\mathrm{m}$, $l_4 = 1\,\mathrm{m}$, $l = 7\,\mathrm{m}$, $W_1 = 9800\,\mathrm{N}$, $W_2 = 19600\,\mathrm{N}$, $W_3 = 29400\,\mathrm{N}$ とする．

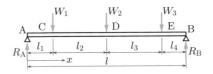

図 5.11　複数の荷重を受ける単純支持はり

● **解** ●　支点反力 R_A, R_B を求めるために支点 A, B まわりのモーメントのつり合い式を考えると,

$$R_B l = W_1 l_1 + W_2(l_1 + l_2) + W_3(l - l_4),$$
$$R_A l = W_1(l - l_1) + W_2(l_3 + l_4) + W_3 l_4$$

となる. これより

$$R_A = \frac{W_1(l - l_1) + W_2(l_3 + l_4) + W_3 l_4}{l}$$
$$= \frac{9800 \times (7 - 1) + 19600 \times (2.5 + 1) + 29400 \times 1}{7} = 22400\,\text{N}$$
$$= 22.4\,\text{kN},$$
$$R_B = \frac{W_1 l_1 + W_2(l_1 + l_2) + W_3(l - l_4)}{l}$$
$$= \frac{9800 \times 1 + 19600 \times (1 + 2.5) + 29400 \times (7 - 1)}{7} = 36400\,\text{N}$$
$$= 36.4\,\text{kN}$$

となり, 区間ごとの曲げモーメントの大きさ $[\text{kN} \cdot \text{m}]$ は

$$区間\,\text{AC}: M_1 = R_A x = 22.4x,$$
$$区間\,\text{CD}: M_2 = R_A x - 9.8(x - 1) = 12.6x + 9.8,$$
$$区間\,\text{DE}: M_3 = R_A x - 9.8(x - 1) - 19.6(x - 3.5) = -7x + 78.4,$$
$$区間\,\text{EB}: M_4 = R_B(7 - x) = 36.4(7 - x)$$

となる. ここで, 区間 EB の曲げモーメント M_4 は, 任意位置 x より右側に作用する力 R_B から計算している. 一方, 任意位置 x より左側に作用する力 R_A, W_1, W_2, W_3 から求めると

$$M_4 = R_A x - W_1(x - l_1) - W_2(x - l_1 - l_2) - W_3(x - l_1 - l_2 - l_3)$$
$$= 22.4x - 9.8(x - 1) - 19.6(x - 3.5) - 29.4(x - 6)$$
$$= -36.4x + 254.8 = 36.4(7 - x)$$

となり, 同一の結果を得る. このように, はりがつり合い状態にあれば, 断面の左右から求めた曲げモーメントは一致するので, はりに作用する横荷重が少ないほうから曲げモーメントを求めるのが簡単でよい.

なお，区間ごとのせん断力の大きさ [kN] は

区間 AC： $Q_1 = R_A = 22.4,$

区間 CD： $Q_2 = R_A - W_1 = 22.4 - 9.8 = 12.6,$

区間 DE： $Q_3 = R_A - W_1 - W_2 = 22.4 - 9.8 - 29.4 = -16.8,$

区間 EB： $Q_4 = -R_B = -36.4$

となる．各点の曲げモーメント [kN·m] は $M_A = 0$, $M_C = 22.4$, $M_D = 53.9$, $M_E = 36.4$, $M_B = 0$ なので，W_2 の位置（点 D）で最大値 $M_{max} = 53.9 \, \text{kN·m}$ をとることがわかる．これより，SFD，BMD は**図 5.12** のようになる．

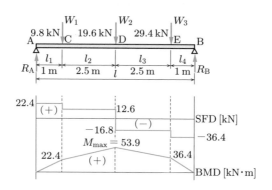

図 5.12 例題 5.6 の SFD および BMD

● 5.5 任意の分布荷重によるせん断力と曲げモーメント

次に，片持はりに**図 5.13** のように任意の関数 $w(x)$ の分布荷重が作用する場合を考える．点 X の断面に作用するせん断力 Q や曲げモーメント M を求めるには，図のような別の座標 ξ を導入するとよい（ξ を用いずに座標 x をそのまま用いると混乱が生じるため）．このような座標を流通座標（current coordinates）とよぶ．

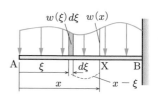

図 5.13 任意の分布荷重を受ける片持はり

点 A より ξ $(0 \leq \xi \leq x)$ の位置に微小幅 $d\xi$ を考える．この $d\xi$ による微小荷重は $w(\xi)\,d\xi$ となるから，点 X には微小なせん断力 $dQ = -w(\xi)\,d\xi$ が作用する．また，この微小荷重による点 X の曲げモーメントは，腕の長さが $x - \xi$ であるから $dM = -w(\xi)\,d\xi(x - \xi)$ と求められる．したがって，区間 $(0 \leq \xi \leq x)$ でこれらの総和をとれば，すなわち積分すれば，Q, M が得られ

$$Q = -\int_0^x w(\xi)\,d\xi,$$

$$M = -\int_0^x w(\xi)\,d\xi(x-\xi) = -\int_0^x (x-\xi)w(\xi)\,d\xi \qquad (5.1)$$

となる.

一例として,式 (5.1) を図 5.8 (a) に適用すれば,$w(\xi) = w$(一定値)とおいて

$$Q = -\int_0^x w\,d\xi = -wx, \quad M = -\int_0^x (x-\xi)w\,d\xi = -\frac{wx^2}{2}$$

となる.

さらに,式 (5.1) を図 5.8 (b) に適用すれば,$w(\xi) = w_0\dfrac{\xi}{l}$ とおいて

$$Q = -\int_0^x w_0\frac{\xi}{l}\,d\xi = -\frac{w_0 x^2}{2l},$$

$$M = -\int_0^x (x-\xi)w_0\frac{\xi}{l}\,d\xi = -\frac{w_0}{l}\int_0^x (x\xi - \xi^2)\,d\xi = -\frac{w_0 x^3}{6l}$$

となる.以上の二つの結果は,5.3 節の結果と一致する.

● **例題 5.7** ● **図 5.14** のように,$w(x) = w_1 \times \sin(\pi x/l)$ と表される正弦曲線状の分布荷重を受ける長さ l の単純支持はりについて,SFD および BMD を描き,最大曲げモーメントの値 $M_{\max}$ を求めよ.

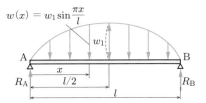

図 5.14 正弦曲線状の分布荷重を受ける
単純支持はり

● **解** ● はじめに,支点反力 R_A, R_B を求める.力のつり合いより,

$$R_A + R_B = \int_0^l w(x)\,dx = w_1\int_0^l \sin\frac{\pi x}{l}\,dx = w_1\left[-\frac{l}{\pi}\cos\frac{\pi x}{l}\right]_0^l = 2\frac{w_1 l}{\pi}$$

となる.したがって,$R_A = R_B$ なので $R_A = R_B = w_1 l/\pi$ となる.任意位置 x のせん断力 Q は,**図 5.15** (a) に示す流通座標 ξ を導入して

$$Q = R_A - \int_0^x w_1\sin\frac{\pi\xi}{l}\,d\xi = \frac{w_1 l}{\pi} - w_1\left[-\frac{l}{\pi}\cos\frac{\pi\xi}{l}\right]_0^x = \frac{w_1 l}{\pi}\cos\frac{\pi x}{l}$$

となる.同様に,任意位置 x の曲げモーメント M は,微小荷重 $w(\xi)\,d\xi$ までの距離が $x-\xi$

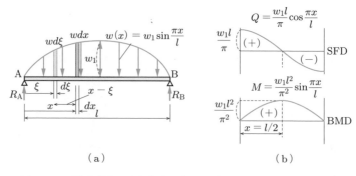

図 5.15　正弦曲線状の分布荷重を受ける単純支持はりの SFD, BMD

であることに留意して

$$M = R_\mathrm{A} x - \int_0^x (x - \xi) w_1 \sin \frac{\pi \xi}{l}\, d\xi$$

$$= \frac{w_1 l}{\pi} x - w_1 x \int_0^x \sin \frac{\pi \xi}{l}\, d\xi + w_1 \int_0^x \xi \sin \frac{\pi \xi}{l}\, d\xi$$

$$= \frac{w_1 l}{\pi} x - w_1 x \left[-\frac{l}{\pi} \cos \frac{\pi \xi}{l} \right]_0^x$$

$$+ w_1 \left\{ \left[\xi \cdot \left(-\frac{l}{\pi} \cos \frac{\pi \xi}{l} \right) \right]_0^x - \int_0^x \left(-\frac{l}{\pi} \cos \frac{\pi \xi}{l} \right) d\xi \right\}$$

$$= \frac{w_1 l^2}{\pi^2} \sin \frac{\pi x}{l}$$

となる．これより，最大曲げモーメントは $M_\mathrm{max} = w_1 l^2 / \pi^2$ であり，SFD, BMD は図 5.15 (b) のようになる．

5.6　荷重，せん断力および曲げモーメントの関係

図 5.16 (a) は分布荷重 $w(x)$ を受けるはりであり，同図 (b) は x の位置のはりの微小部分 dx を拡大して示した図である．近接した二つの断面のうちの左側には，せん

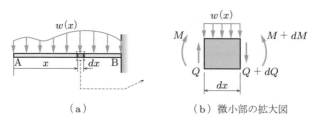

（a）　　　　　　　（b）微小部の拡大図

図 5.16　はりの微小部分のつり合い

断力 Q と曲げモーメント M が，そして右側の断面には，微小増分を考慮したせん断力 $Q + dQ$ と曲げモーメント $M + dM$ が作用するものとする．このとき，分布荷重 $w(x)$，せん断力 Q および曲げモーメント M の関係を求める．はじめに，この微小要素の力のつり合いから

$$w(x)\,dx - Q + (Q + dQ) = 0 \quad \therefore \ \frac{dQ}{dx} = -w(x) \tag{5.2}$$

が得られる．また，右側の面に関するモーメントのつり合いから

$$M + dM - M - Q\,dx + w(x)\,dx\,\frac{dx}{2} = 0$$

を得る．ここで，高次の微小項 $w(x)\,dx^2/2$ を省略すると

$$\frac{dM}{dx} = Q \tag{5.3}$$

となる．これより，荷重 $w(x)$，せん断力 Q および曲げモーメント M は独立ではないことがわかる．たとえば，5.3 節の図 5.8 (a), (b) の M, Q については，

$$(\text{a}) \cdots \frac{dM}{dx} = -wx = Q, \quad \frac{dQ}{dx} = -w,$$

$$(\text{b}) \cdots \frac{dM}{dx} = -\frac{w_0 x^2}{2l} = Q, \quad \frac{dQ}{dx} = -w_0\,\frac{x}{l}$$

となり，式 (5.2), (5.3) の成立を確かめることができる．

式 (5.3) より，せん断力がゼロとなる位置では $dM/dx = 0$ となるため，曲げモーメントが極値をとることがわかる．図 5.10 (e)，図 5.15 (b) の SFD，BMD からも，そのような状態になっていることが確認できる．

● 演習問題

5.1　図 5.17 の単純支持はり (a), (b), (c) の SFD，BMD および最大曲げモーメント $M_{\max}$ をそれぞれ求めよ．

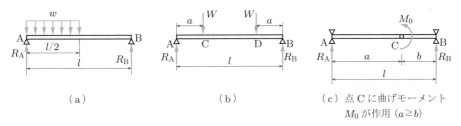

（a）　　　　　　　　　（b）　　　　　　（c）点 C に曲げモーメント
　　　　　　　　　　　　　　　　　　　　　　M_0 が作用 $(a \geqq b)$

図 5.17　問題 5.1

5.2　Determine (1) the equations of the shear and bending-moment curves for the beam shown in **Fig. 5.18**, (2) the maximum absolute value of the bending moment in the beam.

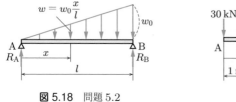

図 5.18　問題 5.2

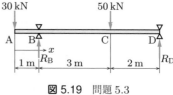

図 5.19　問題 5.3

5.3　Determine (1) the equations of the shear and bending moment curves for the beam and loading shown in **Fig. 5.19**, (2) the maximum absolute value of the bending moment in the beam.

5.4　**図 5.20** のように，反対方向を向いている 2 個の集中荷重 W を受ける長さ l の単純支持はりについて，SFD，BMD を示せ．また，はりに生じる最大曲げモーメントを求めよ．

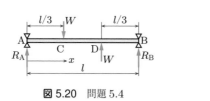

図 5.20　問題 5.4

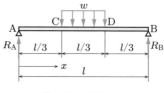

図 5.21　問題 5.5

5.5　**図 5.21** のような等分布荷重を受ける単純支持はりがある．このとき，SFD，BMD を描け．また，最大曲げモーメント $M_{\max}$ およびその発生位置 x_0 を求めよ．

5.6　単純支持はりに**図 5.22** のような荷重が作用している．支点反力 R_A, R_B を求め，SFD，BMD を示せ．また，最大曲げモーメント $M_{\max}$ の発生位置とその大きさを求めよ．

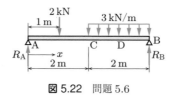

図 5.22　問題 5.6

第6章

はりの応力

第5章では，はりの任意位置におけるせん断力や曲げモーメントを求めることを学んだ．本章では，この曲げモーメントから生じる断面の曲げ応力および断面係数について考える．また，平等強さのはり，および曲げモーメントの変化によって生じるせん断応力の求め方についても考える．

● 6.1 はりに生じる曲げ応力

ここでは，第5章で求めた曲げモーメントによって生じる曲げ応力を考える．はりが曲がると，はりの断面には垂直な方向には応力が生じ，この垂直応力を曲げ応力（bending stress）という．

図 6.1 (a) は，荷重 W を受ける単純支持はりの曲げの様子，同図 (b), (c) は，微小部分 dx の変形を示す．この微小部分は下に凸の曲げ変形をし，弧 ab の長さは，変形後も変化しない．この弧 ab を含む面を中立面（neutral plane），この中立面と横断面（y 軸を含む面）との交線を中立軸（neutral axis）という．

図 6.1 (c) には，面 ab が曲率半径（radius of curvature）ρ に湾曲し，各断面は相対的に回転して実線 mn, pq のように変形する様子を示す．このときの中心角を $d\theta$（θ は rad 単位）とすると，$dx = \rho\, d\theta$ となる．中立面 ab から距離 y にある面 cd の変形後の長さは $(\rho + y)\, d\theta$ であるから，面 cd に生じる軸方向のひずみ ε は次のように

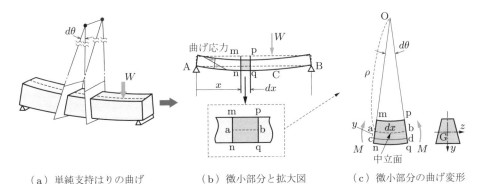

（a）単純支持はりの曲げ　　　（b）微小部分と拡大図　　　（c）微小部分の曲げ変形
と横断面

図 6.1　曲げによる垂直応力

なる.

$$\varepsilon = \frac{(\rho + y)\, d\theta - dx}{dx} = \frac{(\rho + y)\, d\theta}{\rho\, d\theta} - 1 = \frac{y}{\rho} \tag{6.1}$$

フックの法則（式 (1.3)）を用いれば，曲げ応力 σ は

$$\sigma = E\varepsilon = E\frac{y}{\rho} \tag{6.2}$$

となる. この式 (6.2) から，曲げ応力は中立軸からの距離に比例することがわかる.

6.2　断面係数

図 6.1 のはりの軸方向には外力は作用しないから，

$$\int_A \sigma\, dA = \frac{E}{\rho} \int_A y\, dA = 0 \tag{6.3}$$

が成り立つ. これは，中立軸である z 軸に関する断面 1 次モーメントがゼロであることを示す. したがって，4.1 節に示したように，中立軸は断面の図心 G を通ることがわかる.

次に，**図 6.2** のように，中立軸から y の距離にある dA 部分に生じている曲げ応力 σ によるモーメントは，$(\sigma\, dA)\cdot y$ であるが，このモーメントの総和が断面に作用する曲げモーメントに等しいから，

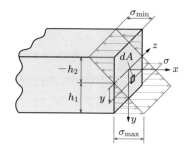

$$M = \int_A (\sigma\, dA)y = \int_A \frac{E}{\rho} y^2\, dA$$
$$= \frac{E}{\rho} \int_A y^2\, dA = \frac{E}{\rho} I_z \tag{6.4}$$

図 6.2　曲げ応力の分布

となる. ここで，$I_z = \displaystyle\int_A y^2\, dA$ は断面 2 次モーメントである. 式 (6.4) より，はりの湾曲の程度を表す曲率（curvature）$1/\rho$ は

$$\frac{1}{\rho} = \frac{M}{EI_z} \tag{6.5}$$

と表される. ここで，EI_z は**曲げ剛性**（flexural rigidity）とよばれ，この値が大きいほどはりは曲がりにくくなる.

この式 (6.5) と式 (6.2) から ρ を消去して曲げ応力 σ を求めると,

$$\sigma = \frac{M}{I_z} y \tag{6.6}$$

となる. この結果を図示すると, 図 6.2 のような直線状の応力分布となる. すなわち, 曲げ応力は, 中立軸から遠ざかるにつれて増加し, 上下面で, それぞれ最大の圧縮および引張り応力を生じる. この最大の応力を $\sigma_{\min}, \sigma_{\max}$ と表すと,

$$\sigma_{\min} = \frac{M}{I_z}(-h_2) = -\frac{M}{Z_2}, \quad \sigma_{\max} = \frac{M}{I_z} h_1 = \frac{M}{Z_1} \tag{6.7}$$

となる. ここで, Z_1, Z_2 は,

$$Z_1 = \frac{I_z}{h_1}, \quad Z_2 = \frac{I_z}{h_2} \tag{6.8}$$

である. Z_1, Z_2 は, はりの断面の形状によって定まり, **断面係数**（section modulus）とよばれる. これより, 断面係数が大きいほど断面は曲げに強くなることがわかる. たとえば, **例題 4.3** の結果より, 長方形断面では $Z_1 = Z_2 = (bh^3/12)/(h/2) = bh^2/6$, 円形断面では $Z_1 = Z_2 = (\pi d^4/64)/(d/2) = \pi d^3/32$ となる. 付録 C に代表的な断面の断面係数を示す.

● **例題 6.1** ● **図 6.3** のような片持はりの最大曲げ応力 $\sigma_{\max}$ と最大せん断応力 $\tau_{\max}$ を求めよ. ただし, $w = 500\,\mathrm{N/m}$, $l = 1\,\mathrm{m}$ とし, はりの断面は幅 $b = 30\,\mathrm{mm}$, 高さ $h = 20\,\mathrm{mm}$ とする. また, 断面を 90 度回転して考えた場合の $\sigma_{\max}$ と $\tau_{\max}$ も求めよ.

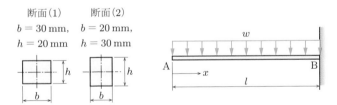

図 6.3 等分布荷重を受ける片持はりの応力

● **解** ● 計算に必要な式は

$$\sigma = \frac{M}{Z}, \quad M_{\max} = \frac{wl^2}{2}, \quad Z = \frac{I_y}{h/2} = \frac{bh^2}{6}, \quad Q_{\max} = wl, \quad A = bh$$

である. ここで, 5.3 節より $M_{\max}, Q_{\max}$ は固定端 B に生じることがわかる. したがって,

$$\sigma_{\max} = \frac{M_{\max}}{Z} = \frac{wl^2/2}{bh^2/6} = \frac{500 \times 1^2}{2} \times \frac{6}{0.03 \times 0.02^2} = 250 \times 10^6\,\mathrm{N/m^2}$$

$$= 250\,\mathrm{MPa},$$

$$\tau_{\max} = \frac{Q_{\max}}{A} = \frac{wl}{bh} = \frac{500 \times 1}{0.03 \times 0.02} = 8.333 \times 10^5 \, \text{N/m}^2 \approx 0.833 \, \text{MPa}$$

となる．断面を90度回転して考えた場合（図6.3の断面 (2)）は，$b = 20 \, \text{mm}$, $h = 30 \, \text{mm}$ となり

$$\sigma_{\max} = \frac{M_{\max}}{Z} = \frac{wl^2/2}{bh^2/6} = \frac{500 \times 1^2}{2} \times \frac{6}{0.02 \times 0.03^2}$$

$$= 83.333 \times 10^6 \, \text{N/m}^2 = 83.3 \, \text{MPa},$$

$$\tau_{\max} = \frac{Q_{\max}}{A} = \frac{wl}{bh} = \frac{500 \times 1}{0.02 \times 0.03} = 8.333 \times 10^5 \, \text{N/m}^2 \approx 0.833 \, \text{MPa}$$

と得られ，最大せん断応力は同じであるが，最大曲げ応力は 1/3 に低下することがわかる．

● **Example 6.2** ● A simply supported beam of length l carries a concentrated load W as shown in **Fig. 6.4** (a). The beam has a T-shaped cross section as shown in Fig. 6.4 (b). Find the maximum bending stress when $W = 5 \, \text{kN}$ and $l = 4 \, \text{m}$.

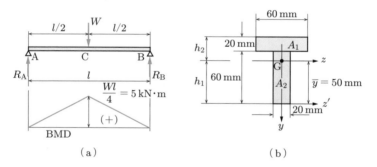

図 6.4 T 型断面を有する単純支持はり

● **解** ● 図 6.4 (b) に示すように，断面を A_1, A_2 に分解すると，下辺に沿った軸 z' から図心 G までの距離 $\overline{y}$ は

$$\overline{y} = \frac{A_1 \overline{y}_1 + A_2 \overline{y}_2}{A_1 + A_2} = \frac{20 \times 60 \times 70 + 60 \times 20 \times 30}{20 \times 60 + 60 \times 20} = 50 \, \text{mm}$$

となる．これより，中立軸から下辺および上辺までの距離は，$h_1 = 50 \, \text{mm}$, $h_2 = 30 \, \text{mm}$ となる．また，中立軸（z 軸）に関する断面2次モーメント I_z は，平行軸の定理から

$$I_z = \frac{1}{12} \times 60 \times 20^3 + 20 \times 60 \times 20^2 + \frac{1}{12} \times 20 \times 60^3 + 60 \times 20 \times 20^2$$

$$= 1.36 \times 10^6 \, \text{mm}^4 = 1.36 \times 10^{-6} \, \text{m}^4$$

となる．一方，最大曲げモーメントは，はり中央に生じ $M_{\max} = Wl/4 = 5 \times 4/4 = 5 \, \text{kN·m}$

となる．したがって，下辺に生じる引張りの曲げ応力 σ_1，および上辺に生じる圧縮の曲げ応力 σ_2 は，

$$\sigma_1 = \frac{M_{max}}{Z_1} = \frac{M_{max}h_1}{I_z} = \frac{5 \times 10^3 \times 0.05}{1.36 \times 10^{-6}} = 183.82 \times 10^6 \, \text{N/m}^2$$
$$\approx 184 \, \text{MPa},$$

$$\sigma_2 = -\frac{M_{max}}{Z_2} = -\frac{M_{max}h_2}{I_z} = \frac{5 \times 10^3 \times 0.03}{1.36 \times 10^{-6}} = -110.29 \times 10^6 \, \text{N/m}^2$$
$$\approx -110 \, \text{MPa}$$

となる．したがって，最大曲げ応力は引張り側に生じ，$\sigma_{max} = 184 \, \text{MPa}$ と得られる．

● **6.3** 平等強さのはり

　一様な断面のはりでは断面係数 Z が一定であるから，式 (6.7) より，断面の最大曲げ応力は曲げモーメント M に比例することがわかる．一般に，強度設計においては，最大曲げモーメントの生じる断面の曲げ応力が許容曲げ応力を超えないように断面形状を定める．しかし，この場合，ほかの断面では許容応力を下回っていて，材料が無駄に用いられることになる．そこで，どこでも最大曲げ応力が同じ値（たとえば許容応力）をとるように，Z を M に比例して変化させると無駄な部分がなくなる．このような断面をもつはりを平等強さのはり（beam of uniform strength）という．

　図 6.5 (a) は，断面が幅 b，高さ h の，集中荷重 W を受ける片持はりである．このとき，はり先端から x の位置の最大曲げ応力は

$$\sigma = \frac{|-Wx|}{Z} = \frac{6Wx}{bh^2}$$

となり，x に比例している．したがって，σ を一定にするには，c を定数として

$$\frac{x}{bh^2} = c \tag{6.9}$$

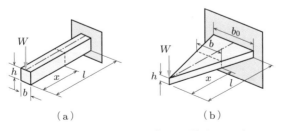

（a）　　　　　　　　　　　（b）

図 6.5 先端に集中荷重を受ける平等強さのはり

とすればよい．たとえば，高さ h を一定にして幅 b が変化する場合を考えると，$b = x/(ch^2)$ となる．このとき定数 c は，$x = l$ のとき $b = b_0$ と考えれば

$$b_0 = \frac{l}{ch^2} \quad \therefore \quad \frac{1}{ch^2} = \frac{b_0}{l}$$

となり，結局，$b = b_0 x/l$ を得る．これは，図 6.5 (b) に示すように，幅を直線状に増加させればよいことを示している．逆に，b が一定で高さ h が変化する場合には，h_0 を固定端でのはりの高さとして $h = h_0 \sqrt{x/l}$ となる．

大型輸送車の懸架装置として広く用いられている**重ね板ばね** (laminated leaf spring) は，以上の平等強さのはりの考え方を応用して，なるべく一様な曲げ応力が生じるように工夫したものである．この重ね板ばねは，**図 6.6** に示すように，三角形状の板を一定の幅で切断し，それらを重ね合わせて作成される．板の間には摩擦が作用して，1 枚の板の場合とはたわみや応力が異なるが，実用的には 1 枚の板として扱って差し支えない．

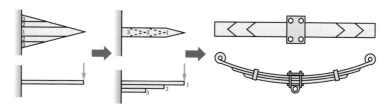

図 6.6　重ね板ばね

● **例題** 6.3 ●　図 6.7 のように，等分布荷重 w を受ける単純支持はりがある．はりの断面は，幅 b，高さ h の長方形であるとする．いま，高さ h を一定値 h_0 として，平等強さになるような幅 b を求めよ．

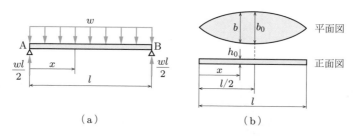

（a）　　　　　　　　　　　　　（b）

図 6.7　等分布荷重を受ける平等強さの単純支持はり

● **解** ●　はりの左端 A より x の位置の曲げモーメントは，**例題** 5.4 より

$$M = \frac{wl}{2} x - \frac{wx^2}{2} = \frac{wx}{2}(l - x)$$

となる．このとき，はりの上端または下端での最大応力は

$$\sigma = \frac{|M|}{bh^2/6} = \frac{3wx(l-x)}{bh^2}$$

と表される．したがって，σ を一定値とするには，c を定数として

$$\frac{x(l-x)}{bh^2} = c$$

となる．このとき，$h = h_0$ とおいて b を求めると

$$b = \frac{x(l-x)}{ch_0^2}$$

を得て，幅 b は放物線状の変化をすればよい．$x = l/2$ で $b = b_0$ と考えると，

$$b_0 = \frac{l^2/4}{ch_0^2} \quad \therefore \quad \frac{1}{ch_0^2} = \frac{4b_0}{l^2}$$

となり，結局

$$b = 4b_0 \frac{x(l-x)}{l^2}$$

と求められる．この幅の変化する様子を図 6.7 (b) に示す．

● 6.4　はりのせん断応力

5.6 節では，曲げモーメントが変化する場合にはせん断力が存在することを示した．したがって，はりの任意位置の横断面にはせん断力 $Q = dM/dx$ が働き，これに応じたせん断応力が生じる．

そこで，**図 6.8** (a) に示すような dx の距離だけ離れた断面 AB, CD を考え，面 AB, CD に作用するせん断力および曲げモーメントを Q, M および $Q + dQ$, $M + dM$ とする．ここで，面 CD の Q, M については，距離 dx の増加分を考慮している．

次に，中立面から y の距離にあり中立面に平行な EF を含む面を考え，微小部分 EBCF の x 方向の力のつり合いを考える．このとき，EB を含む垂直面にはせん断力 Q によるせん断応力 τ_{xy}（x 軸に垂直な面に作用する y 方向のせん断応力，詳しくは 10.1 節を参照）が作用するが，せん断応力の共役性（図 6.8 (c) および 10.1 節参照）により，EF を含む水平面には，同じ大きさで左向きのせん断応力 τ_{yx} が作用していなければならない．この τ_{yx} は，図 6.8 (d) のように幅 b にわたって一様に分布しているものと仮定する．EB を含む垂直面には M による曲げ応力 σ_x が，また，FC を含む垂直面には $M + dM$ による曲げ応力 $\sigma_x + d\sigma_x$ が作用しており，微小要素の x 方向の力のつり合いを考えると，図 6.8 (d) をもとに

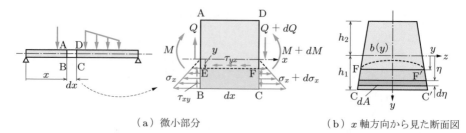

（a）微小部分　　　　　　　　　（b）x軸方向から見た断面図

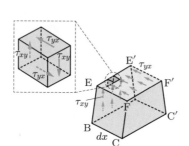

（c）共役なせん断応力

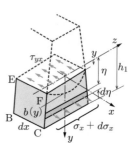

（d）微小要素の応力

図6.8 はりのせん断応力

$$-\int_y^{h_1} \sigma_x \, dA - \tau_{yx} b \, dx + \int_y^{h_1} (\sigma_x + d\sigma_x) \, dA = 0 \tag{6.10}$$

を得る．したがって，

$$\tau_{yx} = \frac{1}{b} \int_y^{h_1} \frac{d\sigma_x(\eta)}{dx} \, dA \tag{6.11}$$

となる．式 (6.6) より，中立軸から η の位置の曲げ応力は $\sigma_x(\eta) = M\eta/I_z$ となり，$dM/dx = Q$ であるから，

$$\tau_{yx} = \frac{1}{b} \int_y^{h_1} \frac{dM}{dx} \frac{\eta}{I_z} \, dA = \frac{1}{bI_z} \frac{dM}{dx} \int_y^{h_1} \eta \, dA = \frac{Q}{bI_z} \int_y^{h_1} \eta \, dA \tag{6.12}$$

となる．ここで，積分項は，図 6.8 (b) の灰色の領域の中立軸に関する断面1次モーメントである．なお，断面 AB に作用するせん断応力 τ_{xy} は，共役性から τ_{yx} に等しいのは先に述べたとおりである．

次に，断面におけるせん断力の分布について考える．**図6.9** において，中立軸から y の距離の位置に，中立軸に平行に $P_1P_0P_1$ をとると，点 P_1 における合せん断応力 $\tau_1 = \sqrt{\tau_{xy}^2 + \tau_{xz}^2}$ は，周辺を構成する曲線の接線方向を向かなければならない．これ

は，もし接線方向を向かないとすると，せん断応力が周辺に垂直な成分をもつことになり，さらに，この成分と共役なせん断応力が外表面で軸方向に生じることになり，自由表面（荷重の作用していない表面）の仮定に反することになるからである．そこで，外周表面のせん断応力が接線方向を向くことを考慮して，以下のように合せん断応力 τ_1 を決定する．

図 6.9 の P_1P_1 上の任意の点 P の合せん断応力 τ も OP 方向を向いていると仮定すれば，$\angle P_0OP = \varphi$ として

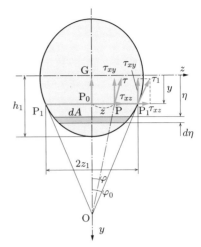

図 6.9 一般的な断面形状

$$\tau_{xy} = \tau \cos \varphi, \quad \tau_{xz} = \tau \sin \varphi,$$
$$\tau = \sqrt{\tau_{xy}^2 + \tau_{xz}^2}, \tag{a}$$
$$\therefore \quad \tau = \tau_{xy}\sqrt{1 + \tan^2 \varphi}$$

となる．

さらに，$P_1P_0 = z_1$, $PP_0 = z$, $\angle P_1OP_0 = \varphi_0$ とすれば，

$$\tan \varphi = \frac{z}{z_1} \tan \varphi_0 \quad \therefore \tau = \tau_{xy}\sqrt{1 + \left(\frac{z}{z_1} \tan \varphi_0\right)^2} \tag{b}$$

と求められる．これより，表面 $(z = z_1)$ での合せん断応力 τ_1 は

$$\tau_1 = \tau_{xy}\sqrt{1 + \tan^2 \varphi_0} = \frac{\tau_{xy}}{\cos \varphi_0} \tag{c}$$

となる．式 (6.12) の b を $2z_1$ に置き換えて式 (c) に代入すると

$$\tau_1 = \frac{Q}{2z_1 I_z \cos \varphi_0} \int_y^{h_1} \eta \, dA \tag{6.13}$$

を得る．

▌ ● **例題 6.4** ● **図 6.10** (a) に示すような幅 b，高さ h の長方形断面のせん断応力 τ_{xy} の分布を求めよ．また，最大せん断応力 $\tau_{\max}$ はいくらか．

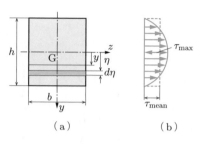

図 6.10　長方形断面のせん断応力分布

● **解** ●　図 6.10 (a) において，$dA = b\,d\eta$, $h_1 = h/2$, $I_z = bh^3/12$ であるから，これらを式 (6.12) に代入すると

$$\tau_{xy} = \frac{Q}{b \cdot bh^3/12} \int_y^{h/2} \eta b\,d\eta = \frac{12Q}{bh^3}\left[\frac{\eta^2}{2}\right]_\eta^{h/2} = \frac{6Q}{bh^3}\left(\frac{h^2}{4} - y^2\right)$$
$$= \frac{3Q}{2A}\left(1 - \frac{4y^2}{h^2}\right), \quad (A = bh)$$

となる．この式より，長方形断面のせん断応力は図 6.10 (b) のように放物線状に分布し，上下面でゼロ，中立面上で最大値 $\tau_{\max} = 3Q/(2A)$ をとり，これは，平均せん断応力 $\tau_{\mathrm{mean}} = Q/A$ の 1.5 倍である．

このようなせん断応力の分布は，断面中央でゼロとなり，上下の自由表面で最大値をとる曲げ応力の分布（6.2 節）とは対照的である．

● **例題 6.5** ●　幅 $b = 4\,\mathrm{cm}$, 高さ $h = 10\,\mathrm{cm}$ の長方形断面の部材が $Q = 6\,\mathrm{kN}$ のせん断力を受けるとき，断面に生じる最大せん断応力 $\tau_{\max}$ を求めよ．

● **解** ●　**例題 6.4** より，次のようになる．

$$\tau_{\max} = \frac{3Q}{2A} = \frac{3 \times 6 \times 10^3}{2 \times 0.04 \times 0.1} = 2.25 \times 10^6\,\mathrm{N/m^2} = 2.25\,\mathrm{MPa}$$

● **例題 6.6** ●　図 6.11 (a) に示すような直径 d の円形断面のせん断応力 τ_{xy} の分布を求めよ．さらに，円周上の合せん断応力 τ_1 および最大せん断応力 $\tau_{\max}$ を求めよ．

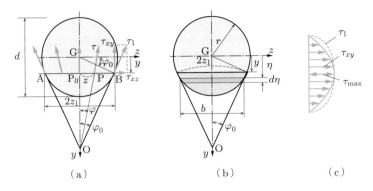

図 6.11　円形断面のせん断応力分布

● **解** ●　図 6.11 (b) において, 円半径を $r = d/2$ として

$$2z_1 = 2\sqrt{r^2 - y^2}, \quad b = 2\sqrt{r^2 - \eta^2}, \quad I_z = \frac{\pi d^4}{64} = \frac{\pi (2r)^4}{64} = \frac{\pi r^4}{4}$$

となる. したがって,

$$\int_y^r \eta \, dA = \int_y^r \eta b \, d\eta = \int_y^r \eta \cdot \left(2\sqrt{r^2 - \eta^2} \right) d\eta$$

$$= 2 \left(-\frac{1}{3} \right) \left[(r^2 - \eta^2)^{3/2} \right]_y^r = \frac{2}{3} (r^2 - y^2)^{3/2}$$

となる. これより, せん断応力 τ_{xy} は, 式 (6.12) より

$$\tau_{xy} = \frac{Q}{2\sqrt{r^2 - y^2} \cdot \pi r^4 / 4} \times \frac{2}{3} (r^2 - y^2)^{3/2} = \frac{4}{3} \frac{Q}{\pi r^2} \left\{ 1 - \left(\frac{y}{r} \right)^2 \right\}$$

となる. よって, τ_{xy} は放物線状に分布し, 中立軸上で最大値 $(4/3) \cdot (Q/\pi r^2)$ を生じる.

また, 円周上の合せん断応力 τ_1 は, 式 (6.13) の 2 行上の式 (c) より

$$\tau_1 = \frac{\tau_{xy}}{\cos \varphi_0} = \frac{\tau_{xy}}{\sqrt{r^2 - y^2}/r} = \frac{4}{3} \frac{Q}{\pi r^2} \left\{ 1 - \left(\frac{y}{r} \right)^2 \right\}^{1/2}$$

となる. τ_1 の分布は, 図 6.11 (c) の破線に示すように, 楕円状であり, この場合も中立軸上で最大値 $(4/3) \cdot (Q/\pi r^2)$ を生じる.

なお,

$$\tau_{max} = (\tau_1)_{y=0} = (\tau_{xy})_{y=0} = \frac{4}{3} \frac{Q}{\pi r^2} = \frac{4}{3} \tau_{mean}$$

であり, 最大せん断応力 τ_{max} は平均せん断応力 τ_{mean} の 4/3 倍である.

● **例題 6.7** ● **図** 6.12 に示すように，等分布荷重 w を受ける，長さ l，一辺の長さ h の正方形断面の片持はりに生じる最大曲げ応力 σ_{max} と最大せん断応力 τ_{max} を求め，その大きさを比較せよ．

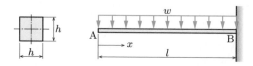

図 6.12　等分布荷重を受ける正方形断面の片持はり

● **解** ● この場合，固定端 B で，最大曲げモーメント $M_{max} = wl^2/2$，最大せん断力 $Q_{max} = wl$ が生じる．したがって，最大曲げ応力 σ_{max} および最大せん断応力 τ_{max} は

$$\sigma_{max} = \frac{M_{max}}{Z} = \frac{wl^2/2}{h^3/6} = \frac{3wl^2}{h^3}, \quad \tau_{max} = \frac{3Q_{max}}{2h^2} = \frac{3wl}{2h^2}$$

となる．これより

$$\frac{\tau_{max}}{\sigma_{max}} = \frac{h}{2l}$$

となる．一般に，はりでは $l \gg h$ であるから $\sigma_{max} \gg \tau_{max}$ である．したがって，断面寸法に比べてスパンの長いはりでは，せん断応力を省略して曲げ応力のみに基づいて強度を評価してもよいことがわかる．

● **演習問題**

6.1　**図** 6.13 のような幅 b，高さ h のはりを曲げにくくするために，リブ（補強材）をつけることがある．しかし，このリブの高さ h_1 が低いとかえって弱くなる．h_1 がいくらのときにもっとも弱くなるか．また，この弱くなる場合は，$b_1/b \leq 1/3$ の場合に限ることも示せ．

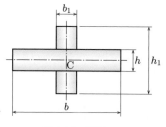

図 6.13　問題 6.1

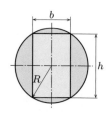

図 6.14　問題 6.2

6.2　A rectangular wood beam is to be cut from a circular log as shown in **Fig. 6.14**. Calculate the ratio b/h required to attain a beam of maximum strength in bending.（attain: …を達成する，…を獲得する.）（ヒント：断面係数 Z を最大にする b, h を求めればよい．ただし，b, h は独立ではないことに注意.）

6.3　**図 6.15** のような I 型断面をもつ単純支持はりにおいて，等分布荷重 $w = 5\,\mathrm{kN/m}$ が作用する．許容応力が $\sigma_a = 180\,\mathrm{MPa}$ ならば，スパン l の大きさはいくらまで許されるか.

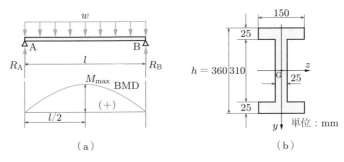

（a）　　　　　　　　　　　　　　　　　（b）

図 6.15　問題 6.3

6.4　**図 6.16** の断面 (1) の片持はりの許容応力を $\sigma_a = 120\,\mathrm{MPa}$ としたとき，自由端に加えることのできる最大荷重 W を求めよ．また，断面 (2) の場合の最大荷重 W も求めよ.

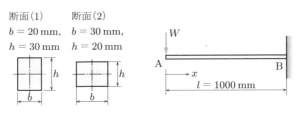

図 6.16　問題 6.4

6.5　**図 6.17** のような単純支持はりを考える（このようなはりを 4 点曲げ (four point bending) とよんでいる）.

(1)　BMD を示せ.

(2)　$l = 8\,\mathrm{m}$, $l_1 = 2\,\mathrm{m}$, $W = 1\,\mathrm{kN}$ とし，はりの断面が直径 $d = 50\,\mathrm{mm}$ の円形である場合，およびそれと同じ面積の正方形である場合とで，それぞれの最大曲げ応力 $\sigma_{\max}$ を求めよ.

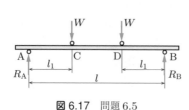

図 6.17　問題 6.5

図 6.18　問題 6.6

6.6 Determine the bending stress σ produced in a steel wire of diameter $d = 3\,\mathrm{mm}$ when it is bent around a cylindrical drum of radius $R = 300\,\mathrm{mm}$ as shown in **Fig. 6.18**.　（ヒント：曲率半径と曲げモーメントの関係式 (6.5) を用いるとよい.）

6.7 図 6.5 (a) の集中荷重 W の代わりに等分布荷重 w を受ける片持はりにおいて，高さ h を一定にして，平等強さのはりを得るには，幅 b をどのように変化させればよいか.

6.8 A cantilever beam AB of circular cross section and length $l = 450\,\mathrm{mm}$ supports a load $W = 400\,\mathrm{N}$ acting at the free end as shown in **Fig. 6.19**. The beam is made of steel with an allowable bending stress $\sigma_a = 60\,\mathrm{MPa}$.

(1) Disregarding the weight of the beam, calculate the required diameter d of the circular cross section.

(2) Taking into account the weight of the beam, calculate the required diameter d. Use the density of the beam as $\rho = 7.85 \times 10^3\,\mathrm{kg/m^3}$ and the gravitational acceleration as $g = 9.8\,\mathrm{m/s^2}$.　（ヒント：(2) の場合は，d の 3 次方程式を解かなければならない. この場合，(1) で得た解を d_0 とおき，求める解 d を $d = d_0 + \Delta d$ と近似し，修正項 Δd について求める式を導いて解を求めるとよい.）

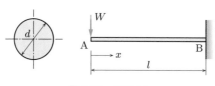

図 6.19　問題 6.8

第7章 はりのたわみ

前章では，はりに横荷重が作用した場合に，はり断面に生じる曲げ応力やせん断応力について詳しく調べた．本章では，横荷重を受ける場合のはりの変形について考える．このはりの変形（たわみ）は，棒に軸力を受ける場合の伸びや縮みの変形に比べてはるかに大きく，はりを破壊させやすい．このため，はりのたわみを正確に評価することは，強度設計上重要である．

7.1 はりのたわみ方程式

左右対称な断面形状をもつ単純なはりが，対称軸を含む面内に荷重を受けてたわむ場合について考える．

図 7.1 (a) は，はりのたわみの様子を示したもので，曲線 AB ははりの図心を通る軸線である．この変形後の曲線をたわみ曲線（deflection curve），この曲線の y 座標の大きさをたわみ（deflection），このたわみ曲線の接線と水平軸とのなす角をたわみ角（angle of inclinataion, slope）という．

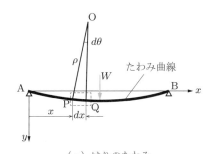

（a）はりのたわみ

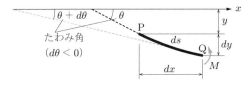

（b）PQ の拡大図

図 7.1 たわみ曲線

水平方向を x 軸とし，鉛直下方を y 軸にとり，このはりに荷重 W が作用したときの微小部分 PQ の変形を考える．PQ の拡大図である図 7.1 (b) に示すように，たわみ角は，P で θ，Q で $\theta + d\theta$ へと変化する．一方で，正の曲げモーメントが作用している場合には，$d\theta < 0$ であることに注意する必要がある．

ρ をたわみ曲線の曲率半径，PQ の長さを ds とすれば，

$$ds = \rho(-d\theta) \qquad \therefore \frac{1}{\rho} = -\frac{d\theta}{ds} \tag{7.1}$$

となる．ここで，$\rho > 0$, $ds > 0$ なので，$-d\theta \, (> 0)$ としている．また，$1/\rho$ は曲率であり，単位長さあたりの角度の変化を表している．

一方で，たわみ曲線の傾きは

$$\frac{dy}{dx} = \tan\theta \qquad \therefore \theta = \tan^{-1}\left(\frac{dy}{dx}\right) \tag{7.2}$$

である．式 (7.2) を式 (7.1) に代入すれば，$ds^2 = dx^2 + dy^2$ および $(\tan^{-1} x)' = 1/(1+x^2)$ の関係を用いて

$$\frac{1}{\rho} = -\frac{d\theta}{ds} = -\frac{d\theta}{dx} \cdot \frac{dx}{ds} = -\frac{d\theta}{dx} \cdot \frac{dx}{\sqrt{dx^2 + dy^2}}$$

$$= -\frac{d^2y/dx^2}{1 + (dy/dx)^2} \cdot \frac{1}{\sqrt{1 + (dy/dx)^2}} = -\frac{d^2y/dx^2}{\{1 + (dy/dx)^2\}^{3/2}} \tag{7.3}$$

となる．ここで，たわみ曲線の傾き dy/dx が微小であると考えると

$$\frac{dy}{dx} \fallingdotseq \theta, \quad \frac{1}{\rho} \fallingdotseq -\frac{d^2y}{dx^2} \tag{7.4}$$

となる[†]．式 (7.4) を式 (6.5) に代入すれば

$$\frac{d^2y}{dx^2} = -\frac{M}{EI} \tag{7.5}$$

となる．ここで，I_z の添字を省略して I としている．この式 (7.5) は，はりのたわみ形状を支配する微分方程式であり，たわみ曲線の微分方程式（differential equation of deflection curve）とよばれる．たわみ曲線 y を得るには，式 (7.5) を積分して $y = f(x)$ の関係式を求めればよい．

[†] このように，$dy/dx \ll 1$ と仮定する考え方を微小変形理論という．一方，たとえば，ピアノ線を曲げる場合のように，弾性を保ってたわみが大きい場合の変形は，曲率として式 (7.3) を用いる必要がある．このような扱いを大変形理論という．詳しくは R. F. Fay 著，堀辺訳，「たわみやすいはりの大変形理論」，三恵社（2019）などを参照．

7.2 片持はりのたわみ

はじめに，片持はりのたわみ曲線を考えよう．

● 例題 7.1 ● 図 7.2 に示す，自由端に集中荷重 W を受ける片持はりのたわみ曲線，最大たわみ y_{max} および最大たわみ角 θ_{max} を求めよ．

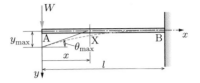

図 7.2 自由端に集中荷重を受ける片持はり

● **解** ● 位置 x における曲げモーメントは，$M = -Wx$ である．これを式 (7.5) に代入し，順次積分すれば

$$\frac{d^2y}{dx^2} = \frac{W}{EI}x, \quad \frac{dy}{dx} = \frac{W}{EI}\left(\frac{x^2}{2} + C_1\right), \quad y = \frac{W}{EI}\left(\frac{x^3}{6} + C_1 x + C_2\right)$$

を得る．ここで，C_1, C_2 は積分定数であり，固定端 B でたわみ角とたわみがゼロという境界条件より決定される．すなわち，$x = l$ で $dy/dx = 0$ および $y = 0$ より

$$\frac{l^2}{2} + C_1 = 0 \quad \therefore C_1 = -\frac{l^2}{2}, \quad \frac{l^3}{6} + C_1 l + C_2 = 0 \quad \therefore C_2 = \frac{l^3}{3}$$

となる．この結果をたわみ角およびたわみの式に代入すれば，

$$\theta = \frac{dy}{dx} = \frac{W}{2EI}(x^2 - l^2),$$

$$y = \frac{W}{6EI}(x^3 - 3l^2 x + 2l^3) = \frac{W}{6EI}(l - x)^2(x + 2l)$$

を得る．

最大たわみ，最大たわみ角は，はり先端 A $(x = 0)$ に生じ

$$y_{max} = \frac{Wl^3}{3EI}, \quad \theta_{max} = -\frac{Wl^2}{2EI} \tag{7.6}$$

と求められる．

● 例題 7.2 ● 例題 7.1 に示した片持はりにおいて，断面は長方形，長さは $l = 200\,\mathrm{mm}$ とし，集中荷重 $W = 500\,\mathrm{N}$ を加えたときの自由端のたわみを $\delta = 8\,\mathrm{mm}$ としたい．はりの断面の高さ h を求めよ．ただし，はりは軟鋼とし，$E = 206\,\mathrm{GPa}$，断面の幅は $b = 10\,\mathrm{mm}$ とする．

●**解**● 式 (7.6) の第 1 式において，$y_{\max} = \delta$，$I = bh^3/12$ とおくと，次のように得られる．

$$\delta = \frac{Wl^3}{3E(bh^3/12)} = \frac{4Wl^3}{Ebh^3}$$

$$\therefore h = \sqrt[3]{\frac{4W}{Eb\delta}}\, l = \sqrt[3]{\frac{4 \times 500}{206 \times 10^9 \times 0.01 \times 0.008}} \times 0.2 = 9.902 \times 10^{-3}\,\text{m}$$

$$\approx 9.90\,\text{mm}$$

●**例題 7.3**● **図** 7.3 に示す，等分布荷重 w を受ける片持はりのたわみ曲線，最大たわみ $y_{\max}$ および最大たわみ角 $\theta_{\max}$ を求めよ．

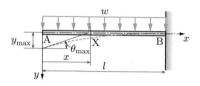

図 7.3　等分布荷重を受ける片持はり

●**解**● 位置 x における曲げモーメントは，$M = -wx^2/2$ である．これを式 (7.5) に代入し，順次積分すれば

$$\frac{d^2y}{dx^2} = \frac{w}{2EI}\, x^2, \quad \frac{dy}{dx} = \frac{W}{2EI}\left(\frac{x^3}{3} + C_1\right),$$

$$y = \frac{W}{2EI}\left(\frac{x^4}{12} + C_1 x + C_2\right)$$

を得る．ここで，C_1, C_2 は積分定数であり，**例題 7.1** と同様の境界条件より決定される．すなわち，$x = l$ で $dy/dx = 0$ および $y = 0$ より

$$\frac{l^3}{3} + C_1 = 0 \ \ \therefore C_1 = -\frac{l^3}{3}, \quad \frac{l^4}{12} + C_1 l + C_2 = 0 \ \ \therefore C_2 = \frac{l^4}{4}$$

となる．この結果をたわみ角およびたわみの式に代入すれば，

$$\theta = \frac{dy}{dx} = \frac{w}{6EI}\,(x^3 - l^3),$$

$$y = \frac{w}{24EI}\,(x^4 - 4l^3 x + 3l^4) = \frac{w}{24EI}\,(l - x)^2(x^2 + 2lx + 3l^2)$$

を得る．

　最大たわみ，最大たわみ角は，はり先端 A $(x = 0)$ に生じ

$$y_{\max} = \frac{wl^4}{8EI}, \quad \theta_{\max} = -\frac{wl^3}{6EI} \tag{7.7}$$

と求められる．

● **例題 7.4** ● 図 7.4 (a) に示す，中間に集中荷重 W を受ける片持はりのたわみ曲線，最大たわみ $y_{\max}$ および最大たわみ角 $\theta_{\max}$ を求めよ．

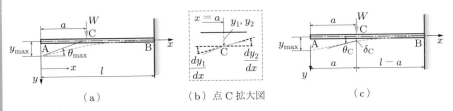

図 7.4 中間に集中荷重を受ける片持はり

● **解** ● はりの区間 AC $(0 \leq x \leq a)$ と CB 部分 $(a \leq x \leq l)$ とで曲げモーメントが異なることに留意して問題を考える．はじめに，区間 $0 \leq x \leq a$ では曲げモーメントが $M_1 = 0$ となる．また，この区間のたわみを y_1 とおくと，M_1 を式 (7.5) に代入し，順次積分すれば

$$\frac{d^2y_1}{dx^2} = 0, \quad \frac{dy_1}{dx} = C_1, \quad y_1 = C_1x + C_2 \tag{a}$$

を得る．ここで，C_1, C_2 は積分定数である．これより，区間 AC では，はりが直線状の変形をすることがわかる．

次に，区間 $a \leq x \leq l$ の曲げモーメントは $M_2 = -W(x-a)$ である．また，たわみを y_2 とし，M_2 を式 (7.5) に代入し，順次積分すれば

$$\frac{d^2y_2}{dx^2} = \frac{W}{EI}(x-a), \quad \frac{dy_2}{dx} = \frac{W}{EI}\left(\frac{x^2}{2} - ax + C_3\right),$$

$$y_2 = \frac{W}{EI}\left(\frac{x^3}{6} + C_3x + C_4\right) \tag{b}$$

を得る．ここで，C_3, C_4 は積分定数である．4 個の積分定数 $C_1 \sim C_4$ を決定するには，4 個の条件式が必要となるが，これには，図 7.4 (b) に示すような点 C $(x = a)$ での連続条件式 $y_1 = y_2$，$dy_1/dx = dy_2/dx$ および固定端 B $(x = l)$ での条件式 $y_2 = 0$，$dy_2/dx = 0$ を用いればよい（これらは，荷重点で左右のたわみおよびたわみ角は等しいために成り立つ）．実際にこの条件を代入すると，

$$C_1a + C_2 = \frac{W}{EI}\left(\frac{a^3}{6} + C_3a + C_4\right), \quad C_1 = \frac{W}{EI}\left(-\frac{a^2}{2} + C_3\right),$$

$$\frac{l^3}{6} + C_3l + C_4 = 0, \quad \frac{l^2}{2} - al + C_3 = 0$$

となる．これより

$$C_1 = -\frac{W(l-a)^2}{2EI}, \quad C_2 = \frac{W(l-a)^2(2l+a)}{6EI},$$

$$C_3 = al - \frac{l^2}{2}, \quad C_4 = \frac{l^2}{6}(2l - 3a)$$

となる．この結果をたわみ角およびたわみの式に代入すれば，

$$\left.\begin{array}{l} \theta_1 = \dfrac{dy_1}{dx} = -\dfrac{W}{2EI}(l-a)^2, \ y_1 = \dfrac{W(l-a)^2}{6EI}(2l + a - 3x), \\[2mm] \theta_2 = \dfrac{dy_2}{dx} = -\dfrac{W}{2EI}(l-x)(l+x-2a), \\[2mm] y_2 = \dfrac{W(l-x)^2}{6EI}(2l - 3a + x) \end{array}\right\} \quad \text{(c)}$$

を得る．

最大たわみははり先端 A ($x = 0$)，最大たわみ角は区間 AC に生じ

$$y_{\max} = (y_1)_{x=0} = \frac{W(l-a)^2(2l+a)}{6EI}, \quad \theta_{\max} = \theta_1 = -\frac{W(l-a)^2}{2EI}$$

(7.8)

と求められる．

なお，図 7.4 (c) に示すように，区間 CB のはりの点 C のたわみおよびたわみ角は，式 (7.6) において $l \to l - a$ と置き換えて得られ，

$$\delta_{\mathrm{C}} = \frac{W(l-a)^3}{3EI}, \quad \theta_{\mathrm{C}} = -\frac{W(l-a)^2}{2EI}$$

となる．一方，区間 AC のはりについては直線的な変形をするから，点 A のたわみおよびたわみ角は，θ_{C} が小さいものとすれば

$$\delta_{\mathrm{A}} = \frac{W(l-a)^3}{3EI} + \theta_{\mathrm{C}} \times a = \frac{W(l-a)^2(2l+a)}{6EI},$$

$$\theta_{\mathrm{A}} = \theta_{\mathrm{C}} = -\frac{W(l-a)^2}{2EI}$$

となり，これらは式 (7.8) と一致している．

【参考】式 (b) の y_2 の積分においては，以下のように行うと積分定数を求める計算が簡単になる．すなわち，$x - a = -(l-x) + l - a$ と変形し，$l - x$ の項に注目して積分を考えると

$$\frac{d^2 y_2}{dx^2} = \frac{W}{EI}\{-(l-x) + l - a\},$$

$$\frac{dy_2}{dx} = \frac{W}{EI}\left\{\frac{(l-x)^2}{2} - (l-a)(l-x) + C_3\right\},$$

$$y_2 = \frac{W}{EI}\left\{-\frac{(l-x)^3}{6} + (l-a)\frac{(l-x)^2}{2} - C_3(l-x) + C_4\right\} \quad \text{(d)}$$

となる．先の 4 個の境界条件より式 (a), (d) の積分定数 $C_1 \sim C_4$ を求めると，

$$C_1 = -\frac{W(l-a)^2}{2EI}, \quad C_2 = -\frac{W(l-a)^2(2l+a)}{6EI}, \quad C_3 = 0, \quad C_4 = 0$$

を得るが，この計算は先の計算より簡単である．これらをもとのたわみ角およびたわみの式に代入すると，式 (c) と同一の結果を得る．

7.3 単純支持はりのたわみ

次は，各種の荷重を受ける単純支持はりを考える．

● **例題 7.5** ● 図 7.5 のような等分布荷重 w を受ける単純支持はりのたわみ曲線，最大たわみ $y_{\max}$ および最大たわみ角 $\theta_{\max}$ を求めよ．

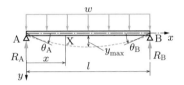

図 7.5 等分布荷重を受ける単純支持はり

● **解** ● 支点反力は，対称性より $R_A = R_B = wl/2$．また，任意位置 x における曲げモーメントは，$M = R_A x - wx^2/2 = (w/2)(lx - x^2)$ である．これを式 (7.5) に代入し，順次積分すれば

$$\frac{d^2y}{dx^2} = -\frac{w}{2EI}(lx - x^2), \quad \frac{dy}{dx} = -\frac{w}{2EI}\left(\frac{lx^2}{2} - \frac{x^3}{3} + C_1\right),$$

$$y = -\frac{w}{2EI}\left(\frac{lx^3}{6} - \frac{x^4}{12} + C_1 x + C_2\right)$$

となる．ここで，C_1, C_2 は積分定数であり，境界条件 $x = 0$ で $y = 0$ および $x = l$ で $y = 0$ から決定される．すなわち

$$C_2 = 0, \quad \frac{l^4}{6} - \frac{l^4}{12} + C_1 l + C_2 = 0 \quad \therefore C_1 = -\frac{l^3}{12}$$

となる．この結果をたわみ角およびたわみの式に代入すれば，

$$\theta = \frac{dy}{dx} = \frac{w}{24EI}(4x^3 - 6lx^2 + l^3), \quad y = \frac{wx}{24EI}(x^3 - 2lx^2 + l^3)$$

を得る．

なお，はりは左右対称であり，$x = l/2$ で $dy/dx = 0$ という条件も考えられる．したがって，先の二つの境界条件と合わせて三つの条件式が考えられるが，どれか二つの条件式を組み合わせて解けばよく，いずれの場合も同一の結果を与える．

最大たわみははり中央 ($x = l/2$) に，さらに，最大たわみ角は支点 A または B ($x = 0$, $x = l$) に生じる．それらの値は

$$y_{\max} = \frac{5wl^4}{384EI}, \quad \theta_{\max} = \theta_A = \frac{wl^3}{24EI} = -\theta_B \tag{7.9}$$

と求められる.

● **例題 7.6** ● 図 7.6 のように, はり中央に荷重
W を受ける単純支持はりのたわみ曲線, 最大た
わみ $y_{\max}$ および最大たわみ角 $\theta_{\max}$ を求めよ.

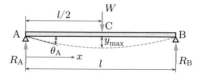

図7.6 中央に集中荷重を受ける単純支持
はり

● **解** ● 支点反力は, 対称性より $R_A = R_B = W/2$ となる. また, 任意位置 x における曲
げモーメントは, 区間 $(0 \leq x \leq l/2)$ では $M = R_A x = (W/2)x$ である. これを式 (7.5)
に代入し, 順次積分すれば

$$\frac{d^2y}{dx^2} = -\frac{W}{2EI}\,x, \quad \frac{dy}{dx} = -\frac{W}{2EI}\left(\frac{x^2}{2} + C_1\right),$$

$$y = -\frac{W}{2EI}\left(\frac{x^3}{6} + C_1 x + C_2\right) \tag{a}$$

となる. ここで, C_1, C_2 は積分定数であり, 境界条件 $x = 0$ で $y = 0$ および $x = l/2$ で
$dy/dx = 0$ から決定される. なお, 式 (a) は区間 $(0 \leq x \leq l/2)$ において有効なので,
$x = l$ で $y = 0$ という条件を式 (a) に当てはめてはいけない. 以上より,

$$C_2 = 0, \quad \frac{l^2}{8} + C_1 = 0 \quad \therefore C_1 = -\frac{l^2}{8}$$

となる. この結果をたわみ角およびたわみの式に代入すれば,

$$\theta = \frac{dy}{dx} = \frac{W}{16EI}\,(l^2 - 4x^2), \quad y = \frac{W}{48EI}\,x\,(3l^2 - 4x^2)$$

を得る.

　最大たわみははり中央 $(x = l/2)$ に生じ, 最大たわみ角は支点 A $(x = 0)$ または支点
B $(x = l)$ に生じる. それらの値は

$$y_{\max} = \frac{Wl^3}{48EI}, \quad \theta_{\max} = \theta_A = \frac{Wl^2}{16EI} = -\theta_B \tag{7.10}$$

と求められる.

● **例題 7.7** ● 長方形断面（幅 $b = 20\,\mathrm{mm}$, 高さ $h = 30\,\mathrm{mm}$）を有し, 長さ $l = 2\,\mathrm{m}$ の
単純支持はりがある. このはりの中央に集中荷重 $W = 400\,\mathrm{N}$ を負荷したとき, 中央のた

わみ δ が $7.3\,\mathrm{mm}$ であった．このはりの縦弾性係数 E を求めよ．

● **解** ● 式 (7.10) の第 1 式において，$y_{\max} = \delta$, $I = bh^3/12$ を代入すると

$$\delta = \frac{Wl^3}{48EI} = \frac{Wl^3}{48E(bh^3)/12} = \frac{Wl^3}{4Ebh^3}$$

$$\therefore E = \frac{Wl^3}{4bh^3\delta} = \frac{400 \times 2^3}{4 \times 0.02 \times 0.03^3 \times 0.0073} = 202.94 \times 10^9\,\mathrm{N/m^2}$$

$$\approx 203\,\mathrm{GPa}$$

を得る．このように，単純支持はり中央の荷重とたわみの関係を利用して縦弾性係数などの力学量を求めることを，**3 点曲げ試験**（three-point bending test）という．

● **例題 7.8** ● 図 7.7 のように，はりの左半分に等分布荷重 w を受ける単純支持はりのたわみ曲線を示し，$x = l/2$ のたわみを求めよ．

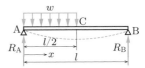

図 7.7 部分的に等分布荷重を受ける単純支持はり

● **解** ● 力のつり合いおよび支点 B まわりのモーメントのつり合い

$$R_{\mathrm{A}} + R_{\mathrm{B}} = \frac{wl}{2}, \quad -R_{\mathrm{A}}l + \frac{wl}{2} \times \frac{3l}{4} = 0$$

より支点反力 R_{A}, R_{B} を求めると，

$$R_{\mathrm{A}} = \frac{3}{8}wl, \quad R_{\mathrm{B}} = \frac{1}{8}wl$$

を得る．

はりを区間 AC $(0 \leq x \leq l/2)$ および区間 CB $(l/2 \leq x \leq l)$ とに分けて問題を考える．はじめに，区間 $0 \leq x \leq l/2$ では，曲げモーメントは $M_1 = R_{\mathrm{A}}x - wx^2/2 = (w/8)(3lx - 4x^2)$ となる．そこで，この区間のたわみを y_1 とおくと，M_1 を式 (7.5) に代入し，順次積分すれば

$$\frac{d^2y_1}{dx^2} = \frac{w}{8EI}(-3lx + 4x^2), \quad \frac{dy_1}{dx} = \frac{w}{8EI}\left(-\frac{3}{2}lx^2 + \frac{4}{3}x^3 + C_1\right),$$

$$y_1 = \frac{w}{8EI}\left(-\frac{1}{2}lx^3 + \frac{1}{3}x^4 + C_1x + C_2\right) \tag{a}$$

を得る．ここで，C_1, C_2 は積分定数である．

次に，区間 $l/2 \leq x \leq l$ の曲げモーメントは $M_2 = wl/8(l - x)$ である．たわみを y_2 とし，M_2 を式 (7.5) に代入し，順次積分すれば

$$\frac{d^2y_2}{dx^2} = -\frac{wl}{8EI}(l-x), \quad \frac{dy_2}{dx} = -\frac{wl}{8EI}\left\{-\frac{(l-x)^2}{2} + C_3\right\},$$

$$y_2 = -\frac{wl}{8EI}\left\{\frac{(l-x)^3}{6} - C_3(l-x) + C_4\right\} \tag{b}$$

となる．ここで，C_3, C_4 は積分定数である．4個の積分定数 $C_1 \sim C_4$ は，点 C $(x=l/2)$ での連続条件式 $(y_1)_{x=l/2} = (y_2)_{x=l/2}$, $dy_1/dx = dy_2/dx$ および支点 A, B でのたわみがゼロという条件式 $(y_1)_{x=0} = 0$, $(y_2)_{x=l} = 0$ より求められる．実際にこの条件を代入すると

$$\frac{w}{8EI}\left(\frac{l}{2}C_1 + C_2 - \frac{1}{24}l^4\right) = \frac{wl}{8EI}\left(\frac{l}{2}C_3 - C_4 - \frac{l^3}{48}\right),$$

$$\frac{w}{8EI}\left(C_1 - \frac{5}{24}l^3\right) = \frac{wl}{8EI}\left(-C_3 + \frac{l^2}{8}\right), \quad \frac{w}{8EI}C_2 = 0,$$

$$-\frac{wl}{8EI}C_4 = 0$$

となる．これより

$$C_1 = \frac{3}{16}l^3, \quad C_2 = 0, \quad C_3 = \frac{7}{48}l^2, \quad C_4 = 0$$

を得る．この結果をたわみ角およびたわみの式に代入して整理すれば，

$$\left.\begin{aligned}
\theta_1 &= \frac{dy_1}{dx} = \frac{w}{384EI}(64x^3 - 72lx^2 + 9l^3), \\
y_1 &= \frac{wx}{384EI}(16x^3 - 24lx^2 + 9l^3), \\
\theta_2 &= \frac{dy_2}{dx} = \frac{wl}{384EI}(24x^2 - 48lx + 17l^2), \\
y_2 &= \frac{wl(l-x)}{384EI}(8x^2 - 16lx + l^2)
\end{aligned}\right\} \tag{c}$$

となる．これより，$x = l/2$ のたわみは

$$(y_1)_{x=l/2} = (y_2)_{x=l/2} = \frac{5wl^4}{768EI} \tag{7.11}$$

と求められる．

なお，$0 \le x \le l/2$ の範囲で $\theta_1 = 0$ を満たす x を数値的に求めると，$x = 0.4598l$ である．また，$l/2 \le x \le l$ の範囲では $\theta_2 = 0$ を満たす x は存在しない．したがって，最大たわみは $x \approx 0.460l$ の位置で生じ，その大きさは $y_{max} = 0.006563wl^4/EI$ である．この大きさは

$$y_{max} = 0.006563\frac{wl^4}{EI} = 1.0081 \times \frac{5wl^4}{768EI}$$

となっているので，$x = l/2$ でのたわみを最大たわみとみなしてもほとんど差し支えない．

7.4 せん断力によるたわみ

　これまでは，はりのたわみは曲げによるものだけを考えてきたが，せん断力によってもたわみは生じ，これが曲げによるたわみに重畳される．ここではまず，せん断力によるたわみ y_s だけを考える．各断面に生じるせん断応力は，6.4節で述べたように横断面では一様ではない．たとえば，長方形断面では中立軸で最大をとり，上下面でゼロとなる．このため，もともと平面であった横断面は，**図 7.8** (a) のような曲面となる．

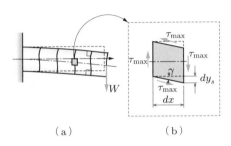

（a）　　　　　　　（b）

図 7.8　せん断力によるはりのたわみ

　せん断力による中立軸のたわみ角は，各断面の図心におけるせん断ひずみに等しいものと近似する．したがって，はり断面の中立軸におけるせん断応力の最大値を $\tau_{\max}$ とおき，この最大値によるせん断ひずみ γ は，式 (1.8) より

$$\gamma = \frac{\tau_{\max}}{G} \tag{7.12}$$

と得られる．ここで，G は横弾性係数である．このせん断ひずみに基づくはり断面の微小たわみ dy_s は，A をはりの断面積として，図 7.8 (b) より

$$dy_s = \gamma\, dx = \frac{\tau_{\max}}{G}\, dx = \kappa\, \frac{\tau_{\mathrm{mean}}}{G}\, dx = \frac{\kappa Q}{AG}\, dx \tag{7.13}$$

となる．ここで，κ は横断面の中立軸上における最大せん断応力と平均せん断応力 Q/A の比で，たとえば，長方形断面では $\kappa = 3/2$，円形断面では $\kappa = 4/3$ である（6.4節参照）．式 (7.13) より，

$$\frac{dy_s}{dx} = \frac{\kappa Q}{AG} \tag{7.14}$$

を得る．この式を解いてたわみ y_s が求められる．

　したがって，y_s を曲げモーメントによるたわみ y に加えたものがはりのたわみとなる．

● **例題7.9** ● **図**7.9のように，長方形断面（幅b，高さh）をもつ片持はりの先端Aに集中荷重Wが作用したとき，せん断力による先端Aのたわみを求めよ．また，曲げモーメントによる先端Aのたわみと比較せよ．

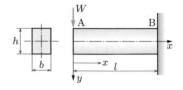

図7.9　先端に集中荷重を受ける片持はり

● **解** ● この場合のせん断力Qは，$Q = -W$である．したがって，式(7.14)より

$$\frac{dy_s}{dx} = -\frac{\kappa W}{AG} \quad \therefore y_s = -\frac{\kappa W}{AG}x + C$$

を得る．ここで，$(y_s)_{x=l} = 0$より$C = \kappa W l/(AG)$となるから，

$$y_s = \frac{\kappa W}{AG}(l - x)$$

となる．したがって，自由端のたわみは$(y_s)_{x=0} = \kappa W l/(AG)$となる．これに，曲げモーメントによるたわみ（**例題7.1**参照）を加えると，次のようになる．

$$y_{x=0} = \frac{Wl^3}{3EI} + \frac{\kappa W l}{AG} = \frac{Wl^3}{3EI}\left(1 + 3\kappa \frac{I}{Al^2}\frac{E}{G}\right)$$

$E = 2G(1 + \nu)$（10.5節の式(10.24)参照）であり，長方形断面の場合$\kappa = 3/2$，$A = bh$，$I = bh^3/12$となるから，例として$\nu = 0.3$とすると

$$y_{x=0} = \frac{Wl^3}{3EI}\left\{1 + \frac{3(1+\nu)}{4}\frac{h^2}{l^2}\right\} = \frac{Wl^3}{3EI}\left(1 + 0.975\frac{h^2}{l^2}\right)$$

となる．たとえば，$h/l = 0.1$とすると

$$y_{x=0} \approx \frac{Wl^3}{3EI}(1 + 0.01)$$

となり，せん断力によるたわみは曲げモーメントによるたわみの約1%にすぎない．一方で，はりの長さが短くなると，せん断力によるたわみは増大する．

● **演習問題**

（注：以降の問題で，特に指示がなければ，曲げ剛性をEIとせよ．）

7.1　スパン$l = 1.5\,\mathrm{m}$，一辺の長さが$a = 20\,\mathrm{mm}$の正方形断面の単純支持はりがある．このはりに等分布荷重を加えたときの最大たわみを$10\,\mathrm{mm}$にしたい．はりに加えるべき等分布荷重$w\,[\mathrm{N/m}]$の大きさを求めよ．ただし，縦弾性係数を$E = 206\,\mathrm{GPa}$とする．

7.2　三角形状分布荷重を受ける**図7.10**のはりの点Aのたわみを求めよ．

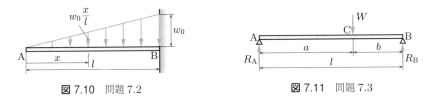

図 7.10　問題 7.2　　　　　　　図 7.11　問題 7.3

7.3　図 7.11 に示すように，長さ l の単純支持はりの点 C に集中荷重 W が作用したとき，は
りのたわみを求めよ．ただし，$a > b$ とする．

7.4　図 7.12 (a), (b) のように等分布荷重 w が $l/2$ の長さに負荷されるとき，それぞれのは
り先端のたわみ $(y_A)_a$, $(y_A)_b$ を求めよ．（ヒント：同図 (c) のように，片持はりの自由
端から a の位置に荷重 W が負荷されたときのはり先端のたわみ y_A は，式 (7.8) より，
$y_A = W(l - a)^2(2l + a)/(6EI)$ である．これを利用し，微小区間 $d\xi$ の荷重 $w\,d\xi$ に
よるはり先端の微小たわみは，同図 (d) のように $dy_A = w\,d\xi(l - \xi)^2(2l + \xi)/(6EI)$
となるから，これを積分すればよい．）

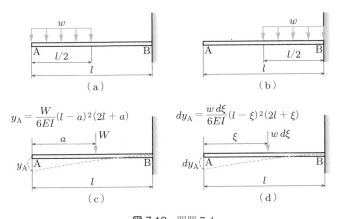

図 7.12　問題 7.4

7.5　図 7.13 のような二等辺三角形状の分布荷重を受ける単純支持はりにおいて，最大たわ
み y_{max} を求めたい．以下の問いに答えよ．

(1)　支点 A の反力 R_A および任意位置 $x\ (0 \leq x \leq l/2)$ の曲げモーメント M を求
めよ．

(2)　はりのたわみ曲線の微分方程式に基づいて，任意位置のたわみ y を求めよ．また，
最大たわみ y_{max} を求めよ．

7.6　Fig. 7.14 shows a cantilever beam, carrying a load W at its free end. The beam
is made up with two materials E_1 and E_2 each with a length of $l/2$ and an
equal second moment of area I. Determine the deflection at the free end.

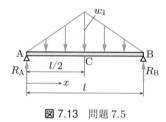

図 7.13　問題 7.5

図 7.14　問題 7.6

7.7　**図 7.15** に示すような単純支持はりの断面 2 次モーメントがそれぞれ I_1, I_2 である場合，はり中央に集中荷重 W が作用したときの最大たわみ $(y_2)_{max}$ を求めよ．また，$I_2 = I_1$ の場合のはりの最大たわみ $y_0 = Wl^3/(48EI_1)$（**例題 7.6** 参照）と比較せよ．

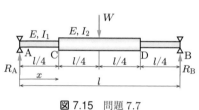

図 7.15　問題 7.7

図 7.16　問題 7.8

7.8　**図 7.16** に示すような，幅 b が $b = b_0 x/l$ と直線状に変化する平等強さの片持はりの先端のたわみ y_{max} を求めよ．

7.9　A simply supported beam AB is subjected to a distributed load of intensity $w(x) = w_1 \sin(\pi x/l)$, where w_1 is the maximum intensity of the load (see **Fig. 7.17**). Derive the equation of the deflection curve, and then determine the deflection y_{max} at the midpoint of the beam. （ヒント：任意位置 x の曲げモーメントは，**例題 5.7** の結果より $M = w_1(l^2/\pi^2) \sin(\pi x/l)$ となる．これを利用するとよい．）

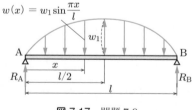

図 7.17　問題 7.9

第8章 はりの複雑な問題

本章では，不静定はりに対して変形条件を考慮して解析する方法，連続はりの解法，異種材料の組合せからなる組合せはりおよび非対称はりの解法などについて考える．本章で述べるこれらの解法は，いずれもこれまでのはりの曲げ問題の解法を問題に応じて組み合わせたものである．このため，第4章から第7章までの結果を援用しながら議論を進める．

● 8.1 たわみ方程式に基づく不静定はりの解析

これまで取り扱ってきた片持はりや単純支持はりの問題では，支点反力を力やモーメントのつり合い式から定めることができた．このような静定はりに対し，固定支点をもつはりや連続はりでは支点反力や固定端のモーメント反力，すなわち固定モーメント（fixing moment）などはつり合い条件では求められず，はりの変形やたわみ角の条件を加味して解く必要がある．このようなはりを不静定はり（statically indeterminate beam）といい，本節では，不静定はりの解析法を考える．

図 8.1 のような中央に集中荷重を受ける両端固定はりは，不静定問題に分類される．この問題に対して，未知反力や未知モーメントを含んだ形でたわみ方程式を立て，このたわみ方程式を積分し，境界条件に基づいて未知反力などを決定する手順を以下に説明する．

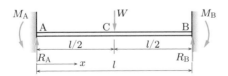

図 8.1 中央に集中荷重を受ける両端固定はり

問題の対称性から，支点反力，固定モーメントは $R_A = R_B = W/2$, $M_A = M_B$ であり，点 A から x の位置（ただし $0 \leq x \leq l/2$）の曲げモーメントは $M = Wx/2 - M_A$ である．これを式 (7.5) に代入し，順次積分すれば

$$\frac{d^2y}{dx^2} = -\frac{1}{EI}\left(\frac{W}{2}x - M_A\right), \quad \frac{dy}{dx} = -\frac{1}{EI}\left(\frac{Wx^2}{4} - M_A x + C_1\right),$$

$$y = -\frac{1}{EI}\left(\frac{Wx^3}{12} - \frac{M_A}{2}x^2 + C_1 x + C_2\right)$$

となる．ここで，積分定数 C_1, C_2 と M_A は，境界条件 $x = 0$ で $y = 0$, $dy/dx = 0$,
および $x = l/2$ で $dy/dx = 0$ から決定される．すなわち

$$C_2 = 0, \quad C_1 = 0,$$

$$\frac{W(l/2)^2}{4} - M_A \frac{l}{2} = 0 \quad \therefore M_A = \frac{Wl}{8}$$

を得る．この結果をたわみ角およびたわみの式に代入すれば，

$$\theta = \frac{dy}{dx} = \frac{W}{8EI}x(l - 2x), \quad y = \frac{W}{48EI}x^2(3l - 4x)$$

となる．最大たわみは $x = l/2$ に生じ，その値は

$$y_{\max} = \frac{Wl^3}{192EI} \tag{8.1}$$

で与えられる．

● **例題 8.1** ● 図 8.2 のように，長さ l の両端固定はりに等分布荷重 w が作用したときの
たわみ曲線と最大たわみを求めよ．

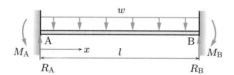

図 8.2　等分布荷重を受ける両端固定はり

● **解** ● このはりは不静定はりである．支点反力 R_A, R_B および固定端からのモーメント
M_A, M_B を図の向きに仮定する．問題の対称性から，$R_A = R_B = wl/2$, $M_A = M_B$ で
あり，点 A から x の位置の曲げモーメントは，$M = wlx/2 - wx^2/2 - M_A$ である．こ
れを式 (7.5) に代入し，順次積分すれば

$$\frac{d^2y}{dx^2} = \frac{1}{EI}\left(M_A - \frac{wl}{2}x + \frac{wx^2}{2}\right),$$

$$\frac{dy}{dx} = \frac{1}{EI}\left(M_A x - \frac{wl}{4}x^2 + \frac{w}{6}x^3 + C_1\right),$$

$$y = \frac{1}{EI}\left(\frac{M_A}{2}x^2 - \frac{wl}{12}x^3 + \frac{w}{24}x^4 + C_1 x + C_2\right)$$

となる．ここで，積分定数 C_1, C_2 と M_A は境界条件 $x = 0$ で $y = 0$, $dy/dx = 0$ および
$x = l$ で $dy/dx = 0$ から決定される．すなわち，

$$C_2 = 0, \quad C_1 = 0,$$

$$M_A l - \frac{wl^3}{4} + \frac{wl^3}{6} = 0 \quad \therefore M_A = \frac{wl^2}{12}$$

となる．なお，3番目の境界条件として，$x = l$ で $y = 0$ を用いても同じ結果を得る．この結果をたわみ角およびたわみの式に代入すれば，

$$\theta = \frac{dy}{dx} = \frac{w}{12EI} x(l-x)(l-2x), \quad y = \frac{w}{24EI} x^2 (l-x)^2$$

を得る．最大たわみは，$x = l/2$ に生じることは明らかであり，その値は

$$y_{\max} = (y)_{x=l/2} = \frac{wl^4}{384EI} \tag{8.2}$$

となる．

8.2 重ね合わせ法に基づく不静定はりの解析

不静定はりについては，静定はりの組合せに分解した後にそれぞれのはりについて解析し，問題に与えられた条件を満たすように重ね合わせることによっても解を導くことができる．これを，重ね合わせ法（method of superposition）という．

重ね合わせ法の例として，図 8.3 (a) のような一端支持，他端固定のはりに集中荷重 W が作用する場合を考える．この場合，はりは支点からの反力 R_A，R_B および固定壁からの固定モーメント M_B を受ける．このときのはりの力，および点 A まわりのモーメントのつり合い式は，

$$R_A + R_B = W, \quad -Wa + R_B l + M_B = 0 \tag{8.3}$$

であり，式が一つ不足して未知数 R_A，R_B，M_B を求めることができない．したがって，この場合は不静定はりに分類される．

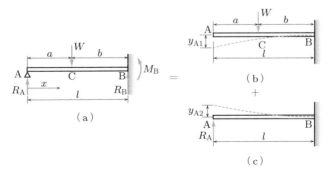

図 8.3 集中荷重を受ける一端支持，他端固定はり

そこで，この問題を解くために，図 8.3 (a) のはりを同図 (b), (c) のように支点を取り除いた二つに分けて，それぞれの場合について支点 A のたわみ y_{A1}, y_{A2} を求める．y_{A1} については付録 B.1.(3)，y_{A2} については式 (7.6) を参照して

$$y_{A1} = \frac{W(l-a)^2}{6EI}(2l+a), \quad y_{A2} = -\frac{R_A l^3}{3EI}$$

となる．図 8.3 (a) では点 A が支点であり，たわみがゼロであるから $y_{A1} + y_{A2} = 0$ となる．したがって，

$$\frac{W(l-a)^2}{6EI}(2l+a) - \frac{R_A l^3}{3EI} = 0 \quad \therefore R_A = \frac{W(l-a)^2(2l+a)}{2l^3} \quad (8.4)$$

となる．式 (8.4) を式 (8.3) に代入すると，以下が得られる．

$$R_B = W - R_A = \frac{Wa(3l^2 - a^2)}{2l^3}, \quad M_B = Wa - R_B l = -\frac{Wa(l^2 - a^2)}{2l^2} \quad (8.5)$$

また，任意点のたわみやたわみ角も，図 8.3 (b), (c) の問題を解いて得られた結果を加えることにより得られる．実際には複雑な計算となるが，たわみの計算結果のみを示すと

$$0 \leq x \leq a: y_1 = \frac{Wx(l-a)^2\{3al^2 - (a+2l)x^2\}}{12EIl^3},$$

$$a \leq x \leq l: y_2 = \frac{Wa(l-x)^2\{3l^2x - a^2(2l+x)\}}{12EIl^3} \quad (8.6)$$

となる．

● **例題 8.2** ● 図 8.4 (a) のように，同じ材料で同じ断面寸法の二つのはりがあるとき，点 C でのはりの間の力 R，および荷重作用端 A のたわみを求めよ．なお，図 8.4 (b) に示すように板端接触の仮定（assumption of beam edge contact，はりが別なはりと端部だけで接触して力を伝達すると仮定して計算を行うこと）を用いよ．

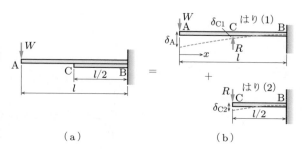

図 8.4　板端接触をするはり

● **解** ● 図のように，点 C で二つのはりに作用する力 R を考え，二つのはり (1)，(2) に分けて考える．このとき，はり (1) の点 C のたわみ δ_{C1} が，はり (2) の点 C のたわみ δ_{C2} に等しいと考えて解けばよい．

δ_{C1} については，7.2 節より，はり (1) の片持ちはりのたわみ式 $y = \{W/(6EI)\}(x^3 - 3l^2x + 2l^3)$ において $x = l/2$ を代入し，また支点反力 R による上向きのたわみを考慮して

$$\delta_{C1} = \frac{W}{6EI}\left\{\left(\frac{l}{2}\right)^3 - 3l^2\frac{l}{2} + 2l^3\right\} - \frac{R(l/2)^3}{3EI} = \frac{5Wl^3}{48EI} - \frac{Rl^3}{24EI}$$

となる．δ_{C2} については，はり (2) を長さ $l/2$ の片持ちはりと考えて，下向きのたわみの大きさは

$$\delta_{C2} = \frac{R(l/2)^3}{3EI} = \frac{Rl^3}{24EI}$$

となる．そこで，$\delta_{C1} = \delta_{C2}$ とおいて

$$\frac{5Wl^3}{48EI} - \frac{Rl^3}{24EI} = \frac{Rl^3}{24EI} \quad \therefore R = \frac{5W}{4}$$

と求められる．さらに，荷重点のたわみ δ_A については，$x = 0$ に下向き荷重 W および $x = l/2$ に上向き荷重 $R = 5W/4$ を受けるはり (1) の先端のたわみを考えればよく，

$$\delta_A = \frac{Wl^3}{3EI} - \frac{(5W/4)(l/2)^3}{3EI} - \frac{(5W/4)(l/2)^2}{2EI} \times \frac{l}{2}$$

$$= \left(\frac{1}{3} - \frac{5}{96} - \frac{5}{64}\right)\frac{Wl^3}{EI} = \frac{13Wl^3}{64EI}$$

となる．

● 8.3 連続はり

　3 個以上の支点で支えられた不静定はりを，特に連続はり（continuous beam）という．一例として，**図 8.5** のような 3 個の支点で支えられた，等分布荷重 w と集中荷重 W を受けるはりを考えよう．

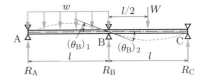

図 8.5 3 点で支持された連続はり

　支点 A, B, C に生じる反力を R_A, R_B, R_C とすれば，これらは力のつり合いやモーメントのつり合いだけでは求められないから，このはりは不静定はりである．また，支点 A, C では回転自由であるが，支点 B では隣り合ったはりがほかのはりの変形を妨げているから，回転自由ではない．すなわち，支点 B でははりに曲げモーメントが作用することになる．ここでは，隣接したはりの

たわみ角の連続条件から不静定の曲げモーメントを求める方法を考える.

支点 B においてはりに作用している曲げモーメントを M_B とし,図 8.5 のはりを図 8.6 (a), (b) のように二つの支持はりに分割して考えると,はり (a), (b) には図のような力および曲げモーメントが作用することになる.ここで,支点 B の反力 R_B を,左右のはりに分解し,$R_B = R_{B1} + R_{B2}$ としている.

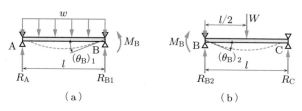

図 8.6 3 点支持はりの分解

図 8.6 (a) の支点 B のたわみ角 $(\theta_B)_1$ は,付録 B.2.(2), (3) の結果を重ね合わせて得られ(ただし $M_A = 0$),

$$(\theta_B)_1 = -\frac{wl^3}{24EI} - \frac{M_B l}{3EI}$$

となる.同図 (b) の支点 B のたわみ角 $(\theta_B)_2$ は,同様に付録 B.2.(1), (3) の重ね合わせより

$$(\theta_B)_2 = \frac{Wl^2}{16EI} + \frac{M_B l}{3EI}$$

と得られる.ここで,支点 B においては二つのはりのたわみ角は一致するから,$(\theta_B)_1 = (\theta_B)_2$ とおけば,

$$-\frac{wl^3}{24EI} - \frac{M_B l}{3EI} = \frac{Wl^2}{16EI} + \frac{M_B l}{3EI} \quad \therefore M_B = -\frac{l}{32}(2wl + 3W)$$

である.なお,M_B の負号は,図に仮定した方向とは逆向きであることを示している.

また,支点反力 R_{B1}, R_{B2} は,はり (a), (b) のモーメントのつり合い式より

$$R_{B1}l + M_B - \frac{wl^2}{2} = 0, \quad -M_B + \frac{W}{2}l - R_{B2}l = 0$$

$$\therefore R_{B1} = \frac{9wl}{16} + \frac{3}{32}W, \quad R_{B2} = \frac{wl}{16} + \frac{19}{32}W$$

となり,

$$R_B = R_{B1} + R_{B2} = \frac{5wl}{8} + \frac{11}{16}W$$

となる．さらに，はり (a), (b) のモーメントのつり合い式を立てて支点反力 R_A, R_C を求めると，

$$R_A = \frac{7}{16}\,wl - \frac{3}{32}\,W, \quad R_C = -\frac{1}{16}\,wl + \frac{13}{32}\,W$$

を得る．以上の反力を加えると，$R_A + R_B + R_C = wl + W$ となっており，力のつり合いを満たしていることがわかる．

以上の説明を一般化しよう．**図**8.7 のような連続はりを考え，そのうちの $k-1$ 番目と k 番目のスパンを取り出して考える．

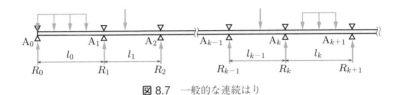

図 8.7 一般的な連続はり

図 8.8 は中間支点 A_{k-1}, A_k, A_{k+1} におけるスパンの左右を示したもので，不静定曲げモーメントを M_{k-1}, M_k, M_{k+1}，支点反力を R_{k-1}, R_k, R_{k+1} とする．

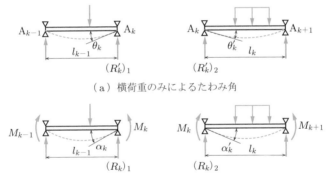

（a）横荷重のみによるたわみ角

（b）横荷重と曲げモーメントによるたわみ角

図 8.8 $k-1$ 番目と k 番目のスパン

したがって，支点 A_k におけるたわみ角 α_k は，図 8.8 (a) に示すような l_{k-1} に作用する横荷重のみによるたわみ角 θ_k に，曲げモーメント M_{k-1}, M_k によるたわみ角 $-(M_{k-1} + 2M_k)l_{k-1}/(6EI)$（付録 B.2.(3) 参照）を加えたものとなる．すなわち

$$\alpha_k = \theta_k - \frac{M_{k-1} + 2M_k}{6EI}\,l_{k-1}$$

となる．同様に，右隣のスパン l_k の左側支点のたわみ角 α'_k も，l_k に作用する横荷重のみによるたわみ角を θ'_k として

$$\alpha'_k = \theta'_k + \frac{2M_k + M_{k+1}}{6EI} l_k$$

と表される．ここで，支点 A_k においては，$\alpha_k = \alpha'_k$ となるから

$$\theta_k - \frac{M_{k-1} + 2M_k}{6EI} l_{k-1} - \theta'_k - \frac{2M_k + M_{k+1}}{6EI} l_k = 0$$

すなわち

$$l_{k-1}M_{k-1} + 2(l_{k-1} + l_k)M_k + l_k M_{k+1} = 6EI(\theta_k - \theta'_k) \tag{8.7}$$

となる．この式は，隣り合った3個の支点においてはりに作用する曲げモーメントの関係を表す式であり，**クラペイロンの3モーメントの定理**（Clapeyron's theorem of three moments）とよばれている．

また，点 A_k の反力 R_k は，図8.8のように横荷重による反力を $(R'_k)_1$, $(R'_k)_2$ と表せば，単純支持はりの両端に曲げモーメントが作用する場合の反力（**例題5.3** 参照）を加えて

$$R_k = (R_k)_1 + (R_k)_2 = (R'_k)_1 + (R'_k)_2 + \frac{M_{k-1} - M_k}{l_{k-1}} + \frac{M_{k+1} - M_k}{l_k}$$
$$\tag{8.8}$$

となる．

● **例題 8.3** ● 図8.9(a) の支点反力，支点曲げモーメントをクラペイロンの3モーメントの定理により求めよ．また，SFD，BMD を求めよ．

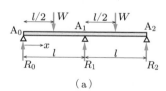

(a)

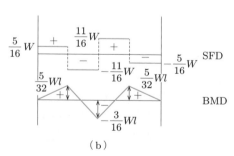

(b)

図 8.9　3点で支持されたはり

● **解** ● $k = 1$ として，式(8.7)の右辺における θ_1, θ'_1 は，付録 B.2.(1) より

$$\theta_1 = -\frac{Wl^2}{16EI}, \quad \theta_1' = \frac{Wl^2}{16EI}$$

となる．また，式 (8.7) の左辺における曲げモーメントは $M_0 = 0$, $M_2 = 0$ であるから，式 (8.7) は，$l_0 = l_1 = l$ とおいて

$$4M_1 l = 6EI\left(-\frac{Wl^2}{16EI} - \frac{Wl^2}{16EI}\right) \quad \therefore M_1 = -\frac{3}{16}Wl$$

となる．

支点反力 R_0, R_1, R_2 については以下のように考える．まず，式 (8.8) において，$k = 1$ の場合は，$(R_1')_1 = (R_1')_2 = W/2$ とおいて

$$R_1 = (R_1')_1 + (R_1')_2 + \frac{M_0 - M_1}{l} + \frac{M_2 - M_1}{l}$$
$$= \frac{W}{2} + \frac{W}{2} + \frac{0 - (-3Wl/16)}{l} + \frac{0 - (-3Wl/16)}{l} = \frac{11}{8}W$$

となる．

$k = 0$ のときの支点反力は，連続はりの左部分に関係する項 $(R_0')_1$, l_{-1}, M_{-1} は実在しないので無視してよく，$(R_0')_2 = W/2$ として

$$R_0 = (R_0')_2 + \frac{M_1 - 0}{l} = \frac{W}{2} - \frac{3W}{16} = \frac{5}{16}W$$

を得る．

同様に，$k = 2$ のときの支点反力は，連続はりの右部分に関係する項 $(R_2')_2$, M_3 は実在しないので無視してよく，$(R_2')_1 = W/2$ として

$$R_2 = (R_2')_1 + \frac{M_1 - M_2}{l} + \frac{M_3 - M_2}{l} = \frac{W}{2} + \frac{-(3Wl/16) - 0}{l} + \frac{0 - 0}{l}$$
$$= \frac{W}{2} - \frac{3W}{16} = \frac{5}{16}W$$

となる．もちろん，対称性から $R_2 = R_0$ として R_2 を求めてもよい．

また，区間ごとのせん断力，曲げモーメントは，以上の結果より

$$0 \leq x \leq \frac{l}{2} : Q = R_0 = \frac{5}{16}W, \quad M = R_0 x = \frac{5}{16}Wx, \quad M_{x=l/2} = \frac{5}{32}Wl$$

$$\frac{l}{2} \leq x \leq l : Q = R_0 - P = -\frac{11}{16}W, \quad M = R_0 x - W\left(x - \frac{l}{2}\right)$$
$$= \frac{1}{16}W(-11x + 8l), \quad M_1 = -\frac{3}{16}Wl,$$

$$l \leq x \leq \frac{3l}{2} : Q = W - R_2 = \frac{11}{16}W, \quad M = R_2(2l - x) - W\left(\frac{3l}{2} - x\right)$$
$$= \frac{1}{16}W(11x - 14l), \quad M_{x=3l/2} = \frac{5}{32}Wl$$

$$\frac{3l}{2} \le x \le 2l : \quad Q = -R_2 = -\frac{5}{16}W, \quad M = R_2(2l-x) = \frac{5}{16}W(2l-x)$$

と求められる．これより，SFD，BMD は図 8.9 (b) のようになる．また，最大曲げモーメントは支点 A_1 に生じ，その絶対値は $3Wl/16$ であることがわかる．

● 8.4　組合せはり

　弾性係数の異なる材料を長さ方向に重ね合わせ，それらがすべることのないように密着させて，全体的に曲げ荷重に耐えるようにしたはりを組合せはり（composite beam）という．たとえば，木材と鋼板を組み合わせたはりや，コンクリートに鉄筋を埋め込んだ鉄筋コンクリートはりなどが挙げられる．

　組合せはりを解析するために，**図 8.10** (a) のように，二つの異なる材料（材料 1，材料 2）で構成された対称断面のはりの例を考える．はりの断面は，一様な材料のはりと同じく，曲げを受けている間も平面のままと考える．したがって，垂直ひずみ ε_x は，図 8.10 (b) に示すように，断面の中立軸からの距離 y に比例して変化する．すなわち，ρ を曲げを受ける中立軸の曲率半径として，$\varepsilon_x = y/\rho$ となる（式 (6.1) 参照）．なお，中立軸の位置はまだ決定されていない．はりを構成する二つの材料はフックの法則に従うものと仮定し，それらの縦弾性係数を E_1, E_2 とする．すると，応力とひずみの関係は

$$\sigma_{x_1} = E_1 \varepsilon_1 = E_1 \frac{y}{\rho}, \quad \sigma_{x_2} = E_2 \varepsilon_2 = E_2 \frac{y}{\rho} \tag{8.9}$$

となる．ここで，σ_{x_1} および σ_{x_2} は材料 1, 2 の曲げ応力，y は断面の図心からの距離である．この様子を図 8.10 (c) に示す．

　中立軸の位置や曲げ応力を決定するために，断面における力とモーメントのつり合いを考えると，断面に作用している曲げモーメントを M として

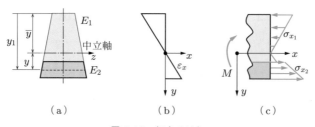

（a）　　　　　　　　　（b）　　　　　　　　　（c）

図 8.10　組合せはり

$$\int_A \sigma_x \, dA = \int_{A_1} \sigma_{x_1} \, dA + \int_{A_2} \sigma_{x_2} \, dA = 0,$$

$$\int_A y\sigma_x \, dA = \int_{A_1} y\sigma_{x_1} \, dA + \int_{A_2} y\sigma_{x_2} \, dA = M \tag{8.10}$$

となる．ここで，A_1, A_2 は材料 1, 2 の断面積である．式 (8.9) を式 (8.10) の第 1 式に代入すると

$$E_1 \int_{A_1} y \, dA + E_2 \int_{A_2} y \, dA = 0 \tag{8.11}$$

を得る．

一方，図 8.10 (a) に示すように，はりの上端を原点とする座標を y_1 とし，$\overline{y}$ を中立軸の位置とすると，式 (8.11) は

$$E_1 \int_{A_1} (y_1 - \overline{y}) \, dA + E_2 \int_{A_2} (y_1 - \overline{y}) \, dA = 0$$

となる．この式を整理して，中立軸の位置 $\overline{y}$ を求めると

$$\overline{y} = \frac{E_1 \int_{A_1} y_1 \, dA + E_2 \int_{A_2} y_1 \, dA}{E_1 A_1 + E_2 A_2} \tag{8.12}$$

となる．式 (8.12) は，二つの材料からなる断面の中立軸の位置を決定する式である．

同様に，式 (8.10) の第 2 式から

$$M = \frac{1}{\rho} \left(E_1 \int_{A_1} y^2 \, dA + E_2 \int_{A_2} y^2 \, dA \right)$$

すなわち

$$M = \frac{1}{\rho} (E_1 I_1 + E_2 I_2) \tag{8.13}$$

を得る．ここで，I_1 および I_2 は，断面 A_1, A_2 の中立軸に関する断面 2 次モーメントである．式 (8.13) から，曲率半径 ρ は

$$\frac{1}{\rho} = \frac{M}{E_1 I_1 + E_2 I_2}$$

と求められる．

組合せはりの応力は，上式を式 (8.9) に代入して得られ

$$\sigma_{x_1} = \frac{E_1 M y}{E_1 I_1 + E_2 I_2}, \quad \sigma_{x_2} = \frac{E_2 M y}{E_1 I_1 + E_2 I_2} \tag{8.14}$$

となる. $E_1 = E_2 = E$ のときには, 式 (8.14) は, 一様な材料のはりの曲げ応力を示す.

以上の説明は, 三つ以上の材料で構成される組合せはりの場合にも拡張できる. m 個 ($m \geq 3$) の異なる材料からなる場合には, 式 (8.12) および式 (8.14) は次式となる.

$$\overline{y} = \frac{\sum_{i=1}^{m} E_i \int_{A_i} y_i \, dA}{\sum_{i=1}^{m} E_i A_i} \tag{8.15}$$

$$\sigma_{x_i} = \frac{E_i M y}{\sum_{i=1}^{m} E_i I_i} \tag{8.16}$$

● Example 8.4 ● A wood beam with $E_w = 8.75\,\mathrm{GPa}$, $b = 100\,\mathrm{mm}$ wide by $h = 220\,\mathrm{mm}$ deep, has an aluminum plate $E_a = 70\,\mathrm{GPa}$ with a net section 100 mm by 20 mm securely fastened to its bottom face, as shown in Fig. 8.11. The beam is subjected to a bending moment of $M = 20\,\mathrm{kN \cdot m}$ around a horizontal axis. Calculate the maximum stresses in both materials.

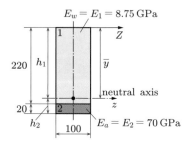

図 8.11　木材とアルミニウムの組合せはり

● **解** ● はじめに, 木材とアルミニウム材の断面積 A_w, A_a を求めると

$$A_w = A_1 = 220 \times 100 = 22000\,\mathrm{mm}^2, \quad A_a = A_2 = 20 \times 100 = 2000\,\mathrm{mm}^2$$

となる. また, 中立軸の位置を求めるために, 前もって, それぞれの材料に対する上辺 (Z 軸) に関する断面 1 次モーメントを求めると,

$$\int_{A_1} y_1 \, dA = \int_0^{220} y_1 \cdot 100 \cdot dy_1 = 100 \left[\frac{y_1^2}{2} \right]_0^{220} = 2420 \times 10^3\,\mathrm{mm}^3,$$

$$\int_{A_2} y_1 \, dA = \int_{220}^{240} y_1 \cdot 100 \cdot dy_1 = 100 \left[\frac{y_1^2}{2} \right]_{220}^{240} = 460 \times 10^3\,\mathrm{mm}^3$$

となる. したがって, 中立軸の位置 $\overline{y}$ は, 式 (8.12) より

$$\begin{aligned}
\overline{y} &= \frac{E_1 \int_{A_1} y_1 \, dA + E_2 \int_{A_2} y_1 \, dA}{E_1 A_1 + E_2 A_2} \\
&= \frac{8.75\,\mathrm{GPa} \times 2420 \times 10^3 + 70\,\mathrm{GPa} \times 460 \times 10^3}{8.75\,\mathrm{GPa} \times 22000 + 70\,\mathrm{GPa} \times 2000} = 160.53
\end{aligned}$$

$$\approx 160.5\,\mathrm{mm}$$

となる．一方，それぞれの材料の中立軸に関する断面2次モーメントは，平行軸の定理を利用して

$$I_1 = \frac{0.1 \times 0.22^3}{12} + 0.1 \times 0.22 \times (0.1605 - 0.11)^2 = 1.448 \times 10^{-4}\,\mathrm{m}^4,$$

$$I_2 = \frac{0.1 \times 0.02^3}{12} + 0.1 \times 0.02 \times (0.24 - 0.1605 - 0.01)^2$$

$$= 9.727 \times 10^{-6}\,\mathrm{m}^4$$

となる．これより

$$E_1 I_1 + E_2 I_2 = 8.75 \times 10^9 \times 1.448 \times 10^{-4} + 70 \times 10^9 \times 9.727 \times 10^{-6}$$

$$= 1.948 \times 10^6\,\mathrm{Pa \cdot m^4}$$

が得られる．図 8.11 に示すように，中立軸から木材の最上辺までの距離を h_1，アルミニウムの最下辺までの距離を h_2 とすると，それぞれの部材に生じる最大応力は，式 (8.14) より

$$(\sigma_w)_{\max} = \frac{E_1 M h_1}{E_1 I_1 + E_2 I_2} = \frac{8.75 \times 10^9 \times 20 \times 10^3 \times (-0.1605)}{1.948 \times 10^6}$$

$$= -14.42 \times 10^6\,\mathrm{N/m^2} \approx -14.4\,\mathrm{MPa},$$

$$(\sigma_a)_{\max} = \frac{E_2 M h_2}{E_1 I_1 + E_2 I_2} = \frac{70 \times 10^9 \times 20 \times 10^3 \times (0.24 - 0.1605)}{1.948 \times 10^6}$$

$$= 57.14 \times 10^6\,\mathrm{N/m^2} \approx 57.1\,\mathrm{MPa}$$

となる．

8.5 断面相乗モーメントと断面の主軸

（1）断面相乗モーメント

第 4 章では断面 2 次モーメントについて述べたが，ここでは，図 4.1 の平面図形に対して，X, Y 軸からの距離の積 XY の面積積分

$$I_{XY} = \int_A XY\,dA \tag{8.17}$$

により定義される断面相乗モーメント（product of inertia of area）を考える．この断面相乗モーメントは，次節で述べる非対称曲げに関係している．また，図 8.12 のように，y 軸もしくは Y 軸のような対称軸を有する

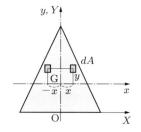

図 8.12　対称軸を有する断面の断面相乗モーメント

場合は，常に I_{XY}, I_{xy} はゼロとなる．これは，図 8.12 に示すように，任意位置 (x, y) における被積分関数 xy を考えると，y 軸に関して対称な位置 $(-x)y$ が必ず存在して，これらの積分 $\displaystyle\int_A xy\,dA$ および $\displaystyle\int_A (-x)y\,dA$ が相殺してゼロとなるからである．

図 8.12 では対称軸が 1 本の例を示したが，長方形断面や I 型断面のように上下左右に対称な図形では対称軸が 2 本となる．

第 4 章で述べた断面 2 次モーメントの平行軸の定理は，断面相乗モーメントでも成立する．すなわち，図 4.1 において，

$$
\begin{aligned}
I_{XY} &= \int_A XY\,dA = \int_A (\overline{X} + x)(\overline{Y} + y)\,dA \\
&= \overline{X}\,\overline{Y} \int_A dA + \overline{X} \int_A y\,dA + \overline{Y} \int_A x\,dA + \int_A xy\,dA \\
&= I_{xy} + \overline{X}\,\overline{Y} A
\end{aligned}
\tag{8.18}
$$

となる．ここで，図心まわりの断面 1 次モーメント $\displaystyle\int_A x\,dA$, $\displaystyle\int_A y\,dA$ がゼロであることを利用している．

● **例題 8.5** ● 図 8.13 に示す長方形断面について，断面相乗モーメント I_{xy}, I_{XY} を積分の定義に基づいて求めよ．また，式 (8.18) が成り立っていることを確認せよ．

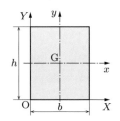

図 8.13 長方形断面の断面相乗モーメント

● **解** ● はじめに，定義式に基づいて I_{xy} を求めると

$$
I_{xy} = \int_{-h/2}^{h/2} \int_{-b/2}^{b/2} xy\,dxdy = \int_{-h/2}^{h/2} y \left[\frac{x^2}{2}\right]_{-b/2}^{b/2} dy = 0
$$

を得る．この場合は，y 軸と x 軸が対称軸となっているので，I_{xy} がゼロとなるのは当然の結果である．次に，I_{XY} を求めると

$$
I_{XY} = \int_0^h \int_0^b XY\,dXdY = \int_0^h \left[\frac{X^2 Y}{2}\right]_0^b dY = \frac{b^2}{2} \left[\frac{Y^2}{2}\right]_0^h = \frac{b^2 h^2}{4}
$$

となる．また，

$$
I_{xy} + \overline{X}\,\overline{Y} A = 0 + \frac{b}{2} \cdot \frac{h}{2} \cdot bh = \frac{b^2 h^2}{4} = I_{XY}
$$

となり，式 (8.18) が成り立っていることがわかる．

（2）断面の主軸　　次に，座標軸の回転に伴って，断面 2 次モーメントや断面相乗モーメントがどのように変化するかを考えよう．なお，通常，はりにおいては軸方向（紙面手前方向）を x 軸，たわみ方向を y 軸とする習慣（図 7.1 参照）があるため，ここでは，断面における座標は，**図 8.14** (a) に示すように水平右方向に z 軸，垂直下方向に y 軸をとることにする．

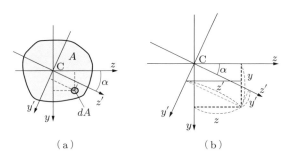

（a）　　　　　　　　　　　（b）

図 8.14　座標軸の回転

図 8.14 (a) のように，はじめに，任意の断面の図心 C を原点とする座標系 (z, y) を定め，この座標軸を時計回りに α だけ傾けた座標系 (z', y') を考える．これらの座標軸に関する断面 2 次モーメント $I_z, I_y, I_{z'}, I_{y'}$ および断面相乗モーメント $I_{zy}, I_{z'y'}$ の関係を求める．これら二つの座標の間には，図 8.14 (b) より

$$z = z' \cos \alpha - y' \sin \alpha, \quad y = z' \sin \alpha + y' \cos \alpha$$

の関係があるから，

$$
\begin{aligned}
I_z &= \int_A y^2 \, dA = \int_A (z' \sin \alpha + y' \cos \alpha)^2 \, dA \\
&= \sin^2 \alpha \int_A z'^2 \, dA + \cos^2 \alpha \int_A y'^2 \, dA + 2 \sin \alpha \cos \alpha \int_A z'y' \, dA \\
&= I_{z'} \cos^2 \alpha + I_{y'} \sin^2 \alpha + I_{z'y'} \sin 2\alpha \\
&= \frac{1}{2}(I_{z'} + I_{y'}) + \frac{1}{2}(I_{z'} - I_{y'}) \cos 2\alpha + I_{z'y'} \sin 2\alpha
\end{aligned}
\tag{8.19}
$$

を得る．同様に，

$$
\begin{aligned}
I_y &= \int_A z^2 \, dA = \int_A (z' \cos \alpha - y' \sin \alpha)^2 \, dA \\
&= I_{z'} \sin^2 \alpha + I_{y'} \cos^2 \alpha - I_{z'y'} \sin 2\alpha
\end{aligned}
$$

$$= \frac{1}{2}\left(I_{z'} + I_{y'}\right) - \frac{1}{2}\left(I_{z'} - I_{y'}\right)\cos 2\alpha - I_{z'y'}\sin 2\alpha \tag{8.20}$$

であり，さらに

$$I_{zy} = \int_A zy\,dA = \int_A (z'\cos\alpha - y'\sin\alpha)(z'\sin\alpha + y'\cos\alpha)\,dA$$

$$= -I_{z'}\sin\alpha\cos\alpha + I_{y'}\sin\alpha\cos\alpha + I_{z'y'}(\cos^2\alpha - \sin^2\alpha)$$

$$= -\frac{1}{2}(I_{z'} - I_{y'})\sin 2\alpha + I_{z'y'}\cos 2\alpha \tag{8.21}$$

となる．式 (8.19)〜(8.21) から，$I_{z'}, I_{y'}, I_{y'z'}$ が与えられたとき，I_z, I_y および I_{yz} は回転角 α に応じてその値が変わることがわかる．そのうちで，I_z が極値をとる方向（これを**断面の主軸**（principal axis of area）という）を考えると，式 (8.19) を α で微分してこれをゼロとおいて，

$$\frac{dI_z}{d\alpha} = -(I_{z'} - I_{y'})\sin 2\alpha + 2I_{z'y'}\cos 2\alpha = 0 \tag{8.22}$$

となる．なお，この式は，式 (8.21) より $I_{zy} = 0$ も表している．すなわち，I_z が極値をとる方向では断面相乗モーメント I_{zy} がゼロとなっている．したがって，上式より

$$\tan 2\alpha = \frac{2I_{z'y'}}{I_{z'} - I_{y'}} \tag{8.23}$$

となる．0〜π の範囲でこの式を満たす角 α を α_1 とおくと，式 (8.23) より**図 8.15** (a) のように示される．また，同図 (b), (c) に示すように，α_1 のほかに $\alpha_1 + \pi/2 \equiv \alpha_2$ も解となる．したがって，これらの解 α_1, α_2 は直交している．

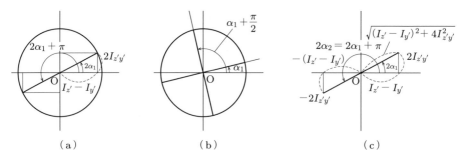

図 8.15　主軸の方向

主軸に関する断面 2 次モーメントについては，式 (8.23) によって α を求め，次いで式 (8.19), (8.20) によって I_z, I_y を求めることができるが，式 (8.19) および式 (8.20) より α を消去した式を用いたほうが便利である．すなわち，式 (8.19), (8.20) より

$$I_z + I_y = I_{z'} + I_{y'}, \quad I_z - I_y = (I_{z'} - I_{y'})\cos 2\alpha + 2I_{z'y'}\sin 2\alpha \tag{8.24}$$

を得る．一方で，図 8.15 (c) を参照して $\sin 2\alpha_i, \cos 2\alpha_i$ $(i = 1, 2)$ を求めると

$$\sin 2\alpha_1 = \frac{2I_{z'y'}}{\sqrt{(I_{z'} - I_{y'})^2 + 4I_{z'y'}^2}}, \quad \cos 2\alpha_1 = \frac{I_{z'} - I_{y'}}{\sqrt{(I_{z'} - I_{y'})^2 + 4I_{z'y'}^2}},$$

$$\sin 2\alpha_2 = -\frac{2I_{z'y'}}{\sqrt{(I_{z'} - I_{y'})^2 + 4I_{z'y'}^2}}, \quad \cos 2\alpha_2 = -\frac{I_{z'} - I_{y'}}{\sqrt{(I_{z'} - I_{y'})^2 + 4I_{z'y'}^2}}$$

となる．これらを式 (8.24) の第 2 式に代入すれば

$$I_z - I_y = \pm\sqrt{(I_{z'} - I_{y'})^2 + 4I_{z'y'}^2} \tag{8.25}$$

となる．ここで，$I_z - I_y$ は，$\sin 2\alpha/I_{z'y'} > 0$ のとき $+$，$\sin 2\alpha/I_{z'y'} < 0$ のとき $-$ の符号をとる．したがって，$\sin 2\alpha/I_{z'y'} > 0$ のとき，式 (8.24) の第 1 式，式 (8.25) より

$$\begin{aligned}
I_z &= \frac{1}{2}\left(I_{z'} + I_{y'}\right) + \frac{1}{2}\sqrt{(I_{z'} - I_{y'})^2 + 4I_{z'y'}^2}, \\
I_y &= \frac{1}{2}\left(I_{z'} + I_{y'}\right) - \frac{1}{2}\sqrt{(I_{z'} - I_{y'})^2 + 4I_{z'y'}^2}
\end{aligned} \tag{8.26}$$

となり，$\sin 2\alpha/I_{z'y'} < 0$ のとき

$$\begin{aligned}
I_z &= \frac{1}{2}\left(I_{z'} + I_{y'}\right) - \frac{1}{2}\sqrt{(I_{z'} - I_{y'})^2 + 4I_{z'y'}^2}, \\
I_y &= \frac{1}{2}\left(I_{z'} + I_{y'}\right) + \frac{1}{2}\sqrt{(I_{z'} - I_{y'})^2 + 4I_{z'y'}^2}
\end{aligned} \tag{8.27}$$

となる．

このような最大および最小の断面 2 次モーメント I_z, I_y を**断面主 2 次モーメント** (principal moment of inertia of area) という．また，$I_{zy} = 0$ となる方向，すなわち式 (8.23) が成り立つ方向で表される座標軸を**慣性主軸** (principal axes of inertia)，または簡単に主軸という．

曲げモーメントが主軸に一致しない場合や断面が対称軸をもたない場合（8.6 節参照）に，主軸の考え方が役に立つ．これは，曲げモーメント M をベクトルと考え，これを二つの主軸方向の成分 M_z, M_y に分解して考えれば $I_{zy} = 0$ なので，M_z, M_y による曲げが通常の対称曲げのときと同じように考えられるからである．

● Example 8.6 ●

(1) Calculate the position of centroid $(\overline{Z}, \overline{Y})$, $I_{z'}$, $I_{y'}$ and $I_{z'y'}$ for the cross section shown in Fig. 8.16 (a).

(2) Determine the principal moment of inertia of area I_1, I_2 and the angle α for the cross section.

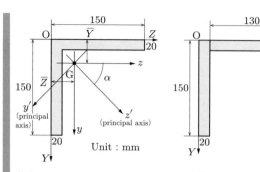

（a）L-shaped cross section

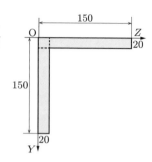

（b）division of
cross section
for I_Z

（c）division of
cross section
for I_{ZY}

図 8.16 L 型断面の慣性主軸

● 解 ● (1) この L 型図形の面積 A は

$$A = A_1 + A_2 = 150 \times 20 + 130 \times 20 = 5600\,\mathrm{mm}^2$$

である. 図 8.16 (a) のように, 左上の隅を原点とする直交座標軸 (Z, Y) を, また図心 G を原点とする座標軸 (z, y) を定める. 図心 G の座標 $\overline{Z}$, $\overline{Y}$ は, 式 (4.4) より

$$\overline{Z} = \frac{1}{5600}(150 \times 20 \times 10 + 130 \times 20 \times 85) = 44.8214 \approx 44.8\,\mathrm{mm},$$

$$\overline{Y} = \overline{Z} = 44.8\,\mathrm{mm}$$

となる. 次に, (Z, Y) 軸に関する断面 2 次モーメント I_Z, I_Y および断面相乗モーメント I_{ZY} を求める. それには, 図 8.16 (b), (c) の図形分割, **例題 4.3** による断面 2 次モーメントの計算式 $(I = bh^3/3)$, および **例題 8.5** による断面相乗モーメントの計算式 $(I_{ZY} = b^2h^2/4)$ などを利用すればよく,

$$I_Z = \frac{1}{3} \times 20 \times 150^3 + \frac{1}{3} \times 130 \times 20^3 = 2.285 \times 10^7\,\mathrm{mm}^4,$$

$$I_Y = I_Z = 2.285 \times 10^7\,\mathrm{mm}^4,$$

$$I_{ZY} = \frac{1}{4} \times 20^2 \times 150^2 + \frac{1}{4} \times 20^2 \times 150^2 - \frac{1}{4} \times 20^2 \times 20^2$$

$$= 4.460 \times 10^6\,\mathrm{mm}^4$$

となる. なお, I_{ZY} の第 1 項, 第 2 項の計算においては, 図形の左上隅 20×20 mm の正方形部分を 2 重に計算しているので, その分を差し引いている.

これらの結果より, 図心を通る (z, y) 軸に関する I_z, I_y および I_{zy} を平行軸の定理により求めると,

$$I_z = I_Z - \overline{Z}^2 A = 2.285 \times 10^7 - 5600 \times 44.8^2 = 1.161 \times 10^7\,\mathrm{mm}^4,$$

$$I_y = I_z = 1.161 \times 10^7 \, \text{mm}^4,$$

$$I_{zy} = I_{ZY} - \overline{Z}\,\overline{Y}A = 4.460 \times 10^6 - 44.8 \times 44.8 \times 5600$$

$$= -6.780 \times 10^6 \, \text{mm}^4$$

となる．なお，断面2次モーメントはつねに正の値をとるが，上式のように断面相乗モーメントは負の値もとり得る．

(2) 以上より，慣性主軸の方向は，式 (8.23) より

$$\tan 2\alpha = \frac{2I_{zy}}{I_z - I_y} = \frac{2 \times (-6.780)}{11.608 - 11.608} = -\infty$$

$$\therefore \alpha_1 = -\frac{\pi}{4} = -45°, \quad \alpha_2 = \alpha_1 + \frac{\pi}{2} = 45°$$

となる．ここで，(z, y) から (z', y')（主軸）への座標の回転は反時計回りを正としているから，主軸の方向 $\alpha_1 = -45°$ は，図 8.16 (a) に示すように，時計回りに 45° 回転した方向となる．また，断面主2次モーメント I_1, I_2 は，式 (8.27) より

$$I_1 = \frac{1}{2}(I_z + I_y) + \frac{1}{2}\sqrt{(I_z - I_y)^2 + 4I_{zy}^2}$$

$$= \left\{ \frac{1}{2}(11.61 + 11.61) + \frac{1}{2}\sqrt{(11.61 - 11.61)^2 + 4 \times (-6.780)^2} \right\} \times 10^6$$

$$= 11.61 \times 10^6 + 6.780 \times 10^6 = 18.39 \times 10^6 \, \text{mm}^4,$$

$$I_2 = \frac{1}{2}(I_z + I_y) - \frac{1}{2}\sqrt{(I_z - I_y)^2 + 4I_{zy}^2}$$

$$= 11.61 \times 10^6 - 6.780 \times 10^6 = 4.830 \times 10^6 \, \text{mm}^4$$

と得られる．

8.6 非対称曲げを受けるはり

これまで扱ったはりの曲げにおいては，断面は対称であり，荷重もはりの対称な面に作用するものと仮定している．この場合には対称面内で曲げ変形が生じており，これを対称曲げ（symmetrical bending）という．一方，**図 8.17** (a), (b) のように対称面内に荷重が作用しない場合，もしくは同図 (c) のように断面に対称軸が存在しない場合も考えられる．このときには，荷重面（荷重が作用する面）と曲がりを生じる面とは一致せず，非対称曲げ（asymmetrical bending）が生じる．

なお，はりにおいては，断面における直交座標は 8.5 節と同様に，図 8.17 に示すように (z, y) とし，x 軸を紙面手前方向とする．

そこで，**図 8.18** (a) のように，長方形断面の主軸を y 軸および z 軸にとり，曲げモー

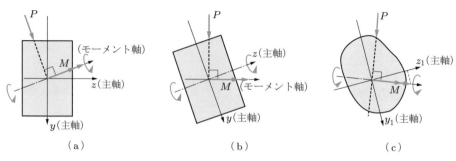

（a）　　　　　　　　　　（b）　　　　　　　　　　（c）

図 8.17　非対称曲げ

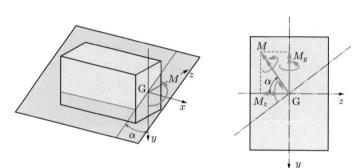

（a）座標軸および
　　曲げモーメントの作用する面
　　　　　　　　　　　　　　　　（b）曲げモーメントの分解

図 8.18　はりの非対称曲げ

メント軸（同図 (b) のように曲げモーメントを表す 2 重矢印（3.2 節参照）の方向の軸）が主軸 z と α の角をなす場合の曲げを考える．

　このとき，作用する曲げモーメント M の主軸 z, y 方向の成分は

$$M_z = M \cos\alpha, \quad M_y = M \sin\alpha$$

となる．したがって，式 (6.6) から，断面の任意点 (z, y) における応力 σ_x は，**図 8.19** (a)，(b) の直交する 2 方向の曲げ応力の和をとって

$$\sigma_x = \frac{M_z}{I_z}\, y - \frac{M_y}{I_y}\, z = M\left(\frac{y}{I_z} \cos\alpha - \frac{z}{I_y} \sin\alpha\right) \tag{8.28}$$

と得られる．

　この場合，中立軸では $\sigma_x = 0$ であるから，式 (8.28) より

$$y = z\, \frac{I_z}{I_y} \tan\alpha \tag{8.29}$$

または

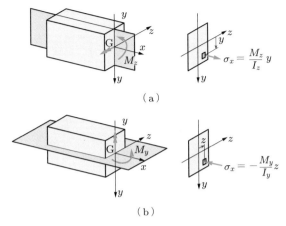

（a）

（b）

図 8.19 非対称曲げの応力

$$y = z \tan \beta \tag{8.30}$$

となる．ここで，

$$\tan \beta = \frac{I_z}{I_y} \tan \alpha \tag{8.31}$$

である．これより，**図 8.20**(a) に示すように，中立軸は，図心 G を通り z 軸に対して β 傾いている直線であることがわかる．

なお，β は α と同じ向きを正とする．$\alpha = 0$，すなわち主軸方向に横荷重が作用すれば $\beta = 0$ となるから，荷重方向に直交する主軸が中立軸になる．また，$I_y = I_z$（正方形断面や円形断面の場合）なら $\alpha = \beta$ となり，中立軸は荷重方向に直交する．

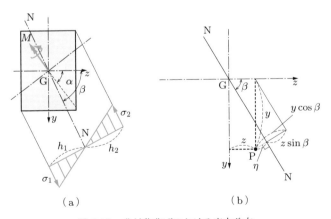

（a）　　　　　　　（b）

図 8.20 非対称曲げにおける応力分布

次に，応力を求めるために，式 (8.31) を用いて式 (8.28) を書き直すと

$$\sigma_x = \frac{M \cos \alpha}{I_z} \left(y - z \frac{I_z}{I_y} \tan \alpha \right) = \frac{M \cos \alpha}{I_z} (y - z \tan \beta)$$

$$= \frac{M \cos \alpha}{I_z \cos \beta} (y \cos \beta - z \sin \beta)$$

となるが，任意点 P(z, y) から中立軸 NN までの距離を η とすると，図 8.20 (b) より

$$\eta = y \cos \beta - z \sin \beta$$

である．したがって，

$$\sigma_x = \frac{M}{I_z} \cdot \frac{\cos \alpha}{\cos \beta} \eta \tag{8.32}$$

となる．これより，曲げ応力 σ_x は中立軸からの距離 η に比例し，図 8.20 (a) に示したような直線分布となる．

また，式 (8.31) より

$$\cos \alpha = \frac{1}{\sqrt{1 + \tan^2 \alpha}} = \frac{1}{\sqrt{\{1 + (I_y/I_z) \tan \beta\}^2}}$$

$$= \frac{I_z \cos \beta}{\sqrt{(I_z \cos \beta)^2 + (I_y \sin \beta)^2}}$$

と表されるから，式 (8.32) は

$$\sigma_x = \frac{M \eta}{\sqrt{(I_z \cos \beta)^2 + (I_y \sin \beta)^2}} \tag{8.33}$$

となる．

最大応力を求めるには，図 8.20 (a) において引張り側および圧縮側のそれを σ_1, σ_2 とすれば，

$$\left. \begin{array}{l} \sigma_1 = (\sigma_x)_{\eta = h_1} = \dfrac{M h_1}{\sqrt{(I_z \cos \beta)^2 + (I_y \sin \beta)^2}}, \\[4mm] \sigma_2 = (\sigma_x)_{\eta = -h_2} = \dfrac{-M h_2}{\sqrt{(I_z \cos \beta)^2 + (I_y \sin \beta)^2}} \end{array} \right\} \tag{8.34}$$

となる．

● Example 8.7 ● A 180 N · m moment is applied to a wood beam of rectangular cross section 40 by 90 mm in a plane forming an angle of 30° with the vertical as shown in Fig. 8.21 (a). Determine (1) the maximum stress in the beam, (2) the angle that the neutral axis forms with the horizontal plane.

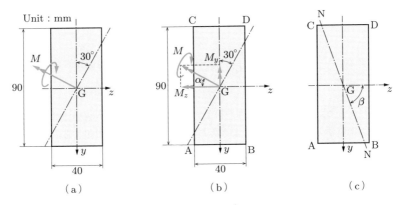

図 8.21 長方形断面の木製はりの非対称曲げ

● **解** ● (1) はりに作用している曲げモーメント M の主軸方向の成分を求めると, 図 8.21 (b) より

$$M_z = M \cos\alpha = 180 \times \cos 30° = 155.9\,\mathrm{N \cdot m},$$
$$M_y = M \sin\alpha = 180 \times \sin 30° = 90.0\,\mathrm{N \cdot m}$$

となる. また, 主軸に関する断面 2 次モーメント I_z, I_y は, **例題 4.3** より次式となる.

$$I_z = \frac{1}{12} \times (0.04) \times (0.09)^3 = 2.430 \times 10^{-6}\,\mathrm{m^4},$$
$$I_y = \frac{1}{12} \times (0.09) \times (0.04)^3 = 4.800 \times 10^{-7}\,\mathrm{m^4}$$

M_z による最大引張り応力 σ_1 は, **図 8.22** (a) のように辺 AB ($y = 0.045\,\mathrm{m}$) に生じ

$$\sigma_1 = \frac{M_z}{I_z}\,y = \frac{155.9}{2.430 \times 10^{-6}} \times 0.045 = 2.887 \times 10^6\,\mathrm{N \cdot m} \approx 2.89\,\mathrm{MPa}$$

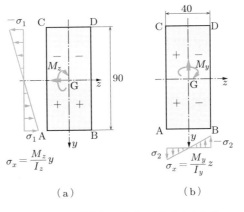

図 8.22 主軸方向の曲げによる応力の分布

となる. 一方, M_y による最大引張り応力 σ_2 は, 図 8.22 (b) のように辺 AC ($|z| = 0.02\,\mathrm{m}$) に生じ

$$\sigma_2 = \frac{M_y}{I_y}\, z = \frac{90}{4.8 \times 10^{-7}} \times 0.02 = 3.75 \times 10^6\,\mathrm{N \cdot m} = 3.75\,\mathrm{MPa}$$

となる.

図 8.22 (a), (b) には, (z, y) 平面の第 1〜第 4 象限に生じる σ_x の正負も示しており, この図より, 上に示した M_z, M_y による応力の和は点 A で最大引張り応力となることがわかり,

$$\sigma_{\max} = \sigma_1 + \sigma_2 = 2.89 + 3.75 = 6.64\,\mathrm{MPa}$$

を得る. 同様に, 最大圧縮応力は点 D に生じることがわかり,

$$\sigma_{\min} = -\sigma_1 - \sigma_2 = -2.89 - 3.75 = -6.64\,\mathrm{MPa}$$

となる.

なお, 最大応力は, 式 (8.28) に基づいて, $M = 180\,\mathrm{N \cdot m}$, $\alpha = 30°$, 点 A の座標 $y = 0.045\,\mathrm{m}$, $z = -0.02\,\mathrm{m}$ を代入して

$$\begin{aligned}
\sigma_{\max} &= M\left(\frac{y}{I_z}\cos\alpha - \frac{z}{I_y}\sin\alpha\right) \\
&= 180 \times \left(\frac{0.045}{2.43 \times 10^{-6}}\cos 30° - \frac{-0.02}{4.8 \times 10^{-7}}\sin 30°\right) \\
&= 6.637 \times 10^6\,\mathrm{N/m^2} \approx 6.64\,\mathrm{MPa}
\end{aligned}$$

と計算してもよい.

(2) 中立軸の傾きについては, 式 (8.31) より

$$\tan\beta = \frac{I_z}{I_y}\tan\alpha = \frac{2.43 \times 10^{-6}}{4.8 \times 10^{-7}} \times \tan 30° = 2.923 \quad \therefore\ \beta = 71.1°$$

と得られる. この結果を図 8.21 (c) に示す.

● 演習問題

8.1　たわみ曲線の微分方程式に基づいて, **図 8.23** の支点反力 R_A および BMD を求めよ.

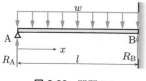

図 8.23　問題 8.1

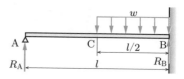

図 8.24　問題 8.2

8.2 　重ね合わせ法に基づいて，**図** 8.24 の支点反力 R_A および BMD を求めよ．

8.3 　**図** 8.25 のようにはりの自由端がばね定数 k のばねで支えられたときのばねの反力 P を求めよ．

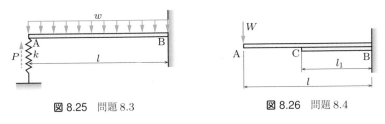

図 8.25　問題 8.3　　　　　　　　　　**図** 8.26　問題 8.4

8.4 　**例題** 8.2 の板端接触の仮定を用い，**図** 8.26 の 2 枚の板ばねの接触点 C の荷重および荷重作用点 A のたわみを求めよ．

8.5 　図 8.3 の集中荷重を受ける一端支持，他端固定のはりにおいて，$a = l/2$ とし，はりの直径を d，材料の許容応力を σ_a としたとき，許し得る荷重 W の大きさを求めよ．また，$d = 100\,\mathrm{mm}$, $l = 2\,\mathrm{m}$, $\sigma_a = 100\,\mathrm{MPa}$ のときの W を求めよ．

8.6 　**図** 8.27 のような両端固定はりの BMD について，以下の重ね合わせ法による解析手順に従って答えよ．

図 8.27　問題 8.6

(1) 　**図** 8.28 (a) のように，集中荷重 W を受ける単純支持はりの左右支点のたわみ角 θ_{A1}, θ_{B1} を求めよ（付録 B.2.(1) 参照）．

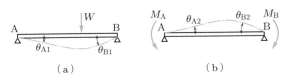

図 8.28

(2) 　図 8.28 (b) のように，単純支持はりの両端に未知モーメント M_A, M_B を作用させたときの θ_{A2}, θ_{B2} を求めよ（付録 B.2.(3) 参照）．このとき，$\theta_{A1} + \theta_{A2} = 0$, $\theta_{B1} + \theta_{B2} = 0$ となればよいから，この二つの式より未知量 M_A, M_B を求めよ．

(3) 　両端固定はりの力のつり合い式および点 B の曲げモーメントのつり合い式を考えて，未知反力 R_A, R_B を求めよ．

(4) 区間 $(0 \leq x \leq a)$, $(a \leq x \leq l)$ ごとの曲げモーメントを求め，BMD を作成せよ．

8.7 図 8.29 のように，等スパンの 4 点支持の連続はりが全長に等分布荷重を受ける場合の支点曲げモーメント M_1, M_2 および支点反力 $R_0 \sim R_3$ を求めよ．

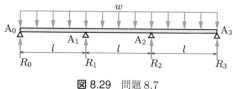

図 8.29 問題 8.7

8.8 図 8.30 のように，曲げ剛性 $E_1 I_1$, $E_2 I_2$ の同じ長さ l をもつはりが互いに接触して直角におかれている．一方のはりは単純支持，他方のはりは両端固定とし，中央の交差点に集中荷重 W が作用したときの中央位置のたわみを求めよ．また，$E_1 I_1 = E_2 I_2$ としたときの両方のはりの BMD を求めよ．なお，はりが幅広だが 1 点で力が伝わるとしてよい．

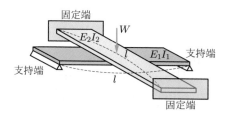

図 8.30 問題 8.8

8.9 図 8.31 のように，長さ $2l$，および l の二つの片持はりがピンで連結されている．上のはりの中央に集中荷重 W が作用しているとき，結合点 C および荷重点 B のたわみを求めよ．ただし，両方のはりの E, I は同一のものとする．（ヒント：点 C では二つのはり AC，CD が相互に力 R を及ぼし合っている．また，二つのはりの点 C でのたわみが等しい．）

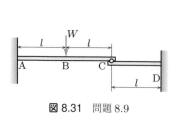

図 8.31 問題 8.9

16		鋼板 $E_s = E_2 = 206\,\mathrm{GPa}$
200		木材 $E_w = E_1 = 10\,\mathrm{GPa}$ 中立軸
16		鋼板 $E_s = E_2 = 206\,\mathrm{GPa}$
	100	

図 8.32 問題 8.10

8.10   **図** 8.32 のような幅 $b_w = 100\,\text{mm}$, 高さ $h_w = 200\,\text{mm}$ の木材のはりが, 同じ幅 $b_s = 100\,\text{mm}$ で, 高さ $h_s = 16\,\text{mm}$ の鋼板で補強されている. この組合せはりをスパン $l = 1.8\,\text{m}$ の単純支持はりとして用い, 中央に $W = 40\,\text{kN}$ の集中荷重を加えるとき, 鋼板および木材に生じる最大応力はいくらか. ただし, 木材および鋼板の縦弾性係数を $E_w = 10\,\text{GPa}$, $E_s = 206\,\text{GPa}$ とする.

第9章 ひずみエネルギー

（弾性）ひずみエネルギーとは，外力が仕事をしたときに弾性変形する物体内に蓄えられるエネルギーのことをいう．本章では，軸力，曲げモーメントおよびねじりモーメントを受ける棒やはりのひずみエネルギーの求め方を考える．また，ひずみエネルギーに関係する定理を用いて，棒やはりの変形および衝撃応力を求める手法も考える．なお，本章で考えるひずみエネルギーは，有限要素法などの数値解法の基礎としても重要な位置を占めており，最小ポテンシャルエネルギーの原理などとも関連が深い．

9.1 単軸応力状態におけるひずみエネルギー

以下では，物体に外力が作用したとき，弾性範囲内の変形である場合を考える．このとき，外力は物体に対して仕事をする一方で，この仕事が変形に伴うエネルギーとして物体内に蓄えられることになる．このエネルギーを**弾性ひずみエネルギー**（elastic strain energy）という．以下，三つの単軸応力状態下の弾性ひずみエネルギー（以下，単にひずみエネルギーという）を求める．

（1）引張りと圧縮 図 9.1 (a) は，軟鋼製棒を引張ったときの荷重 – 伸び線図である．同図において OE の部分はフックの法則に従う弾性範囲であり，$0 \sim P$ と変化する外力のする仕事を U とおくと，同図 (b) より，$P_1/\lambda_1 = P/\lambda$ の関係があるから

$$U = \int_0^\lambda P_1 \, d\lambda_1 = \int_0^\lambda P \frac{\lambda_1}{\lambda} \, d\lambda_1 = \frac{P}{\lambda} \left[\frac{\lambda_1^2}{2} \right]_0^\lambda = \frac{1}{2} P\lambda \tag{9.1}$$

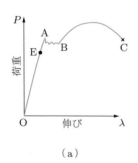

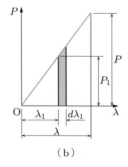

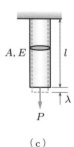

（a）　　　　　　　（b）　　　　　　　（c）

図 9.1 荷重 – 伸び線図

となる．同図 (c) の真直棒では，伸びは E を縦弾性係数として，フックの法則より $\lambda = Pl/(AE)$ と表されるから，これを式 (9.1) に代入すると

$$U = \frac{P^2 l}{2AE} = \frac{\sigma^2 Al}{2E} \tag{9.2}$$

となる．これは，棒が蓄えるひずみエネルギーでもある．なお，AE は一般に引張り剛性とよばれる．

上式を棒の体積 Al で割れば，単位体積あたりのひずみエネルギー u が得られ，

$$u = \frac{U}{Al} = \frac{\sigma^2}{2E} = \frac{E\varepsilon^2}{2} = \frac{\sigma\varepsilon}{2} \tag{9.3}$$

となる．式 (9.3) は，垂直応力 σ と垂直ひずみ ε で表した単位体積あたりのひずみエネルギーであり，物体内の 1 点で定義される．

また，荷重，断面形状，寸法が軸方向に変化する場合は，微小長さ dx を考え，これに蓄えられる微小ひずみエネルギー dU の積分を行って棒全体のひずみエネルギーを求めればよく，次式のようになる．

$$U = \int_0^l \frac{P^2}{2AE}\,dx \tag{9.4}$$

圧縮力が作用する場合も同様である．

（2）曲げ 図 9.2 は，曲げモーメント M によってはりを曲げた様子を示した図であり，はりには曲げ応力 σ が生じている．この曲げに基づくひずみエネルギーは，引張りまたは圧縮応力によるひずみエネルギーをはり断面全体および全長 l にわたって積分することにより得られ（式 (9.2) の体積 Al を dV と考える），

$$U = \int dU = \int \frac{\sigma^2}{2E}\,dV = \iint \frac{\sigma^2}{2E}\,dA\,dx \tag{9.5}$$

となる．曲げ応力は，式 (6.6) より $\sigma = My/I$ であるから，

$$U = \int_0^l \frac{M^2}{2EI^2}\,dx \int_A y^2\,dA = \int_0^l \frac{M^2}{2EI}\,dx \tag{9.6}$$

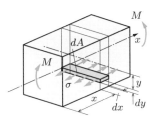

図 9.2 はりの微小要素に作用する曲げ応力

となる．ここで，I は断面 2 次モーメントであり，$\displaystyle\int_A y^2\,dA = I$ の関係を用いた．

（3）ねじり　次に，棒をねじった場合のひずみエネルギー U を求める．図 9.3 に示す一様な断面を有する丸棒の右端にねじりモーメント T を作用させたとき，右端のねじれ角が ϕ となったものとする．このとき，ねじりモーメントによる仕事は，式 (9.1) の類推より $T\phi/2$ である．したがって，式 (3.4) より $\phi = Tl/(GI_p)$ であるから，

$$U = \frac{T\phi}{2} = \frac{T^2 l}{2GI_p} \tag{9.7}$$

となる．ここで，GI_p はねじり剛性である．

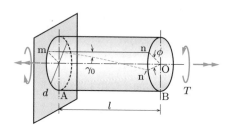

図 9.3　ねじりを受ける丸棒

(1) の引張りと圧縮の場合と同じく，丸棒の長さ l の代わりに微小長さ dx を考え，その積分形で式 (9.7) を書き直すと

$$U = \int_0^l \frac{T^2}{2GI_p}\, dx \tag{9.8}$$

が導かれる．

● Example 9.1 ● Compare the amount of strain energy of the three bars shown in Fig. 9.4. Assume that the Young's modulus of each bar is equal to E.

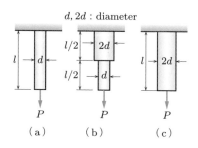

$d, 2d$: diameter

図 9.4　異なる断面を有する棒

● **解** ● 式 (9.2) より，各棒のひずみエネルギーは

$$U_a = \frac{P^2 l}{2(\pi d^2/4)E} = \frac{2P^2 l}{\pi d^2 E}, \quad U_b = \frac{P^2(l/2)}{2(\pi d^2/4)E} + \frac{P^2(l/2)}{2\pi d^2 E} = \frac{5P^2 l}{4\pi d^2 E},$$

$$U_c = \frac{P^2 l}{2\pi d^2 E}$$

$$\therefore U_a : U_b : U_c = 1 : \frac{5}{8} : \frac{1}{4}$$

となる．これより，図 9.4 (a) の棒がもっとも大きな弾性ひずみエネルギーを有することがわかる．

● **例題 9.2** ● スパン l の単純支持はりが中央に集中荷重 W を受ける場合のひずみエネルギー U を求めよ．

● **解** ● 左支点から x の位置の曲げモーメント M は，**例題 5.2** より $M = (W/2)x$（ただし，$0 \le x \le l/2$）であるから，はり全体のひずみエネルギーは，対称性を利用して，式 (9.6) より

$$U = 2 \int_0^{l/2} \frac{M^2}{2EI}\,dx = \frac{W^2}{4EI} \int_0^{l/2} x^2\,dx = \frac{W^2 l^3}{96EI}$$

となる．なお，$l/2 \le x \le l$ では $M = (W/2)x - W(x - l/2) = W(l - x)/2$ なので，

$$U = \int_0^{l/2} \frac{1}{2EI} \left(\frac{Wx}{2} \right)^2 dx + \int_{l/2}^l \frac{1}{2EI} \left\{ \frac{W(l - x)}{2} \right\}^2 dx$$

$$= \frac{W^2 l^3}{192EI} + \frac{W^2 l^3}{192EI} = \frac{W^2 l^3}{96EI}$$

と計算してもよいが，対称性を利用したほうが簡単に求められる．

9.2 相反定理

図 9.5 (a) のはりに荷重 P_1, P_2 を加える問題を考える．はじめに同図 (a) のように点 C に荷重 P_1 を加えると，荷重点 C は荷重方向に λ_1 だけ変位し，式 (9.1) より，はり内部にひずみエネルギー $P_1\lambda_1/2$ が蓄えられる．その後，同図 (b) のように点 D に

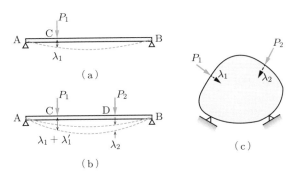

図 9.5 2点に集中荷重を受けるはりおよび弾性体

荷重 P_2 を加えると，荷重点 D は荷重方向に λ_2 だけ変位するほかに，点 C は，荷重 P_1 が一定値のままで P_1 の方向に λ_1' だけさらに変位する．以上により，P_1, P_2 によってはりに蓄えられるひずみエネルギー U は

$$U = \frac{P_1\lambda_1}{2} + \left(\frac{P_2\lambda_2}{2} + P_1\lambda_1' \right) \tag{9.9}$$

となる．

次に，P_1 と P_2 の荷重の順序を入れ替えて同様に負荷すると，はりに蓄えられるひずみエネルギーは

$$U = \frac{P_2\lambda_2}{2} + \left(\frac{P_1\lambda_1}{2} + P_2\lambda_2' \right) \tag{9.10}$$

となる．ここで，ひずみエネルギーは荷重 P_1, P_2 の作用する順番には関係せず同一であるから，式 (9.9) と式 (9.10) は同じでなければならない．したがって，

$$P_1\lambda_1' = P_2\lambda_2' \tag{9.11}$$

を得る．

ここまで，図 9.5 (a), (b) の単純支持はりについて考察したが，式 (9.11) の関係は，同図 (c) のような一般の弾性体についても成立する．式 (9.11) は，「P_2 による点 1 の弾性変形 λ_1' によって P_1 のなす仕事 $P_1\lambda_1'$ は，P_1 による点 2 の弾性変形 λ_2' によって P_2 のなす仕事 $P_2\lambda_2'$ に等しい」ことを意味し，これを**相反定理**（reciprocal theorem）という．特に，$P_1 = P_2$ のときには，式 (9.11) は

$$\lambda_1' = \lambda_2' \tag{9.12}$$

となり，この関係を**マックスウェルの相反定理**（Maxwell's reciprocal theorem）という．

● **例題 9.3** ● 図 9.6 (a) のような長さ l の片持はりの中央の点 C に荷重 P が作用する場合，**例題 7.1** の結果およびマックスウェルの相反定理を用いて点 A のたわみ y_A を求めよ．

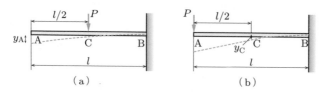

図 9.6 はり中央に荷重が作用する片持はりの先端のたわみ

● **解** ● 図 9.6 (b) のように長さ l の片持はりの先端 A に荷重 P が作用する場合のたわみ曲線は，**例題 7.1** で求めている．そこでのたわみ式に $x = l/2$ を代入すると点 C のたわみ

が得られ，

$$y_C = \frac{5Pl^3}{48EI}$$

となる．

　マックスウェルの相反定理により，このたわみ y_C は点 A のたわみ y_A に等しい．したがって，

$$y_A = y_C = \frac{5Pl^3}{48EI}$$

を得る．

● **例題 9.4** ● 図 9.7 (a) のように，一端固定，他端支持のはりに集中荷重 P を作用させたときの支点反力 R_A を，相反定理を用いて求めよ．

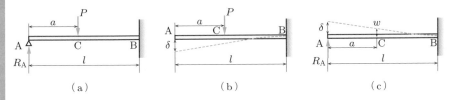

（a） （b） （c）

図 9.7 一端固定，他端支持のはりの支点反力

● **解** ● 図 9.7 (b) のように支点 A がないときに，荷重 P による点 A のたわみを δ とする．次に，点 A のたわみは実際にはゼロであるから，同図 (c) のように，点 A に反力に等しい荷重 R_A を加えて点 A を上方に δ だけたわませたときを考える．このとき，点 C に生じるたわみを w とすれば，相反定理により

$$Pw = R_A\delta \quad \therefore R_A = \frac{w}{\delta}\,P$$

となる．ここで，付録 B.1 より

$$\delta = \frac{R_A l^3}{3EI}, \quad w = \frac{R_A}{6EI}\,(l-a)^2(2l+a)$$

であるから

$$R_A = \frac{(l-a)^2(2l+a)}{2l^3}\,P$$

を得る．この結果は，重ね合わせ法によって得られた結果（式 (8.4)）と一致する．

● 9.3　カスティリアノの定理

C. A. Castigliano（1847–1884, イタリアの数学者, 物理学者）は, 1873 年に, トリノ工科大学に提出した学位論文「Intorno ai sistemi elastici（About elastic systems）」の中で, "... the partial derivative of the strain energy, considered as a function of the applied forces acting on a linearly elastic structure, with respect to one of these forces, is equal to the displacement in the direction of the force of its point of application."（ひずみエネルギー（これは線形弾性構造物に作用している力の関数であるが）の偏微分は, その力の作用している方向の変位に等しい）と述べている. これが, 材料力学において重要な役割を果たしているカスティリアノの定理である.

この定理を証明するために, **図 9.8** のように, n 個の荷重 $P_1, P_2, \ldots, P_i, \ldots, P_n$ を受けて静的につり合い状態にある弾性体を考え, そのひずみエネルギーを U とする. そのうちの荷重 P_i が $P_i \to P_i + dP_i$ と増加すると, ひずみエネルギーも増加して

$$U + \frac{\partial U}{\partial P_i} \, dP_i \tag{9.13}$$

となる.

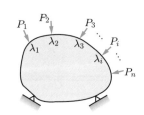

図 9.8　n 個の荷重を受けてつり合い状態にある弾性体

この状態は, 荷重の順序を入れ替え, はじめに dP_i の荷重を加え, その後に $P_1, \ldots, P_i, \ldots, P_n$ を加えた状態と同じである. このときのひずみエネルギーの中で, はじめに負荷した dP_i によるひずみエネルギーは, $d\lambda_i$ を dP_i 方向の微小変位として $dP_i \, d\lambda_i/2$ であるが, これは 2 次の微小量なので無視する. 次の段階の負荷によるひずみエネルギーは, $P_1, \ldots, P_i, \ldots, P_n$ からの寄与分 U と, dP_i が一定値を保ったまま λ_i の変位をする分との和であるから

$$U + \lambda_i \, dP_i \tag{9.14}$$

となる. ここで, 変位 λ_i は, 荷重 P_i の作用点における P_i 方向の変位とする. 式 (9.13) と式 (9.14) は等しいから

$$U + \frac{\partial U}{\partial P_i} \, dP_i = U + \lambda_i \, dP_i \quad \therefore \ \lambda_i = \frac{\partial U}{\partial P_i} \tag{9.15}$$

が得られる. すなわち, 外力の関数として表されたひずみエネルギー U をそのうちの一つの外力 P_i で微分すれば, その荷重方向の変位 λ_i が得られる. これを, **カスティリアノの定理**（Castigliano's theorem）という. なお, 荷重 P_i をモーメント M_i で

置き換えると，M_i 方向の角変位（たわみ角）θ_i が次のように得られる．

$$\theta_i = \frac{\partial U}{\partial M_i} \tag{9.16}$$

● **例題 9.5** ● 図 9.9 は，先端に集中荷重 P を
受ける片持はりである．このはりの荷重点 A の
たわみ δ_A およびたわみ角 θ_A を求めよ．

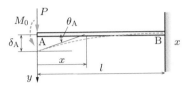

図 9.9 集中荷重を受ける片持はりのカス
ティリアノの定理による解析

● **解** ● カスティリアノの定理を用いてモーメントの作用しないはりのたわみを求める場合，
荷重点 A のたわみ角を求めるには，それに対応する仮想曲げモーメント（virtual bending
moment）M_0 を加える必要がある．任意位置 x における曲げモーメントは

$$M = -Px - M_0$$

となる．式 (9.6) および式 (9.15), (9.16) より，実際には M_0 が作用していないことを考
慮して

$$\delta_A = \left(\frac{\partial U}{\partial P}\right)_{M_0 \to 0} = \left(\frac{\partial}{\partial P}\int_0^l \frac{M^2}{2EI}\,dx\right)_{M_0 \to 0} = \left(\int_0^l \frac{M}{EI}\cdot\frac{\partial M}{\partial P}\,dx\right)_{M_0 \to 0}$$

$$= \frac{1}{EI}\int_0^l (-Px)(-x)\,dx = \frac{Pl^3}{3EI},$$

$$\theta_A = \left(\int_0^l \frac{M}{EI}\cdot\frac{\partial M}{\partial M_0}\,dx\right)_{M_0 \to 0} = \frac{1}{EI}\int_0^l (-Px)(-1)\,dx = \frac{Pl^2}{2EI}$$

を得る．以上の結果は，式 (7.6) と同じである．なお，ここでのたわみ角 θ_A は正となって
いるが，これは M_0 と同じ向き，すなわち反時計回りであることを意味している．

● **例題 9.6** ● 例題 9.4 の一端固定，他端支持はりの反力 R_A を，カスティリアノの定理を
利用して求めよ．

● **解** ● このはりの曲げモーメントは，区間ごとに

$$\begin{aligned}
&\text{区間 AC } (0 \leq x \leq a):\ M_1 = R_A x, \\
&\text{区間 CB } (a \leq x \leq l):\ M_2 = R_A x - P(x-a)
\end{aligned} \tag{a}$$

となる．はり全体のひずみエネルギー U は

$$U = \frac{1}{2EI}\int_0^a M_1^2\,dx + \frac{1}{2EI}\int_a^l M_2^2\,dx$$

と表される．したがって，支点 A のたわみ δ_A は，

$$\delta_A = \frac{\partial U}{\partial R_A} = \frac{1}{EI}\int_0^a M_1 \frac{\partial M_1}{\partial R_A}\,dx + \frac{1}{EI}\int_a^l M_2 \frac{\partial M_2}{\partial R_A}\,dx \tag{b}$$

である．しかし，支点 A のたわみはゼロであるから，上式はゼロにならなければならない．したがって，式 (b) は，式 (a) を代入して

$$\frac{1}{EI}\int_0^a R_A x \cdot x\,dx + \frac{1}{EI}\int_a^l \left\{ R_A x - P(x-a) \right\} \cdot x\,dx = 0$$

$$\therefore R_A \frac{l^3}{3} = P\left\{ \frac{1}{3}(l^3 - a^3) - \frac{a}{2}(l^2 - a^2) \right\}$$

となる．この式から R_A を求めると，

$$R_A = \frac{(l-a)^2(2l+a)}{2l^3}P$$

を得る．この結果は**例題**9.4 と一致している．

カスティリアノの定理の応用範囲は広い．上に示した**例題**9.6 や章末の問題 9.3 の不静定問題だけではなく，問題 9.6 の骨組構造などの解析にも有用である．

9.4　最小仕事の原理

最小仕事の原理を説明するために，8.3 節で取り上げた連続はりを考える．

図 9.10 (a) は 3 点で支持された連続はりで，同図 (b), (c) は，このはりを支点 B で切断し，支点 B に作用する曲げモーメント M_B を受ける二つの静定はりに分けて示した図である．はり AB の反力 R_A，曲げモーメント M_1 およびひずみエネルギー U_1 は，

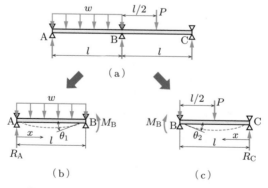

図 9.10　連続はりの最小仕事の原理による解析

$$R_A = \frac{wl}{2} + \frac{M_B}{l}, \quad M_1 = R_A x - \frac{wx^2}{2}, \quad U_1 = \frac{1}{2EI} \int_0^l M_1^2 \, dx$$

となる．はり BC についても，x 軸の原点を点 C にとって考えると

$$R_C = \frac{P}{2} + \frac{M_B}{l}, \quad 0 \le x \le \frac{l}{2}: \ M_{21} = R_C x,$$

$$\frac{l}{2} \le x \le l: \ M_{22} = R_C x - P\left(x - \frac{l}{2}\right),$$

$$U_2 = \frac{1}{2EI} \int_0^{l/2} M_{21}^2 \, dx + \frac{1}{2EI} \int_{l/2}^l M_{22}^2 \, dx$$

と得られる．

それぞれのはりに生じる点 B のたわみ角 θ_1, θ_2 は

$$\theta_1 = \frac{\partial U_1}{\partial M_B} = \frac{1}{EI} \int_0^{l/2} M_1 \frac{x}{l} \, dx = \frac{(wl^2 + 8M_B)l}{24EI},$$

$$\theta_2 = \frac{\partial U_2}{\partial M_B} = \frac{1}{EI} \int_0^{l/2} M_{21} \frac{x}{l} \, dx + \frac{1}{EI} \int_{l/2}^l M_{22} \frac{x}{l} \, dx = \frac{(3P + 16M_B)l}{48EI}$$

と表される．このとき，二つのはりの点 B のたわみ角の大きさは等しいから

$$-\theta_1 = \theta_2, \quad \text{あるいは，} \quad \frac{\partial(U_1 + U_2)}{\partial M_B} = 0 \quad \therefore \ M_B = -\frac{l}{32}(2wl + 3P)$$

となる．なお，図 9.10 を参照すると，θ_1 と θ_2 との向きが異なることがわかる．このため，θ_1 に負号を付している．上式より，未知の曲げモーメント，すなわち不静定量 M_B は，はりがもつひずみエネルギーが極小になるような値となっていることがわかる．このことを一般化すれば，「不静定問題では，不静定量を含むように全ひずみエネルギーを表し，これを不静定量で偏微分してゼロとおいた式を解けば不静定量が得られる」といえる．これを，最小仕事の原理（principle of least work）という．

例題 9.6 や章末の問題 9.3 では，不静定反力を定めるために支点におけるたわみがゼロであることに注目したが，必ずしもたわみやたわみ角がゼロになる点に作用する反力や曲げモーメントを不静定量として選ばなくてもよい．

● 例題 9.7 ● 例題 2.3 の不静定トラスに対し，最小仕事の原理を適用して各部材に生じる軸力 P_1, P_2 を求めよ．

● 解 ● 節点 D における垂直方向の力のつり合いより

$$P_1 - P + 2P_2 \cos\theta = 0 \quad \therefore \ P_2 = \frac{P - P_1}{2\cos\theta} \tag{a}$$

となる．したがって，トラス全体のひずみエネルギー U は

$$U = \frac{P_1^2 l}{2 A_1 E} + 2 \times \frac{P_2^2 l}{2 A_2 E} = \frac{P_1^2 l}{2 A_1 E} + \frac{(P - P_1)^2 l}{4 A_2 E \cos^2 \theta} \tag{b}$$

となる．最小仕事の原理より，式 (b) を不静定量 P_1 で微分するとゼロとなるから

$$\frac{P_1 l}{A_1 E} + \frac{(P - P_1) l}{2 A_2 E \cos^2 \theta} \times (-1) = 0 \tag{c}$$

を得る．式 (c) より次式を得る．

$$P_1 = \frac{1}{1 + 2 (A_2 / A_1) \cos^2 \theta} P$$

上式と式 (a) より

$$P_2 = \frac{(A_2 / A_1) \cos \theta}{1 + 2 (A_2 / A_1) \cos^2 \theta} P$$

を得る．これらは，変形条件を考慮して解いた**例題** 2.3 の結果と一致している．

● 9.5　衝撃応力

　弾性体が衝撃的な外力を受けると，実際には応力が弾性体内部を波として伝播し，それが時間とともに変化する複雑な現象を呈する．しかし，ここでは，衝突によって最大たわみが生じる瞬間だけを切り取って考え，その瞬間において，弾性体に蓄えられるひずみエネルギーが外力のなした仕事に等しいという仮定のもとで**衝撃応力**（impact stress）を求めよう．

　図 9.11 (a), (b) のように，長さ l，断面積 A，縦弾性係数 E の棒の上端を固定し，質量 m の物体を高さ h から落下させて棒の下端で衝突させる場合を考える．

　同図 (b) のように物体が棒に衝突するとき λ だけ伸び，そのときの衝撃力を P とする．この際，衝突時のエネルギー損失がないものとし，物体が $h + \lambda$ だけ落下した位

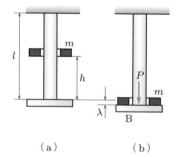

（a）　　　（b）　　　　　　（c）

図 9.11　棒の衝撃

置エネルギーが棒の内部に蓄えられるひずみエネルギーに等しいと考えると，

$$\frac{1}{2} P\lambda = mg(h + \lambda) \tag{9.17}$$

を得る．ここで，棒の伸び $\lambda = Pl/(AE)$ を式 (9.17) に代入して整理すると

$$\frac{l}{2AE} P^2 - \frac{mgl}{AE} P - mgh = 0 \tag{9.18}$$

となる．この式は P の 2 次方程式なので，P について解くと

$$P = mg \left(1 \pm \sqrt{1 + 2\frac{AEh}{mgl}} \right) \tag{9.19}$$

を得る．ここで，$P > 0$ であるから，式 (9.19) の根号の符号の正を採用し，最大衝撃応力 σ を求めると

$$\sigma = \frac{P}{A} = \frac{mg}{A} \left(1 + \sqrt{1 + 2\frac{AEh}{mgl}} \right) \tag{9.20}$$

となる．ここで，σ_{st} および λ_{st} を，物体を棒の下端にそっと載せた場合の応力および伸びとすると，$\sigma_{st} = mg/A$，$\lambda_{st} = mgl/(AE)$ である．したがって，

$$\frac{\sigma}{\sigma_{st}} = 1 + \sqrt{1 + 2\frac{E}{\sigma_{st}} \cdot \frac{h}{l}} = 1 + \sqrt{1 + 2\frac{h}{\lambda_{st}}} \tag{9.21}$$

となる．衝撃荷重による最大伸び λ についても同様に，

$$\frac{\lambda}{\lambda_{st}} = \frac{Pl/(AE)}{mgl/(AE)} = 1 + \sqrt{1 + 2\frac{h}{\lambda_{st}}} \tag{9.22}$$

を得る．式 (9.21), (9.22) において，$h \to 0$，すなわち，棒の下端の直上に物体をおいて急に離すと，$\sigma = 2\sigma_{st}$，$\lambda = 2\lambda_{st}$ となり，静かに物体を載せた場合の応力や伸びの 2 倍となることを意味している．さらに，式 (9.22) の λ/λ_{st} と h/λ_{st} の関係を図 9.11 (c) に示す．

▌● **例題 9.8** ● **図 9.12** (a) は，質量 m の物体が h の高さより単純支持はりの中央に落下して衝撃荷重を与える様子を示している．このとき，はりに生じる最大たわみ w および最大応力 σ を求めよ．

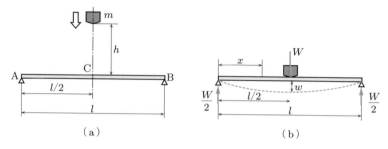

図9.12　衝撃荷重を受ける単純支持はり

●**解**● 衝撃時の荷重を W とすると，この荷重によってはりに蓄えられるひずみエネルギー U は，図9.12 (b) より，**例題9.2** と同様に

$$U = \frac{2}{2EI} \int_0^{l/2} M^2 \, dx = \frac{1}{EI} \int_0^{l/2} \left(\frac{Wx}{2}\right)^2 dx = \frac{W^2 l^3}{96EI} \tag{a}$$

と得られる．衝突時の最大たわみを w とすると，物体の位置エネルギーは $mg(h + w)$ だけ減少するが，これが式 (a) のひずみエネルギーに等しいと考えると，

$$\frac{W^2 l^3}{96EI} = mg(h + w) \tag{b}$$

となる．ここで，式 (7.10) より $w = Wl^3/(48EI)$ であり，これを式 (b) に代入すると

$$\frac{l^3}{96EI} W^2 - \frac{mgl^3}{48EI} W - mgh = 0 \tag{c}$$

を得る．これより，衝撃荷重 W を求めると

$$W = mg\left(1 \pm \sqrt{1 + \frac{h}{mg} \cdot \frac{96EI}{l^3}}\right) \tag{d}$$

となる．ここで，静荷重 mg が作用したときのはり中央のたわみ w_0 は $w_0 = mgl^3/(48EI)$ であり，$W > 0$ を考慮して式 (d) の正符号を採用すると

$$W = mg\left(1 + \sqrt{1 + 2\frac{h}{w_0}}\right) \tag{e}$$

となる．なお，一般に $h \gg w_0$ だから，式 (e) は $W = mg\sqrt{2h/w_0}$ となる．

最大たわみ w は $w = Wl^3/(48EI)$ で表されるから，式 (d), (e) を用いて

$$w = w_0\left(1 + \sqrt{1 + 2\frac{h}{w_0}}\right) \tag{f}$$

となる．最大衝撃応力 σ は，はりの断面係数 Z を用いて

$$\sigma = \frac{W/2 \cdot (l/2)}{Z} = \frac{mgl}{4Z}\left(1 + \sqrt{1 + 2\frac{h}{w_0}}\right)$$

と求められるが，ここで，一般には $h \gg w_0$ であるから

$$\sigma = \frac{mgl}{4Z}\sqrt{\frac{2h}{w_0}} = \sqrt{6Emgh}\sqrt{\frac{I}{Z^2} \cdot \frac{1}{l}} \tag{g}$$

と求められる．W が静荷重の場合には，最大曲げ応力は $\sigma = Wl/(4Z)$ でありスパン l に比例する一方，衝撃応力の式 (g) はその逆となっている．

• **演習問題**

9.1 **図 9.13** のような厚さ t の台形状の板の下端に引張り力 P を作用させたとき，板に蓄えられるひずみエネルギーを求めよ．ただし，$b_2 > b_1$ とする．（ヒント：断面積 $A(x) = b(x)t$，縦弾性係数 E，引張り力 P を受ける板のひずみエネルギーは，式 (9.4) より $U = \displaystyle\int_0^l \frac{P^2}{2A(x)E}\,dx = \frac{P^2}{2E}\int_0^l \frac{1}{A(x)}\,dx$ により得られる．）

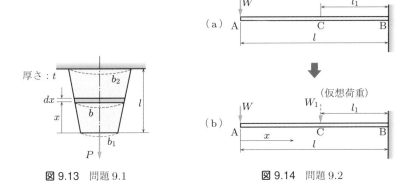

図 9.13 問題 9.1

図 9.14 問題 9.2

9.2 **図 9.14** (a) のような片持はりの任意位置 C のたわみを，カスティリアノの定理を用いて求めよ．（ヒント：同図 (b) のように点 C に仮想荷重（virtual load）W_1 を負荷する．その後，区間ごとの曲げモーメント

$$0 \le x \le l - l_1 : M_1 = \cdots\cdots, \quad l - l_1 \le x \le l : M_2 = \cdots\cdots$$

を求める．続いて，はりのひずみエネルギー U を求め，点 C のたわみを $\delta_C = (\partial U/\partial W_1)_{W_1 \to 0}$ により求める．）

9.3 **図 9.15** のように，一端 B を固定し中間に支持点 C のあるはりが自由端 A に集中荷重 W を受けるとき，支点 C の反力 R_C と荷重点 A のたわみ δ_A をカスティリアノの定

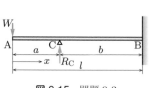

図 9.15 問題 9.3

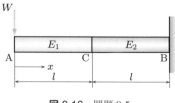

図 9.16 問題 9.5

理によって求めよ.(ヒント:反力 R_C については,はりのひずみエネルギー U を求め,点 C の変位がゼロ,すなわち $\partial U/\partial R_C = 0$ の条件から求める.)

9.4 **例題** 8.1 において,カスティリアノの定理を用いて,左側固定端 A からの反力 R_A および固定モーメント M_A を求めよ.ただし,固定モーメント M_A は図に示した負の向きを仮定すること.

9.5 **図** 9.16 のように,二つの異なる材料を接合した同一断面の片持はりがある.それぞれの部材の縦弾性係数を E_1, E_2 とする.また,二つの部材の断面形状と長さは等しいものとする.このはりの断面 2 次モーメントを I とし,端点 A に集中荷重 W を受ける場合の点 A, C のたわみを求めよ.

9.6 **図** 9.17 は,節点 C に垂直荷重 P を受ける静定トラスである.各部材はすべて同じ引張り剛性 AE を有するものとする.節点 C の垂直方向変位 δ_V(下向き)および水平方向変位 δ_H(右向き)を求めたい.以下の問いに答えよ.なお,部材力はすべて引張りと仮定して答えること.

(1) 点 C に図のような仮想荷重 Q を負荷し,節点 C の力のつり合い式を立てて部材力 P_{AC}, P_{BC} を求めよ.

(2) トラス全体のひずみエネルギー U を求め,カスティリアノの定理を利用して節点 C の垂直方向変位 δ_V および水平方向変位 δ_H を求めよ.

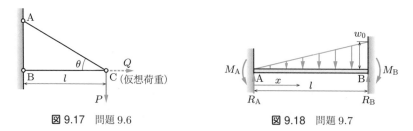

図 9.17 問題 9.6 **図 9.18** 問題 9.7

9.7 We consider an elastic beam fixed at both ends and subjected to a uniformly increasing load to one end, as shown in **Fig. 9.18**. Using Castigliano's theorem, determine the reactions at ends, M_A, R_A, M_B and R_B. EI for the beam is constant.

9.8　**図 9.19** に示すように，半径 r の細長い半円弧状のはりの右端 B において，荷重 P が垂直下方に作用している．カスティリアノの定理を用いて，荷重作用点の垂直方向変位 v_B と水平方向変位 u_B を求めよ．ただし，はりの曲げ剛性は EI とする．（ヒント：u_B を求めるには，図に示す仮想荷重 Q を加える．）

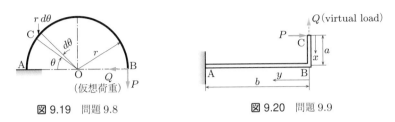

図 9.19　問題 9.8　　　　　**図 9.20**　問題 9.9

9.9　Find a horizontal deflection u_C and a vertical deflection v_C at C of the beam shown in **Fig. 9.20**. Assume the flexural rigidity EI to be constant for the structure. To obtain the vertical deflection, apply the virtual load Q as shown in the figure.

9.10　**図 9.21** (a) に示したピンで連結されたはりにおいて，結合点 C に生じる不静定反力 R_C を，最小仕事の原理を適用して求めよ．また，カスティリアノの定理を利用して，荷重点 B のたわみ δ_B を求めよ．（ヒント：はりを同図 (b) のように二つに分けて，結合点 C での反力 R_C を図のように仮定する．その後，それぞれのはりのひずみエネルギーの和 U を求め，$\partial U/\partial R_C = 0$ より，R_C を求めればよい．）

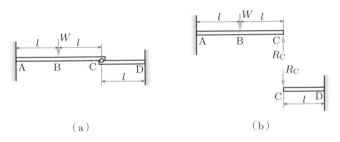

（a）　　　　　　　　　　（b）

図 9.21　問題 9.10

9.11　問題 8.4 に示した重ね板ばねにおいて，接触端の反力 R を不静定力とみなし，最小仕事の原理を適用して R を求めよ．また，カスティリアノの定理を利用して，荷重点 A のたわみ δ_A を求めよ．

9.12　**図 9.22** のように，直径 $d = 50\,\mathrm{mm}$，長さ $l = 2\,\mathrm{m}$ の丸棒の下端に高さ $h = 0.2\,\mathrm{m}$ の高さから質量 $m = 400\,\mathrm{kg}$ の物体を落下させた．このとき，棒に生じる最大衝撃応力 σ および伸び λ を求めよ．また，これらの値は，そっと物体を載せた場合の値の何倍になっているか．ただし，$E = 206\,\mathrm{GPa}$，$g = 9.8\,\mathrm{m/s^2}$ とする．

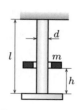

図 9.22　問題 9.12

第10章 組合せ応力

　これまでは，主に引張り，圧縮およびせん断の応力状態を調べてきたが，それらは比較的単純な場合に限定していた．しかし，実際の機械部品や構造物には，これらの応力が複雑に組み合わさって作用していることが多い．そこで，本章では，3次元での応力 - ひずみ関係式，2次元問題として簡略化できる平面応力，平面ひずみの紹介をし，モールの応力円などを考える．また，組合せ応力の例として，薄肉球殻，薄肉円筒および伝動軸を考える．

10.1　3次元の応力, ひずみ成分

　応力を一般的にとらえるには，3次元空間の中で考える必要がある．そこで，応力状態を (x, y, z) の直交座標系で考える．**図** 10.1 (a) のような微小六面体を考えたとき，これらの面に作用する応力成分は，垂直応力成分 σ_x, σ_y, σ_z およびせん断応力成分 τ_{xy}, τ_{yz}, τ_{zx}, τ_{yx}, τ_{zy}, τ_{xz} の9個である．ここで，せん断応力の添字の1番目は作用面，2番目は作用方向を表す．また，作用面については，図 10.1 (a) のように着目している物体から見て，面の外向き法線方向が座標軸の正の向きと一致している場合を正の面，同図 (b) のように負の向きと一致している場合を負の面と定義する．正の面においては，正の方向に作用する応力を正と定義し，負の面においては，負の方向に作用する応力を正と定義する．さらに，これらの応力に対応するひずみ成分を ε_x, ε_y, ε_z, γ_{xy}, γ_{yz}, γ_{zx} とする．

　垂直応力の添字もせん断応力と同様な約束に従う．この添字の規則に従うと，垂直

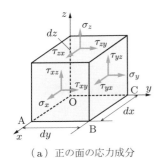

（a）正の面の応力成分

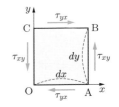

（b）負の面の応力成分　　　（c）せん断応力の共役性

図 10.1　微小六面体要素の応力成分

応力成分は σ_{xx}, σ_{yy}, σ_{zz} と表されるが，慣例に従って σ_x, σ_y, σ_z と表す．以上より，垂直応力成分の正の向きは，正の面では座標軸の正の方向，負の面では座標軸の負の方向であり，引張り応力の方向が自然に定義される．

なお，せん断応力成分には，共役性

$$\tau_{xy} = \tau_{yx}, \quad \tau_{yz} = \tau_{zy}, \quad \tau_{zx} = \tau_{xz} \tag{10.1}$$

が成り立つ．これは，図 10.1 (a) の六面体を z 軸方向から見た同図 (c) を考え，この図において z 軸まわりのモーメントのつり合い式を求めると，

$$(\tau_{xy}\,dy\,dz)\,dx = (\tau_{yx}\,dx\,dz)\,dy \quad \therefore \tau_{xy} = \tau_{yx}$$

となるからである．同様に，x, y 軸まわりのモーメントのつり合いを考えれば，式 (10.1) の第 2, 3 式を得る．

さらに，これらの応力とひずみ成分の間にはフックの法則が成立し，

$$\varepsilon_x = \frac{1}{E}\left\{\sigma_x - \nu(\sigma_y + \sigma_z)\right\}, \quad \varepsilon_y = \frac{1}{E}\left\{\sigma_y - \nu(\sigma_z + \sigma_x)\right\},$$

$$\varepsilon_z = \frac{1}{E}\left\{\sigma_z - \nu(\sigma_x + \sigma_y)\right\}, \quad \gamma_{xy} = \frac{\tau_{xy}}{G}, \quad \gamma_{yz} = \frac{\tau_{yz}}{G}, \quad \gamma_{zx} = \frac{\tau_{zx}}{G} \tag{10.2}$$

または，

$$\sigma_x = \frac{E}{(1+\nu)(1-2\nu)}\left\{(1-\nu)\varepsilon_x + \nu(\varepsilon_y + \varepsilon_z)\right\},$$

$$\sigma_y = \frac{E}{(1+\nu)(1-2\nu)}\left\{(1-\nu)\varepsilon_y + \nu(\varepsilon_z + \varepsilon_x)\right\},$$

$$\sigma_z = \frac{E}{(1+\nu)(1-2\nu)}\left\{(1-\nu)\varepsilon_z + \nu(\varepsilon_x + \varepsilon_y)\right\},$$

$$\tau_{xy} = G\gamma_{xy}, \quad \tau_{yz} = G\gamma_{yz}, \quad \tau_{zx} = G\gamma_{zx} \tag{10.3}$$

となる．以上の応力とひずみの関係を，一般化されたフックの法則（generalized Hooke's law）という．

物体が薄板状であり，荷重がその平面内に作用する場合には，図 10.2 (a) のように，z 方向の応力成分を $\sigma_z = \tau_{yz} = \tau_{zx} = 0$ と近似できる．このような状態を平面応力（plane stress）状態という．逆に，同図 (b) のように物体の形状が z 方向に長く，一様な荷重を受けている場合には，z 方向のひずみ成分を $\varepsilon_z = \gamma_{yz} = \gamma_{zx} = 0$ と近似できる．このような状態を平面ひずみ（plane strain）状態という．

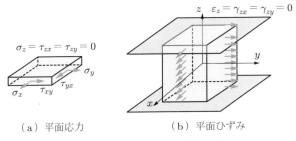

（a）平面応力　　　　（b）平面ひずみ

図 10.2　平面応力および平面ひずみ

● **例題 10.1** ● 式 (10.3) における垂直応力成分 σ_i $(i = x, y, z)$ は，$e = \varepsilon_x + \varepsilon_y + \varepsilon_z$ として

$$\sigma_i = 2G\left(\varepsilon_i + \frac{\nu}{1 - 2\nu}\,e\right)\ (i = x, y, z)$$

となることを示せ．ここで，後述の式 (10.24)，すなわち $2G(1 + \nu) = E$ の関係を用いよ．

● **解** ● はじめに，σ_x について考える．$2G(1 + \nu) = E$ の関係式を式 (10.3) の第 1 式に代入すると，

$$\sigma_x = \frac{2G}{1 - 2\nu}\left\{(1 - \nu) + \nu(\varepsilon_y + \varepsilon_z)\right\}$$

$$= \frac{2G}{1 - 2\nu}\left\{(1 - \nu) - \nu\varepsilon_x + \nu(\varepsilon_x + \varepsilon_y + \varepsilon_z)\right\}$$

$$= 2G\left(\varepsilon_x + \frac{\nu}{1 - 2\nu}\,e\right)$$

を得る．σ_y, σ_z についても同様に計算される．

10.2　主応力と主せん断応力

　強度設計を行う場合に考えなければならない材料の破損や破壊の条件は，最大主応力や主せん断応力と密接に関係している．ここでは，単純な応力を合成した応力，すなわち組合せ応力を受け，平面応力状態にある物体の最大主応力や主せん断応力の求め方を考える．

　図 10.3 (a) は，平面応力下での微小要素の応力を (x, y) 座標で表した図である．一方，同図 (b) は，(x, y) 座標を反時計回りに α だけ回転した (X, Y) 座標のもとでの応力状態を表した図である．以下，応力成分 $(\sigma_x, \sigma_y, \tau_{xy})$ と $(\sigma_X, \sigma_Y, \tau_{XY})$ の関係を考える．このために，傾き角 α の斜面を有する同図 (c) に示す微小三角形要素の (X, Y)

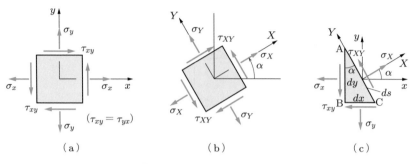

図 10.3　平面応力と座標変換

方向の力のつり合いを考える．この微小三角形の厚さを 1，各辺の長さを dx, dy, ds とし，$\tau_{yx} = \tau_{xy}$ の関係を用いると，

$$\sigma_X \, ds = \sigma_x \, dy \cos\alpha + \tau_{xy} \, dy \sin\alpha + \sigma_y \, dx \sin\alpha + \tau_{xy} \, dx \cos\alpha,$$

$$\tau_{XY} \, ds = -\sigma_x \, dy \sin\alpha + \tau_{xy} \, dy \cos\alpha + \sigma_y \, dx \cos\alpha - \tau_{xy} \, dx \sin\alpha$$

を得る．ここで，$dx/ds = \sin\alpha, \, dy/ds = \cos\alpha$ であるから，上式より σ_X, τ_{XY} を求めると

$$\sigma_X = \sigma_x \cos^2\alpha + \sigma_y \sin^2\alpha + 2\tau_{xy} \sin\alpha \cos\alpha$$

$$= \frac{\sigma_x + \sigma_y}{2} + \frac{\sigma_x - \sigma_y}{2} \cos 2\alpha + \tau_{xy} \sin 2\alpha,$$

$$\tau_{XY} = (\sigma_y - \sigma_x) \sin\alpha \cos\alpha + \tau_{xy}(\cos^2\alpha - \sin^2\alpha)$$

$$= -\frac{\sigma_x - \sigma_y}{2} \sin 2\alpha + \tau_{xy} \cos 2\alpha$$

(10.4)

となる．式 (10.4) は，鉛直より α の角だけ傾いた面における垂直応力 σ_X およびせん断応力 τ_{XY} を，$(\sigma_x, \sigma_y, \tau_{xy})$ によって表した式である．あるいは，(x, y) 座標から (X, Y) 座標への応力成分の変換式とも考えることができる．なお，σ_Y については，σ_X より $\pi/2$ だけ大きい傾き角を有しているから，式 (10.4) において $\alpha \to \alpha + \pi/2$ と置き換えて得られ，$\cos(\alpha + \pi) = -\cos\alpha, \sin(\alpha + \pi) = -\sin\alpha$ より

$$\sigma_Y = \frac{\sigma_x + \sigma_y}{2} - \frac{\sigma_x - \sigma_y}{2} \cos 2\alpha - \tau_{xy} \sin 2\alpha$$

(10.5)

となる．また，せん断応力 τ_{YX} には，共役性により $\tau_{YX} = \tau_{XY}$ の関係がある．

式 (10.4) より，σ_X, τ_{XY} は傾き角 α に応じて変化することがわかるが，以下でその最大値，最小値を求める．三角関数の公式

$$A \cos 2\alpha + B \sin 2\alpha = \sqrt{A^2 + B^2} \cos(2\alpha - 2\beta), \quad \tan 2\beta = \frac{B}{A}$$

を用いて式 (10.4) を変形すると，

$$\sigma_X = \frac{\sigma_x + \sigma_y}{2} + \sqrt{\frac{(\sigma_x - \sigma_y)^2}{4} + \tau_{xy}^2} \cos(2\alpha - 2\beta),$$

$$\tau_{XY} = \sqrt{\frac{(\sigma_x - \sigma_y)^2}{4} + \tau_{xy}^2} \sin(2\alpha - 2\beta), \quad \tan 2\beta = \frac{2\tau_{xy}}{\sigma_x - \sigma_y}$$

$$(10.6)$$

を得る．したがって，$-1 \leq \cos(2\alpha - 2\beta) \leq 1$ であるから，σ_X の最大値を σ_1，最小値を σ_2 とすると

$$\sigma_1 = \frac{\sigma_x + \sigma_y}{2} + \sqrt{\frac{(\sigma_x - \sigma_y)^2}{4} + \tau_{xy}^2},$$

$$\sigma_2 = \frac{\sigma_x + \sigma_y}{2} - \sqrt{\frac{(\sigma_x - \sigma_y)^2}{4} + \tau_{xy}^2}$$

$$(10.7)$$

となる．これより，斜面上の垂直応力がある傾き角で最大値 σ_1 または最小値 σ_2 をとることがわかる．この σ_1, σ_2 を最大主応力（maximum principal stress）および最小主応力（minimum principal stress）という．このとき，σ_1, σ_2 を生じる傾き角を α_1，α_2 とおくと

$$\cos(2\alpha_1 - 2\beta) = 1 \quad \therefore \alpha_1 = \beta = \frac{1}{2}\tan^{-1}\left(\frac{2\tau_{xy}}{\sigma_x - \sigma_y}\right),$$

$$\cos(2\alpha_2 - 2\beta) = -1 \quad \therefore \alpha_2 = \beta + \frac{\pi}{2} = \alpha_1 + \frac{\pi}{2}$$

$$(10.8)$$

である．したがって，二つの主応力面は直交することがわかる．また，$\cos(2\alpha - 2\beta) = \pm 1$ のときは $\sin(2\alpha - 2\beta) = 0$ であるから，最大および最小主応力を生じる面ではせん断応力 τ_{XY} はゼロである．

一方，式 (10.6) よりせん断応力は $\sin(2\alpha - 2\beta) = \pm 1$ で最大値 τ_1 および最小値 τ_2 をとり

$$\tau_1 = \sqrt{\frac{(\sigma_x - \sigma_y)^2}{4} + \tau_{xy}^2}, \quad \tau_2 = -\sqrt{\frac{(\sigma_x - \sigma_y)^2}{4} + \tau_{xy}^2} \qquad (10.9)$$

となる．これらを主せん断応力（principal shearing stress）という．主応力の場合と同じく，せん断応力が最大・最小の面も直交することがわかる．

さらに，最大主応力の生じる斜面の角を α_P，最大主せん断応力の生じる斜面の角を α_S とすると，

$$\cos(2\alpha_P - 2\beta) = 1, \qquad \sin(2\alpha_S - 2\beta) = 1$$

となる．これより

$$\alpha_P - \beta = 0, \qquad \alpha_S - \beta = \frac{\pi}{4}$$

となり，以上の式の差をとると，次式が得られる．

$$\alpha_S = \alpha_P + \frac{\pi}{4}$$

したがって，最大主せん断応力の生じる面は，最大主応力を生じる面から反時計回りに $\pi/4$ だけ傾いた面であることがわかる．同様の議論をすると，最小主応力の面，最小せん断応力の面についても $\pi/4$ の角度の違いがあることがわかる．

● 10.3　モールの応力円

（1）モールの応力円の作成法　　前節までに得られた結果は，モール（O. Mohr, 1835–1918）の応力円によって図式的に求められる．モールは，1882 年に，応力円を用いて各種の応力条件に適用できる強度理論（最大せん断応力説）を提示した．

式 (10.4) の第 1 式において，右辺第 1 項を左辺に移項して両辺を 2 乗し，さらに，式 (10.4) の第 2 式の両辺を 2 乗してこれらの和をとり，$\sigma_X \to \sigma,\ \tau_{XY} \to \tau$ と置き換えると

$$\left(\sigma - \frac{\sigma_x + \sigma_y}{2}\right)^2 + \tau^2 = \frac{(\sigma_x - \sigma_y)^2}{4} + \tau_{xy}^2 \tag{10.10}$$

を得る．これは，**図 10.4** (a) の応力成分 $\sigma_x,\ \sigma_y,\ \tau_{xy}$ が与えられた応力状態における円の方程式であり，同図 (b) のように，点 $\mathrm{C}(\sigma_{\mathrm{ave}}, 0) = ((\sigma_x + \sigma_y)/2, 0)$ を中心とし，

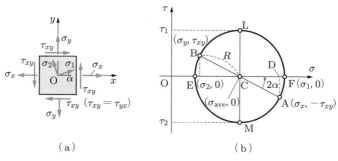

図 10.4　平面応力状態とモールの応力円 $(\sigma_x > \sigma_y)$

半径 $R = \sqrt{(\sigma_x - \sigma_y)^2/4 + \tau_{xy}^2}$ の円で示される．このような応力の図示法を**モール
の応力円**（Mohr's stress circle）という．
モールの応力円の作成法は，

1) 垂直応力 σ を横軸に，せん断応力 τ を縦軸にとる σ–τ 座標を描く[†]．
2) x 軸を表す点 $A(\sigma_x, -\tau_{xy})$，y 軸を表す点 $B(\sigma_y, \tau_{xy})$ をプロットし，両点を直
   線で結ぶ．
3) 線分 AB と σ 軸の交点 C を中心に，線分 CA または線分 CB を半径とする円を
   描く．

である．図 10.4 のモールの応力円から次のことがわかる．円と σ 軸の交点 F, E が最
大主応力 σ_1，最小主応力 σ_2 を表し，円の τ 軸方向の最大点 L，最小点 M が最大せん
断応力 τ_1，最小せん断応力 τ_2 を表している．また，直線 CA と σ 軸のなす角が 2α で
あり，これは主応力 σ_1 の x 軸からの傾き角 α の 2 倍となっていることを表す．

（2）応力の座標変換　　次に，平面応力状態において，モールの応力円上での応力の
座標変換を考える．**図 10.5** (a) の (x, y) 座標系のもとでの応力を $(\sigma_x, \sigma_y, \tau_{xy})$，同図
(b) の座標系，すなわち α だけ反時計回りに回転した座標系 (X, Y) のもとでの応力
を $(\sigma_X, \sigma_Y, \tau_{XY})$ とおく．

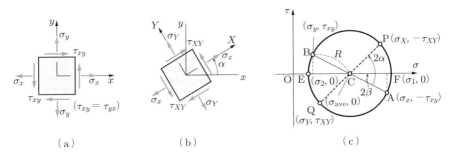

(a) 　　　　　　　　(b) 　　　　　　　　(c)

図 10.5　平面応力におけるモールの応力円

同図 (c) に示すように，直線 CA と角 2α をなす半径 CP を描く．このとき，P の横
座標がその面上の垂直応力 σ_X，また，縦座標がせん断応力 $-\tau_{XY}$ を与える．直径 PQ
のもう一方の点 Q は，法線が x 軸と角 $\alpha + \pi/2$ をなす面に作用する応力，すなわち

[†]　本書と違って，テキストによっては τ 軸の下方を正にとる場合もある．その場合にはモールの応力円の
描き方が微妙に異なっているので，注意が必要である．

(σ_Y, τ_{XY}) となる. その理由は, 以下のとおりである.

まず, 半径 R のモールの応力円と σ 軸との交点を E, F とし, $\angle$ACF を 2β とおく. 点 P を (σ_P, τ_P) と表すと

$$\sigma_P = \frac{\sigma_x + \sigma_y}{2} + R\cos(2\alpha - 2\beta)$$

$$= \sigma_{\text{ave}} + R\cos 2\alpha \cos 2\beta + R\sin 2\alpha \sin 2\beta,$$

$$\tau_P = R\sin(2\alpha - 2\beta) = R\sin 2\alpha \cos 2\beta - R\cos 2\alpha \sin 2\beta$$

となる. 一方, $\cos 2\beta = (\sigma_x - \sigma_y)/(2R)$, $\sin 2\beta = \tau_{xy}/R$ であるから

$$\sigma_P = \frac{\sigma_x + \sigma_y}{2} + \frac{\sigma_x - \sigma_y}{2}\cos 2\alpha + \tau_{xy}\sin 2\alpha,$$

$$\tau_P = \frac{\sigma_x - \sigma_y}{2}\sin 2\alpha - \tau_{xy}\cos 2\alpha$$

となる. この結果と式 (10.4) を比較すると,

$$\sigma_P = \sigma_X, \quad \tau_P = -\tau_{XY}$$

を得る. このことから, 点 P は $(\sigma_X, -\tau_{XY})$ となることがわかる. 同様に, 点 Q について考えると

$$\sigma_Q = \sigma_Y, \quad \tau_Q = \tau_{XY}$$

となる.

● **例題 10.2** ●　平面応力状態にある薄板に $\sigma_x = 60\,\text{MPa}$, $\sigma_y = 15\,\text{MPa}$, $\tau_{xy} = 40\,\text{MPa}$ が作用するとき, 式 (10.7), (10.8) などにより主応力 σ_1, σ_2, 主応力の方向 α_1 を求めよ. また, モールの応力円を用いて確かめよ.

● **解** ●　式 (10.7), (10.8) より, 次のようになる.

$$\sigma_{1,2} = \frac{\sigma_x + \sigma_y}{2} \pm \sqrt{\frac{(\sigma_x - \sigma_y)^2}{4} + \tau_{xy}^2} = \frac{60 + 15}{2} \pm \sqrt{\frac{(60 - 15)^2}{4} + 40^2}$$

$$= 83.4, \; -8.39\,\text{MPa},$$

$$\alpha_1 = \frac{1}{2}\tan^{-1}\left(\frac{2\tau_{xy}}{\sigma_x - \sigma_y}\right) = \frac{1}{2}\tan^{-1}\left(\frac{2 \times 40}{60 - 15}\right) = 30.321 \approx 30.3°$$

次に, モールの応力円を考える. なお, 以下の応力の単位はすべて MPa とする. はじめに, 横軸を σ, 縦軸を τ とし, $(\sigma_x, -\tau_{xy}) = (60, -40)$ の点 A および $(\sigma_y, \tau_{xy}) = (15, 40)$ の点 B を描き込む (**図 10.6** 参照). 点 A と点 B を直線で結び, σ 軸との交点を C とする. 次に, 点 C を中心に二つの点 A, B を通る円を描く. これがモールの応力円である. モールの応力円の中心点 C は, $(\sigma_{\text{ave}}, 0) = ((\sigma_x + \sigma_y)/2, 0) = (37.5, 0)$ であり, 円の半径 R

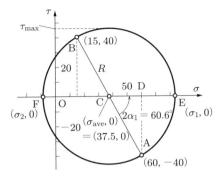

図 10.6　例題 10.2 のモールの応力円

は $R = \sqrt{\mathrm{CD}^2 + \mathrm{DA}^2} = \sqrt{22.5^2 + 40^2} = 45.89$ である.

　　主応力は交点 E, F で与えられるから, $\sigma_1 = \sigma_{\mathrm{ave}} + R = 37.5 + 45.89 = 83.4$, $\sigma_2 = \sigma_{\mathrm{ave}} - R = 37.5 - 45.89 = -8.39$ となる. また, $2\alpha_1 = \tan^{-1}\{40/(60-37.5)\} = 60.6°$ より $\alpha_1 = 30.3°$ となる.

⬤ **Example 10.3** ⬤　At a point on the surface of a pressurized cylinder, the material is subjected to biaxial stresses $\sigma_x = 90\,\mathrm{MPa}$ and $\sigma_y = 20\,\mathrm{MPa}$, as shown on the stress element of **Fig. 10.7** (a). Using Mohr's stress circle, determine the stresses acting on an element inclined at an angle $\alpha = 30°$.

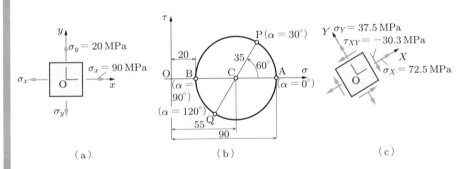

（a）　　　　　　　　　　（b）　　　　　　　　　　（c）

図 10.7　例題 10.3 のモールの応力円

⬤ **解** ⬤　$\tau_{xy} = 0$ であり, 以下の応力の単位はすべて MPa とする.

　　モールの応力円において, $(\sigma_x, -\tau_{xy}) = (90, 0)$ の点 A および $(\sigma_y, \tau_{xy}) = (20, 0)$ の点 B を描き込む. 線分 AB の中点 C は, $((\sigma_x + \sigma_y)/2, 0) = ((90 + 20)/2, 0) = (55, 0)$ となる. また, 点 C の座標は, $(\sigma_{\mathrm{ave}}, 0) = (55, 0)$ である. さらに, モールの応力円の半径 R は, $R = 90 - 55 = 35$ となる.

次に，$\alpha = 30°$ 傾いた面の応力 σ_X, τ_{XY} を考える．この面に作用している応力成分は，図 10.7 (b) に示すように，点 A から反時計回りに $2\alpha = 60°$ 回転した点 P の座標値で与えられる．円上の点 P の座標は，同図 (b) より以下のようになる．

$$\sigma_X = \sigma_{\text{ave}} + R\cos 60° = 55 + 35\cos 60° = 72.5\,\text{MPa},$$

$$-\tau_{XY} = R\sin 60° = 55 + 35\sin 60° = 30.3\,\text{MPa}$$

$$\therefore \tau_{XY} = -30.3\,\text{MPa}$$

同様に，$\alpha = 30° + 90° = 120°$ 傾いた面（Y 軸に垂直な面）の応力成分 σ_Y, $\tau_{YX}(= \tau_{XY})$ は点 Q の座標で得られ，

$$\sigma_Y = \sigma_{\text{ave}} - R\cos 60° = 55 - 35\cos 60° = 37.5\,\text{MPa},$$

$$\tau_{YX} = -R\sin 60° = -35\sin 60° = -30.3\,\text{MPa}$$

となる．ここで，せん断力 τ_{XY} の負号は，面を時計回りにずらす方向を示しており，その様子を同図 (c) に示す．

なお，この問題の解は，座標変換式 (10.4), (10.5) からも得られ，

$$\sigma_X = \frac{90 + 20}{2} + \frac{90 - 20}{2}\cos 60° = 55 + 35\cos 60° = 72.5\,\text{MPa},$$

$$\sigma_Y = \frac{90 + 20}{2} - \frac{90 - 20}{2}\cos 60° = 55 - 35\cos 60° = 37.5\,\text{MPa},$$

$$\tau_{XY} = -\frac{90 - 20}{2}\sin 60° = -35\sin 60° = -30.3\,\text{MPa}$$

となる．

● 10.4　薄肉圧力容器

石油，ガス，水などの気体や液体を貯蔵するタンクや各種圧力容器の形状は，球形や円筒形の場合が多く，卵の殻のように，壁の肉厚 t がこれらの容器の半径 r に比べて十分に薄い構造となっている（おおよそ，$t/r < 1/20$）．このような薄い肉厚の容器は，内圧によって生じる応力が均一とみなせ，**薄肉圧力容器**（thin-walled pressure vessel）とよばれている．以下では，薄肉圧力容器に内圧が作用する場合の応力やひずみなどを求める．

内圧が作用した状態で，**図 10.8** (a) に示す一般的な形状の回転対称シェル（殻）を考える．このとき，p：圧力，t：シェルの厚さ，σ_1：軸応力（子午線（OO を通る経線）方向に作用する応力），σ_2：円周方向または接線方向の応力（フープ（円周）応力とよばれることもある），r_1：軸方向の曲率半径，r_2：円周方向の曲率半径とする．こ

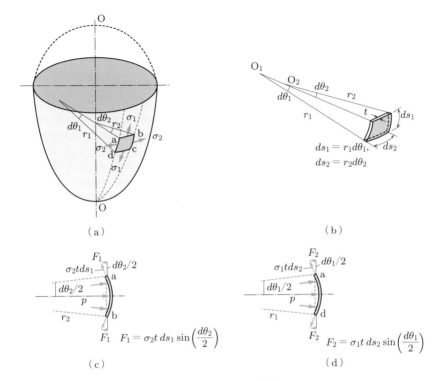

図 10.8 圧力容器の応力

こで，シェルに作用する単位面積あたりの荷重（圧力）p は円周方向で一定値を有するが，子午線方向に沿って同一でなくてもよい．圧力容器には軸方向と円周方向の二つの曲率があり，曲率半径 r_1 および r_2 の値は，容器の形状によって定まることに留意しよう．

図 10.8 (a) の点 a, b, c, d によって定義される微小要素に作用する力のつり合いを考える．要素に作用する圧力 p の法線成分（表面に対して垂直方向に作用する成分）は

$$p\left\{2r_1 \sin\left(\frac{d\theta_1}{2}\right)\right\}\left\{2r_2 \sin\left(\frac{d\theta_2}{2}\right)\right\} \tag{a}$$

である．一方で，容器の軸応力と円周応力の法線成分は，同図 (b)～(d) を参照して

$$2F_1 + 2F_2 = 2\sigma_2 t\, ds_1 \sin\left(\frac{d\theta_2}{2}\right) + 2\sigma_1 t\, ds_2 \sin\left(\frac{d\theta_1}{2}\right) \tag{b}$$

である．式 (a), (b) で示された力はつり合うので等置し，微小量の極限 $d\theta_i/2 \approx ds_i/(2r_i)$ および $\sin d\theta_i \approx d\theta_i$ $(i=1,2)$ に注意して計算すると，

$$\frac{\sigma_1}{r_1} + \frac{\sigma_2}{r_2} = \frac{p}{t} \tag{10.11}$$

を得る. 以下, 式 (10.11) を薄肉球殻 (spherical shell) および薄肉円筒 (thin walled cylinder) に適用する場合を考える.

（1）薄肉球殻の場合　図 10.9 (a) に示すような半径 r の薄肉球殻 (以下, 球殻と略称) に内圧 p が作用しているとする. この場合は, 対称性より $r_1 = r_2 = r$, $\sigma_1 = \sigma_2 = \sigma$ なので, 式 (10.11) より

$$\frac{2\sigma}{r} = \frac{p}{t} \quad \therefore \sigma = \frac{pr}{2t} = \frac{pd}{4t} \tag{10.12}$$

となる.

　次に, 球殻は 2 次元状の応力分布 (平面応力) をしているので, 円周方向 (図 10.9 (a) の 1, 2 方向) のひずみ成分は, 式 (10.2) より

$$\varepsilon_1 = \frac{1}{E}(\sigma_1 - \nu\sigma_2) = \frac{1-\nu}{2Et}pr, \quad \varepsilon_2 = \varepsilon_1 \tag{10.13}$$

と得られる. したがって, 球殻の半径の増加量 dr は $r\varepsilon_1$ であり, 球殻の容積の変化率は

$$\frac{dV}{V} = \frac{(4/3)\pi(r + r\varepsilon_1)^3 - (4/3)\pi r^3}{(4/3)\pi r^3} = (1 + \varepsilon_1)^3 - 1$$

$$\approx 3\varepsilon_1 = \frac{3(1-\nu)pr}{2Et} \tag{10.14}$$

と求められる.

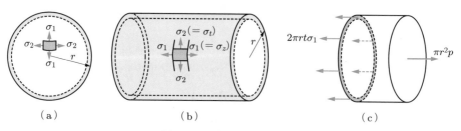

図 10.9　球殻および薄肉円筒

（2）薄肉円筒の場合　図 10.9 (b) に示すような半径 r (直径 $d = 2r$) の薄肉円筒に内圧 p が作用しているとする. この場合は, $r_2 = r$, $r_1 = \infty$ と考えると, 円周方向の応力 $\sigma_2 (= \sigma_r)$ は式 (10.11) より

$$\frac{\sigma_2}{r} = \frac{p}{t} \quad \therefore \sigma_2 = \sigma_r = \frac{pr}{t} = \frac{pd}{2t} \tag{10.15}$$

となる.

軸方向の応力 $\sigma_1 \ (= \sigma_z)$ については，同図 (c) に示すように，薄肉円筒の軸方向の力のつり合いを考えて求める．すなわち，細い円輪状の部分の力 $\sigma_1 \times (2\pi rt)$ と側板を押し広げようとする力 $\pi r^2 p$ とが等しいと考えて

$$\sigma_1 \times (2\pi rt) = \pi r^2 p \qquad \therefore \sigma_1 = \sigma_z = \frac{pr}{2t} = \frac{pd}{4t} \qquad (10.16)$$

となる．以上より，$\sigma_2 = 2\sigma_1$ であり，円周方向の応力が軸方向応力の 2 倍になっていることがわかる．

軸方向のひずみ ε_z および円周方向のひずみ ε_t は，薄肉円筒が平面応力状態の変形をするものと考え，式 (10.2) より

$$\varepsilon_z = \frac{1}{E}\left(\sigma_z - \nu\sigma_t\right) = \frac{(1-2\nu)pr}{2Et}, \quad \varepsilon_t = \frac{1}{E}\left(\sigma_t - \nu\sigma_z\right) = \frac{(2-\nu)pr}{2Et} \tag{10.17}$$

となる．半径方向の伸び dr および円筒の伸び dl は

$$dr = r\varepsilon_t = \frac{(2-\nu)pr^2}{2Et}, \quad dl = l\varepsilon_z = \frac{(1-2\nu)prl}{2Et} \tag{10.18}$$

と得られる．これより，円筒の容積の変化率は

$$\frac{dV}{V} = \frac{\pi(r+\varepsilon_t r)^2(l+\varepsilon_z l) - \pi r^2 l}{\pi r^2 l} = (1+\varepsilon_t)^2(1+\varepsilon_z) - 1$$
$$\approx 2\varepsilon_t + \varepsilon_z = \frac{(5-4\nu)pr}{2Et} \tag{10.19}$$

となる．

● **例題 10.4** ● 厚さ $t = 5\,\mathrm{mm}$，内径 $d_i = 1250\,\mathrm{mm}$ の薄肉球殻に $p = 1\,\mathrm{MPa}$ の内圧が作用するときに生じる円周方向応力 $\sigma_1 \ (= \sigma_2)$ を求めよ．

● **解** ● 円周方向応力は，式 (10.12) より，次のようになる．

$$\sigma_1 = \frac{pd}{4t} = \frac{1 \times 1.25}{4 \times 0.005} = 62.5\,\mathrm{MPa}$$

● **Example 10.5** ● A cylindrical pressure vessel is fabricated from steel plating that has a thickness of $t = 20\,\mathrm{mm}$. The diameter of the pressure vessel is $d = 450\,\mathrm{mm}$ and its length is $l = 2.0\,\mathrm{m}$. Determine the maximum internal pressure that can be applied if the longitudinal stress is limited to $140\,\mathrm{MPa}$, and the circumferential stress is limited to 60 MPa.

● **解** ● 円周方向応力は，式 (10.15) より

$$\sigma_r = \frac{pd}{2t} \quad \therefore \quad p = \frac{2t\sigma_r}{d}$$

となる．ここで，σ_r を円周方向の許容応力と考えれば $\sigma_r = 60\,\mathrm{MPa}$ となり，許容し得る内圧は

$$p = \frac{2 \times 0.02 \times 60 \times 10^6}{0.45} = 5.333 \times 10^6\,\mathrm{N/m^2} \approx 5.33\,\mathrm{MPa}$$

と求められる．一方，軸応力 σ_z については，式 (10.16) より

$$\sigma_z = \frac{pd}{4t} \quad \therefore \quad p = \frac{4t\sigma_z}{d}$$

となる．ここで，σ_z を軸方向の許容応力と考えれば $\sigma_z = 140\,\mathrm{MPa}$ となり，許容し得る内圧は

$$p = \frac{4 \times 0.02 \times 140 \times 10^6}{0.45} = 24.888 \times 10^6\,\mathrm{N/m^2} \approx 24.9\,\mathrm{MPa}$$

と求められる．以上より，この円筒容器に加えることのできる内圧は 5.33 MPa までとなる．

● 10.5　弾性係数間の関係

第 1 章で導入した縦弾性係数 E，横弾性係数 G およびポアソン比 ν の間にはある関係があり，それぞれの係数は他の二つの係数によって表される．

その関係を示すために，**図 10.10** (a) のような，$\sigma_x = \sigma$，$\sigma_y = -\sigma$，$\tau_{xy} = 0$ の負荷を受ける正方形要素 ABCD を考える．すると，x, y 方向のひずみ成分は

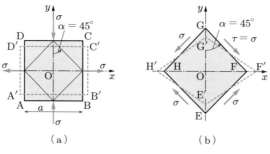

図 10.10　正方形要素の変形

$$\varepsilon_x = \frac{\sigma}{E} - \nu \frac{-\sigma}{E} = \frac{\sigma}{E}(1+\nu), \quad \varepsilon_y = \frac{-\sigma}{E} - \nu \frac{\sigma}{E} = -\frac{\sigma}{E}(1+\nu)$$
$$(10.20)$$

となる．したがって，$\varepsilon_x = -\varepsilon_y \equiv \varepsilon$ となる．

このとき，同図 (a) の $\alpha = 45°$ の斜面には，式 (10.4), (10.5) より

$$\sigma_X = 0, \quad \sigma_Y = 0, \quad \tau_{XY} = -\sigma, \quad \tau_{YX} = \sigma$$

の応力が作用している．ここで，τ_{XY} の負号は面に対して時計回りに作用していることを意味する．この応力状態は，同図 (b) のように 45° 傾いた四つの面に大きさの等しいせん断応力 $\tau = \sigma$ が作用していることと同等である．この応力状態を純粋せん断 (pure shear) という．

以上より，正方形 ABCD は A′B′C′D′ に変形し，AB, AD は垂直ひずみ ε を生じ，それらは A′B′ $= a(1+\varepsilon)$, A′D′ $= a(1-\varepsilon)$ となる．一方，正方形 EFGH は，ひし形 E′F′G′H′ に変形し，このときのせん断ひずみを γ とする．このとき，2 面 GH, HE のなす角は，$\pi/2$ から $\pi/2 - \gamma$ へと変化するから

$$\angle G'H'O = \frac{\pi}{4} - \frac{\gamma}{2}$$

となる．ここで，γ を微小と考えると

$$\tan \angle G'H'O = \tan\left(\frac{\pi}{4} - \frac{\gamma}{2}\right) = \frac{1 - \tan(\gamma/2)}{1 + \tan(\gamma/2)} \approx \frac{1 - \gamma/2}{1 + \gamma/2} \quad (10.21)$$

となる．一方，正方形の変形より

$$\tan \angle G'H'O = \frac{\overline{OG'}}{\overline{OH'}} = \frac{a(1+\varepsilon_y)/2}{a(1+\varepsilon_x)/2} = \frac{1+\varepsilon_y}{1+\varepsilon_x} = \frac{1-\varepsilon_x}{1+\varepsilon_x} \quad (10.22)$$

である．式 (10.21) と式 (10.22) とは等しいから

$$\frac{1-\gamma/2}{1+\gamma/2} = \frac{1-\varepsilon_x}{1+\varepsilon_x} \quad \therefore \varepsilon_x = \frac{\gamma}{2} \quad (10.23)$$

となる．また，せん断ひずみは $\gamma = \tau/G = \sigma/G$ と表されるから，この関係と式 (10.20) を式 (10.23) に代入すると

$$\frac{(1+\nu)\sigma}{E} = \frac{\sigma}{2G} \quad \therefore E = 2G(1+\nu) \quad (10.24)$$

が得られる．すなわち，線形弾性体の場合，独立な弾性係数は 2 個であり，このうち弾性係数 E, G は実験で求めることが容易なので，ν は式 (10.24) の関係より求めることが多い．

● **例題** 10.6 ●　ある材料の引張り試験（1.2 節参照）およびねじり試験（丸棒をねじってせ
ん断ひずみやせん断応力を測定する試験）を行ったところ，$E = 210\,\mathrm{GPa}$，$G = 80\,\mathrm{GPa}$
を得た．この材料のポアソン比 ν はいくらか．

● **解** ●　式 (10.24) より，次のようになる．

$$\nu = \frac{E}{2G} - 1 = \frac{210}{2 \times 80} - 1 = 0.3125 \approx 0.31$$

10.6　曲げとねじりを受ける軸

　伝動軸は，曲げとねじりを同時に受ける．した
がって，軸断面には曲げモーメント M による曲げ
応力 σ_b とねじりモーメント T によるせん断応力 τ_t
が組合せ応力として作用する．6.2 節と 3.1 節で述
べたように，この場合の σ_b と τ_t は軸の表面で最大
値をとり，**図 10.11** に示すような応力状態を示す．

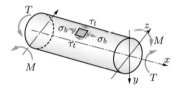

図 10.11　曲げとねじりを受ける軸

　このとき，主応力，主せん断応力は，式 (10.7)，(10.9) で $\sigma_x \to \sigma_b$，$\sigma_y = 0$，$\tau_{xy} \to \tau_t$
とおけば

$$\sigma_{1,2} = \frac{1}{2}\,\sigma_b \pm \frac{1}{2}\sqrt{\sigma_b^2 + 4\tau_t^2}, \quad \tau_{1,2} = \pm\sqrt{\sigma_b^2 + \tau_t^2} \tag{10.25}$$

となる．さて，直径 d の丸軸では，軸の表面での曲げ応力 σ_b とせん断応力 τ_t は

$$\sigma_b = \frac{M}{Z} = \frac{32M}{\pi d^3}, \quad \tau_t = \frac{T}{Z_p} = \frac{16T}{\pi d^3} \tag{10.26}$$

と計算される．式 (10.26) を式 (10.25) に代入すると，最大応力 $\sigma_{\max}$ および最大せん
断応力 $\tau_{\max}$ は

$$\sigma_{\max} = \frac{16}{\pi d^3}\left(M + \sqrt{M^2 + T^2}\right), \quad \tau_{\max} = \frac{16}{\pi d^3}\sqrt{M^2 + T^2} \tag{10.27}$$

と得られる．

　式 (10.26) の第 1 式と比較して考えると，最大曲げ応力は

$$M_{eq} = \frac{1}{2}\left(M + \sqrt{M^2 + T^2}\right) \tag{10.28}$$

の曲げモーメントが作用したときの曲げ応力に等しい．そこで，この M_{eq} を**相当曲げ
モーメント**（equivalent bending moment）という．

　また，式 (10.26) の第 2 式より，最大せん断応力についても同様に

$$T_{eq} = \sqrt{M^2 + T^2} \tag{10.29}$$

のねじりモーメントが作用したときのせん断応力に等しい．そこで，この T_{eq} を相当ねじりモーメント（equivalent torsional moment）という．

軸の強度計算をする場合，式 (10.27) がよく用いられる．式 (10.27) の第 1 式は，最大主応力説（maximum principal stress theory，物体内に生じる最大主応力がその材料のもつ降伏応力に達すると降伏するという説）が適用される鋳鉄，ガラス，コンクリートなどの脆性材料に対して用いられる．また，式 (10.27) の第 2 式は，最大せん断応力説（maximum shearing stress theory，物体内に生じる最大せん断応力がその材料のもつ降伏せん断応力に達すると降伏するという説）が適用される軟鋼，アルミニウム，プラスチックなどの延性材料に対して用いられる．

● Example 10.7 ● A horizontal bracket ABC consist of two perpendicular arm AB and BC, of 1.2 m and 0.4 m in length respectively, is shown in Fig. 10.12 (a). The arm AB has a solid circular cross section with diameter equal to 60 mm. At point C, a load $P = 2.2$ kN acts vertically. For point p and q, located at the support, calculate the maximum principal stress.

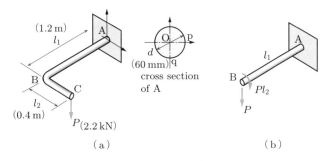

図 10.12　曲げとねじりを受ける L 型棒

● **解** ●　図 10.12 (b) に示すように，点 B には，鉛直下方の P の荷重のほかに Pl_2 のねじりモーメントが作用する．したがって，アーム AB の固定端 A の点 q には，曲げモーメント $M = Pl_1$（絶対値）およびねじりモーメント $T = Pl_2$ が作用している．これより，最大応力は，式 (10.27) から

$$\sigma_{1q} = \frac{16}{\pi d^3}\left(M + \sqrt{M^2 + T^2}\right) = \frac{16P}{\pi d^3}\left(l_1 + \sqrt{l_1^2 + l_2^2}\right)$$

となる．一方，固定端 A の点 p では，中立軸上であるために曲げ応力はゼロであり，T によるせん断応力のみが生じる．したがって，主応力は

$$\sigma_{1p} = \frac{16T}{\pi d^3} = \frac{16Pl_2}{\pi d^3}$$

となる．以上の式に与えられた値を代入すると，

$$\sigma_{1q} = \frac{16 \times 2.2 \times 10^3}{\pi \times 0.06^3} \left(1.2 + \sqrt{1.2^2 + 0.4^2}\right) = 127.9 \times 10^6 \, \text{N/m}^2$$

$$\approx 128 \, \text{MPa},$$

$$\sigma_{1p} = \frac{16 \times 2.2 \times 10^3 \times 0.4}{\pi \times 0.06^3} = 20.75 \times 10^6 \, \text{N/m}^2 \approx 20.7 \, \text{MPa}$$

が得られる．

● 演習問題

10.1　図 10.13 (a) のように互いに直交する 2 面にそれぞれ

$$\sigma_x = 50 \, \text{MPa}, \quad \sigma_y = 10 \, \text{MPa}, \quad \tau_{xy} = 5 \, \text{MPa}$$

の応力が作用するとき，同図 (b) に示す最大主応力 σ_1 の大きさとその方向 α を求めよ．なお，モールの応力円を用いて確かめてみよ．

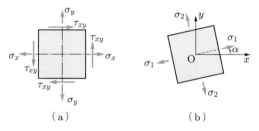

図 10.13　問題 10.1

10.2　For the given state of stress shown in **Fig. 10.14**, determine the normal and shearing stresses after the element shown has been rotated through (a) 25° clockwise, (b) 10° counterclockwise. Use both transformation formula of stresses and Mohr's stress circle.

Unit of the stresses is MPa

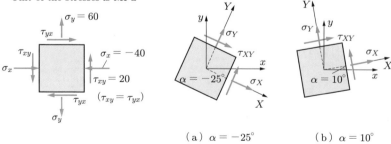

（a）$\alpha = -25°$　　　　（b）$\alpha = 10°$

図 10.14　問題 10.2

10.3　平面応力状態において，図 10.15 (a) のように $\sigma_x = 70\,\mathrm{MPa}$，$\sigma_y = -30\,\mathrm{MPa}$，$\tau_{xy} = 50\,\mathrm{MPa}$ が作用している．このとき，σ_x の作用面から反時計回りに $30°$ 傾いた面に働く応力 σ_X，τ_{XY} を，応力の座標変換式およびモールの応力円を利用して求めよ．また，主応力 σ_1，σ_2 と最大せん断応力 $\tau_{\max}$ を求めよ．

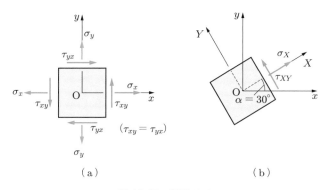

（a）　　　　　　　　　　　　　　（b）

図 10.15　問題 10.3

10.4　$M = 500\,\mathrm{N \cdot m}$ の曲げモーメントと $T = 250\,\mathrm{N \cdot m}$ のねじりモーメントを同時に受ける丸棒がある．許容曲げ応力を $\sigma_a = 80\,\mathrm{MPa}$，許容せん断応力を $\tau_a = 40\,\mathrm{MPa}$ としたとき，(1) 曲げモーメントだけが作用したときの軸の直径，(2) ねじりモーメントだけが作用したときの軸の直径，(3) 曲げモーメントとねじりモーメントが同時に作用したときの軸の直径を求めよ．なお，(3) の場合には，最大せん断応力説に従って計算せよ．

10.5　図 10.16 のように，内径 d_i，外径 d_o の中空丸軸に曲げモーメント $M = 600\,\mathrm{N \cdot m}$，ねじりモーメント $T = 800\,\mathrm{N \cdot m}$ が同時に作用するとき，最大せん断応力説によって軸の外径 d_o を求めよ．ただし，$m = d_i/d_o = 0.6$，材料の許容せん断応力は $\tau_a = 40\,\mathrm{MPa}$ とする．

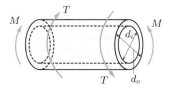

図 10.16　問題 10.5

10.6 A vertical force T_1 ($= 2\,\text{kN}$) is applied at C to a gear attached to the solid shaft AB as shown in **Fig. 10.17**. Determine the maximum principal stress $\sigma_{\max}$ and the maximum shearing stress $\tau_{\max}$ at point B located as shown on top of the shaft. The length of the shaft l, the mean diameter of the gear D, the diameter of the shaft d and the mass of the gear m are $l = 200\,\text{mm}$, $D = 102\,\text{mm}$, $d = 30\,\text{mm}$ and $m = 40\,\text{kg}$, respectively.

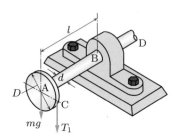

図 10.17　問題 10.6

10.7 平均内径 $d = 2000\,\text{mm}$ の薄肉円筒に $p = 2.5\,\text{MPa}$ の内圧が作用している．円筒材料の引張り強さ σ_u を $700\,\text{MPa}$，安全率を $S = 3$ として円筒の肉厚 t を求めよ．

10.8 The wall thickness of a 1.2 m-diameter spherical tank is 8 mm. Calculate the allowable internal pressure if the stress is limited to 60 MPa.

10.9 平均直径 $d = 1200\,\text{mm}$，肉厚 $t = 5\,\text{mm}$ の円筒形ボイラーに $p = 1.8\,\text{MPa}$ の蒸気圧が作用している．$E = 206\,\text{GPa}$, $\nu = 0.3$ としたとき，円周応力 σ_r，軸応力 σ_z，半径の増加量 dr，容積の増加割合 dV/V を求めよ．

第11章 柱の座屈

機械構造物においては，軸圧縮力を受ける真直な棒と考えられる部品や部材が使用され，このような棒を柱（column）という．特に細長い柱（長柱という）では，軸圧縮力を受ける場合に，柱が単に圧縮されるのではなく横に大きくたわんで荷重を支えられなくなることが起きる．これを座屈（buckling）といい，不安定な変形に分類される．座屈が生じると，大きな曲げ変形状態となり，圧縮力が降伏点よりもはるかに小さくても破損が生じることに注意が必要である．本章では，この座屈について考える．なお，柱の断面積に対して長さの比が小さくなると，以下に示すオイラーの座屈理論では説明がつかなくなる．このような場合は，各種の実験公式が提案されており，この実験公式についても考える．

● 11.1 弾性座屈とオイラーの公式

座屈は，オイラー（L. Euler，1707–1783）により解析されている．図 11.1 (a) に示すように，一端を固定し，他端が自由端となっている片持はりの先端に圧縮力 P が作用し，先端が δ だけたわんだ場合を考える．同図 (b) のように固定端 A から x の距離にある位置のたわみを y とすると，この位置には曲げモーメント $M = -P(\delta - y)$ が作用するから，たわみ曲線の方程式 (7.5) を用いると，

$$\frac{d^2y}{dx^2} = -\frac{M}{EI} = \frac{P}{EI}(\delta - y) \tag{11.1}$$

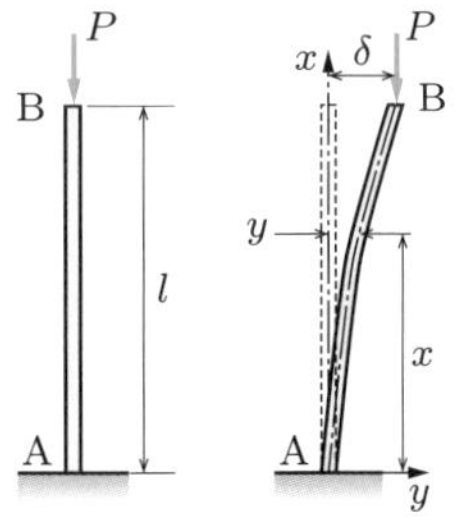

図 11.1 圧縮荷重を受ける長柱

となる．ここで，$\alpha^2 = P/(EI)$ を導入し，式 (11.1) を書き換えると

$$\frac{d^2y}{dx^2} + \alpha^2 y = \alpha^2 \delta \tag{11.2}$$

となる．式 (11.2) は

$$y'' + \alpha^2 y = R(x) \tag{11.3}$$

の形の非同次形の 2 階常微分方程式である．この方程式の解は，右辺がゼロのときの一般解 (y_1, y_2) と特殊解の和からなり，

$$y = c_1 y_1 + c_2 y_2 + y_1 \int \frac{-R(x)y_2}{W(y_1, y_2)}\, dx + y_2 \int \frac{R(x)y_1}{W(y_1, y_2)}\, dx,$$

$$W(y_1, y_2) = y_1 y_2' - y_1' y_2$$

である（c_1, c_2 は定数）．式 (11.3) の一般解（同次解）は，ばねの振動の方程式を参考にして $y_1 = \sin\alpha x$, $y_2 = \cos\alpha x$ であり，また，$R(x) = \alpha^2 \delta$（一定値）とすれば，式 (11.2) の解は

$$y = c_1 \sin\alpha x + c_2 \cos\alpha x + \delta \tag{11.4}$$

となる（あるいは，式 (11.2) から予測して，ただちに特殊解を $y = \delta$ と導いてもよいだろう）．

$x = 0$ で $y = 0$, $dy/dx = 0$ の条件より

$$c_2 = -\delta, \quad c_1 - 0 \quad \therefore y = \delta(1 - \cos\alpha x) \tag{11.5}$$

と得られる．さらに，$x = l$ で $y = \delta$ の条件を式 (11.5) に代入すると

$$\delta = \delta(1 - \cos\alpha l)$$

となる．これより，

$$\cos\alpha l = 0 \quad \therefore \alpha l = \frac{n\pi}{2} \quad (n = 1, 3, 5, \ldots) \tag{11.6}$$

を得る．$n = 1$，すなわち最小となる P を P_{cr} とおくと，$\alpha^2 = P_{cr}/(EI)$ であるから

$$P_{cr} = \frac{\pi^2 EI}{4l^2} \tag{11.7}$$

を得る．したがって，式 (11.7) で与えられる荷重が作用すると，図 11.1 (b) のような横に大きな変形が生じると考えればよい．この P_{cr} をオイラーの座屈荷重（Euler's buckling load または critical load）といい，式 (11.7) をオイラーの公式という．

座屈荷重 P_{cr} に対応した座屈応力（buckling stress）σ_{cr} は

$$\sigma_{cr} = \frac{P_{cr}}{A} = \frac{\pi^2 EI}{4Al^2} = \frac{\pi^2 EAk^2}{4Al^2} = \frac{\pi^2 E}{4(l/k)^2} = \frac{\pi^2 E}{4\lambda^2} \tag{11.8}$$

となる．ここで，k は $I = Ak^2$ と定義される断面 2 次半径（4.1 節参照）であり，$\lambda = l/k$ を細長比（slenderness ratio）という．

ほかの支持条件の場合の座屈荷重の最小値 P_{cr} も同様に求められる．それらの結果をまとめると表 11.1 のようになる．

この表 11.1 より，座屈荷重は

表 11.1　各種端末条件のもとでの座屈荷重

端末条件	一端固定, 他端自由	両端回転支持	一端固定, 他端回転支持	両端固定
座屈荷重：P_{cr}	$\dfrac{\pi^2 EI}{4l^2}$	$\dfrac{\pi^2 EI}{l^2}$	$\dfrac{2.046\pi^2 EI}{l^2}$	$\dfrac{4\pi^2 EI}{l^2}$
端末係数：C	$1/4$	1	2	4
相当長さ：l_0	$2l$	l	$0.7l$	$0.5l$

$$P_{cr} = \frac{C\pi^2 EI}{l^2} = \frac{\pi^2 EI}{l_0^2} \quad \left(l_0 = \frac{l}{\sqrt{C}}\right),$$

自由端・固定端：$C = \dfrac{1}{4}$, $l_0 = 2l$,　回転端・回転端：$C = 1$, $l_0 = l$,

回転端・固定端：$C = 2.046 \approx 2$, $l_0 = 0.7l$,　固定端・固定端：$C = 4$, $l_0 = 0.5l$

$$\tag{11.9}$$

と表される. ここで, C を端末係数 (flexity coefficient), $l_0 = l/\sqrt{C}$ を相当長さ (reduced length) という. この端末係数を取り入れた座屈応力は, 式 (11.8) になら うと

$$\sigma_{cr} = C\frac{\pi^2 E}{\lambda^2} = \frac{\pi^2 E}{\lambda_0^2} \tag{11.10}$$

となる. ここで, $\lambda_0 = l_0/k = l/(\sqrt{C}\,k)$ を相当細長比 (reduced slenderness ratio) という. 表 11.1 に C, l_0 の値を示す.

なお, 実際の設計においては, 座屈荷重 P_{cr} を安全率 S で割った荷重 P_a, すなわち

$$P_a = \frac{1}{S}\frac{\pi^2 EI}{l_0^2} \quad \left(l_0 = \frac{l}{\sqrt{C}}\right) \tag{11.11}$$

を許容座屈荷重として採用する.

式 (11.10) に基づき, σ_{cr} と λ_0 の関係を求めると, **図 11.2** の曲線 ABC のように なる.

σ_{cr} は λ_0^2 に反比例し, 点 A に示すように λ_0 が小さくなると, σ_{cr} が大きな値をと る. しかし, オイラーの式 (11.10) は, 柱の応力は弾性範囲内にあるものとして導か

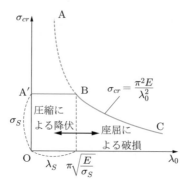

図 11.2　相当細長比とオイラーの座屈応力

れたものであり，λ_0 の小さい範囲では座屈が生じると考えるよりは，圧縮による降伏が生じると考えるのが自然である．そこで，その境目となる点 B では，σ_{cr} は圧縮降伏応力 σ_S となり，このときの λ_0 を λ_S とおくと，

$$\sigma_S = \frac{\pi^2 E}{\lambda_S^2} \quad \therefore \lambda_S = \pi\sqrt{\frac{E}{\sigma_S}} \tag{11.12}$$

が成立する．たとえば，$E = 206\,\mathrm{GPa}, \sigma_S = 205\,\mathrm{MPa}$ の軟鋼材料では

$$\lambda_S = \pi\sqrt{\frac{206 \times 10^9}{205 \times 10^6}} \approx 99.6$$

となる．一般に，λ_0 が 100 以下の柱ではオイラーの公式が適用できない．

● **例題 11.1** ● 両端回転支持で長さ l，直径 d の長柱がある．その長さが直径の何倍以上であればオイラーの公式が適用できるか．ただし，オイラーの公式は，相当細長比が $\lambda_0 > 120$ のときに適用可能とする．

● **解** ● はじめに，長柱の断面 2 次半径 k を求めておく．k は $I = Ak^2$ で定義されるから，円形断面では

$$I = Ak^2 \quad \therefore k = \sqrt{\frac{I}{A}} = \sqrt{\frac{\pi d^4/64}{\pi d^2/4}} = \frac{d}{4}$$

となる．したがって，相当細長比 λ_0 は，端末係数 $C = 1$ として

$$\lambda_0 = \frac{l_0}{k} = \frac{l/\sqrt{C}}{k} = \frac{l}{d/4} = \frac{4l}{d}$$

であり，これより

$$l = \lambda_0 \frac{d}{4} = 120 \times \frac{d}{4} = 30d$$

となる．したがって，直径 d の 30 倍以上の長さであれば，オイラーの公式が適用できる．

● **例題 11.2** ● 両端回転支持で長さ $l = 3\,\mathrm{m}$ の木材の柱がある．断面は一辺が $h = 160\,\mathrm{mm}$ の正方形である．この柱に負荷できる安全な軸圧縮荷重 P_{cr} を求めよ．安全率を $S = 10$，木材の縦弾性係数を $E = 9.8\,\mathrm{GPa}$ とする．

● **解** ● 安全率 S を考慮した両端回転支持のオイラー座屈荷重は，表 11.1 より，次のようになる．

$$P_{cr} = \frac{1}{S}\frac{\pi^2 EI}{l^2} = \frac{1}{S}\frac{\pi^2 E(h^4/12)}{l^2}$$
$$= \frac{1}{10} \times \frac{\pi^2 \times 9.8 \times 10^9 \times 0.16^4}{12 \times 3^2} = 58.69 \times 10^3\,\mathrm{N} \approx 58.7\,\mathrm{kN}$$

● **例題 11.3** ● 両端固定の軟鋼丸棒で $80\,\mathrm{kN}$ の軸圧縮荷重を安全に支えるために必要な丸棒の直径 d，および細長比 λ を求めよ．ただし，柱の長さ $l = 2\,\mathrm{m}$，安全率 $S = 3$，縦弾性係数 $E = 206\,\mathrm{GPa}$ とする．

● **解** ● 安全率 S を考慮した両端固定柱のオイラー座屈荷重は，表 11.1 より

$$P_{cr} = \frac{1}{S}\frac{4\pi^2 EI}{l^2} = \frac{4\pi^2 E(\pi d^4/64)}{Sl^2}$$
$$\therefore d = \left(\frac{16Sl^2 P_{cr}}{\pi^3 E}\right)^{1/4} = \left(\frac{16 \times 3 \times 2^2 \times 80 \times 10^3}{\pi^3 \times 206 \times 10^9}\right)^{1/4} = 0.03938\,\mathrm{m}$$
$$\approx 39.4\,\mathrm{mm}$$

となる．丸棒の断面 2 次半径 k は，**例題** 11.1 より $k = d/4$ である．したがって，細長比 λ は次のようになる．

$$\lambda = \frac{l}{k} = \frac{4l}{d} = \frac{4 \times 2}{0.0394} \approx 203$$

● Example 11.4 ● An aluminum column of length l and rectangular cross section has a fixed end B and supports a centric load at A as shown in **Fig. 11.3**. Two smooth and rounded fixed plates restrain end A from moving in one of the vertical planes of symmetry of the column but allow it to move in the other plane.

(1) Determine the ratio a/b of the two sides of the cross section corresponding to the most efficient design against buckling.

(2) Design the most efficient cross section for the column knowing that $l = 500\,\mathrm{mm}$, $E = 70\,\mathrm{GPa}$, $P = 22\,\mathrm{kN}$, and that a factor of safety of 2.5 is required.

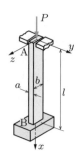

図 11.3 2 方向の座屈を考える柱

● **解** ● (1) the most efficient design against buckling（座屈に対してもっとも効率的な設計）とは，圧縮荷重 P が負荷された図 11.3 の柱において，y 軸まわりの曲げによる座屈（xz 面内の座屈）と z 軸まわりの曲げによる座屈（xy 面内の座屈）とが同時に起こる場合と考えればよい．

xy 面内の座屈を考えるときは，一端固定，他端回転支持の柱と考えられ，そのときの座屈荷重 P_{cr1} は，式 (11.9) より $C = 2$, $I_z = ba^3/12$ として

$$P_{cr1} = \frac{2\pi^2 E I_z}{l^2} = \frac{\pi^2 E b a^3}{6l^2} \tag{a}$$

と得られる．

一方，xz 面内の座屈を考えるときは，一端固定，他端自由の柱と考えられ，そのときの座屈荷重 P_{cr2} は，式 (11.9) より $C = 1/4$, $I_y = ab^3/12$ として

$$P_{cr2} = \frac{\pi^2 E I_y}{4l^2} = \frac{\pi^2 E b a^3}{48l^2} \tag{b}$$

となる．ここで，$P_{cr1} = P_{cr2}$ とすると

$$\frac{\pi^2 E b a^3}{6l^2} = \frac{\pi^2 E b a^3}{48l^2} \quad \therefore a = \frac{b}{\sqrt{8}} \approx 0.35b \tag{c}$$

を得る．すなわち，断面寸法 a を $a/b = 0.35$ とすれば，xz 面内の座屈と xy 面内の座屈とが同時に生じ，座屈に対して効率的な断面が得られる．

(2) 式 (b) に式 (c) の結果を代入し，$P_{cr2} = P$ とおいて b を求めると

$$P = \pi^2 \frac{Eb(b/\sqrt{8})^3}{48l^2} = \frac{\pi^2 E b^4}{384\sqrt{8}\,l^2} \quad \therefore b = \left(\frac{384\sqrt{8}\,P l^2}{\pi^2 E} \right)^{1/4}$$

となる．安全率 S を考慮して $P \to P/S$ とし，与えられた数値を代入して断面寸法を求め

ると

$$b = \left\{ \frac{384\sqrt{8}\,(P/S)l^2}{\pi^2 E} \right\}^{1/4} = \left\{ \frac{384\sqrt{8} \times (22 \times 10^3/2.5) \times 0.5^2}{\pi^2 \times 70 \times 10^9} \right\}^{1/4}$$

$$= 0.04312 \approx 43.1\,\text{mm},$$

$$a = 0.35b = 0.35 \times 43.1 = 15.085 \approx 15.1\,\text{mm}$$

となる.

● 11.2 座屈の実験式

オイラーの式は，座屈荷重に達するまで柱は弾性変形するものとして求めており，細長比がある値以上の場合には座屈現象をよく説明できる．しかし，実際には柱が短くなっても座屈が生じ，この場合には材料の塑性などの複雑な要因を考慮した座屈式が必要となる．このため，中程度の λ に対して，λ_0 を相当細長比として，以下のような実験公式が古くから提案されている．

(1) ランキン（Rankine）の式

$$\frac{\sigma_{cr}}{\sigma_0} = \frac{1}{1 + a_0\lambda_0^2} \tag{11.13}$$

σ_0 は材料の圧縮強さあるいは実験によって定めた値，a_0 は実験定数であり，単純支持に対する σ_0, a_0 を**図 11.4** に示す.

(2) テトマイヤー（Tetmajer）の式

$$\frac{\sigma_{cr}}{\sigma_0} = 1 - a_0\lambda_0 \tag{11.14}$$

σ_0, a_0 は実験定数であり，単純支持に対する σ_0, a_0 を図 11.4 に示す.

(3) ジョンソン（Johnson）の式

$$\frac{\sigma_{cr}}{\sigma_Y} = 1 - \frac{\sigma_Y}{4\pi^2 E}\lambda_0^2 \tag{11.15}$$

σ_Y は圧縮による降伏応力である．このジョンソンの式は実験結果とよく一致する．

図 11.4 の左図は，λ_0 を横軸に，σ_{cr} を縦軸にとって以上の三つの実験式とオイラーの座屈式を示したもので，表中には実験定数も示している．

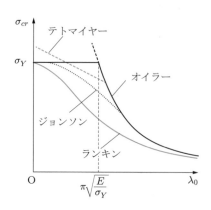

・ランキンの式の定数

材料	$\sigma_0\,[\mathrm{MPa}]$	a_0	λ_0
軟鋼	333	1/7500	<90
硬鋼	481	1/5000	<85
鋳鉄	549	1/1600	<80
木材	49	1/750	<60

・テトマイヤーの式の定数

材料	$\sigma_0\,[\mathrm{MPa}]$	a_0	λ_0
軟鋼	304	0.0368	<105
硬鋼	328	0.00185	< 90
木材	28.7	0.00626	<100

図 11.4　座屈荷重の実験式（表中の定数は参考文献 [11] より引用）

● **例題 11.5** ●　長さ $l = 6\,\mathrm{m}$，内径 $d_i = 300\,\mathrm{mm}$，外径 $d_o = 400\,\mathrm{mm}$ の両端固定の鋳鉄製円筒状断面の柱の座屈応力を，ランキンの式およびジョンソンの式によって求めよ．ただし，降伏応力を $\sigma_Y = 340\,\mathrm{MPa}$，縦弾性係数を $E = 206\,\mathrm{GPa}$ とする．

● **解** ●　はじめに，断面 2 次半径 k，相当細長比 λ_0 を求める．円筒状断面の k は

$$k = \sqrt{\frac{I}{A}} = \sqrt{\frac{(\pi/64)(d_o^4 - d_i^4)}{(\pi/4)(d_o^2 - d_i^2)}} = \frac{1}{4}\sqrt{d_o^2 + d_i^2}$$

となる．また，式 (11.9) より，相当長さ l_0 は $l_0 = l/2$ であるから，

$$\lambda_0 = \frac{l_0}{k} = \frac{l}{2k} = \frac{2l}{\sqrt{d_o^2 + d_i^2}} = \frac{2 \times 6}{\sqrt{0.4^2 + 0.3^2}} = 24 < 80$$

となり，ランキンの式が使える．したがって，ランキンの式 (11.13) において，図 11.4 より $\sigma_0 = 549\,\mathrm{MPa}$，$a_0 = 1/1600$ とおいて座屈応力 σ_{cr} を求めると，次のようになる．

$$\sigma_{cr} = \frac{\sigma_0}{1 + a_0\lambda_0^2} = \frac{549}{1 + 24^2/1600} = 403.68\,\mathrm{MPa} \approx 404\,\mathrm{MPa}$$

一方，ジョンソンの式 (11.15) によれば，

$$\sigma_{cr} = \sigma_Y\left(1 - \frac{\sigma_Y}{4\pi^2 E}\lambda_0^2\right) = 340 \times 10^6 \times \left(1 - \frac{340 \times 10^6}{4 \times \pi^2 \times 206 \times 10^9}\right) \times 24^2$$

$$= 339.66 \times 10^6\,\mathrm{N/m^2} \approx 340\,\mathrm{MPa}$$

を得る．

● 11.3 偏心圧縮荷重を受ける長柱

以上で扱った長柱では，圧縮荷重が長柱の軸中心に負荷されていることを前提に考えているが，実際には，軸中心と荷重作用点のずれ，すなわち偏心（eccentricity）があることが多い．ここでは，**図 11.5** のように偏心量 e を有する一端固定，他端自由の長柱を考える．

固定端から x の位置にある点の曲げモーメント M は

$$M = -P(\delta + e - y)$$

であり，これをたわみ曲線の微分方程式 (7.5) に代入すると，

$$\frac{d^2 y}{dx^2} = -\frac{M}{EI} = \frac{P}{EI}(\delta + e - y) \qquad (11.16)$$

が得られる．ここで，$\alpha^2 = P/(EI)$ を導入し，式 (11.16) を書き換えると

$$\frac{d^2 y}{dx^2} + \alpha^2 y = \alpha^2(\delta + e) \qquad (11.17)$$

となる．式 (11.17) の解は，11.1 節で示したように

$$y = c_1 \sin \alpha x + c_2 \cos \alpha x + \delta + e \qquad (11.18)$$

となる．

$x = 0$ で $y = 0$, $dy/dx = 0$ の条件より

$$c_2 = -(\delta + e), \quad c_1 = 0, \quad \therefore y = (\delta + e)(1 - \cos \alpha x) \qquad (11.19)$$

と得られる．さらに，$x = l$ で $y = \delta$ の条件を式 (11.19) に代入すると，

$$\delta = (\delta + e)(1 - \cos \alpha l) \quad \therefore \delta = e\left(\frac{1}{\cos kl} - 1\right) = e(\sec kl - 1)$$

となる．これを式 (11.19) に代入すると，

$$y = e \sec kl(1 - \cos \alpha x) \qquad (11.20)$$

を得る．

式 (11.20) において，$x = l$ で $y = \delta$ の関係を代入すると

$$\delta = e \sec kl(1 - \cos \alpha l) \qquad (11.21)$$

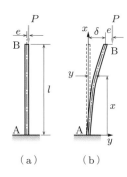

（a） （b）

図 11.5 偏心圧縮荷重を
受ける長柱

となる．この式において，$\alpha l = \sqrt{P/(EI)}\, l$ であり，一端固定，他端自由の座屈荷重 $P_{cr} = \pi^2 EI/(4l^2)$ を用いて整理すると

$$\alpha l = \frac{\sqrt{P}\, l}{\sqrt{EI}} = \frac{\pi}{2}\sqrt{\frac{P}{P_{cr}}}$$

となる．よって，式 (11.21) は，両辺を柱の長さ l で割って

$$\frac{\delta}{l} = \frac{e}{l}\, \frac{1 - \cos\left(\dfrac{\pi}{2}\sqrt{\dfrac{P}{P_{cr}}}\right)}{\cos\left(\dfrac{\pi}{2}\sqrt{\dfrac{P}{P_{cr}}}\right)} \tag{11.22}$$

と無次元化される．さらに，式 (11.22) より，P/P_{cr} を求めると

$$\frac{P}{P_{cr}} = \left\{\frac{2}{\pi}\cos^{-1}\left(\frac{e/l}{\delta/l + e/l}\right)\right\}^2 \tag{11.23}$$

を得る．

　式 (11.23) より，無次元偏心圧縮荷重 P/P_{cr} と長柱の無次元先端変位 δ/l の関係を e/l をパラメータにとって示すと，図 11.6 のようになる．$e/l = 0$ のときには圧縮荷重 P が P_{cr} に達するまでは柱には変形が生じないが，P_{cr} に達するといきなり大きな変形が生じるという，オイラーの公式による結果も示されている．

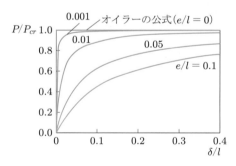

図 11.6　無次元偏心圧縮荷重と無次元先端変位の関係

なお，最大曲げモーメント $M_{\max}$ は固定端に生じ，その大きさは

$$M_{\max} = P(\delta + e) = Pe\sec \alpha l = Pe\sec\sqrt{\frac{P}{EI}}\, l \tag{11.24}$$

となる．

　この柱の固定端における断面の凹側の最外層では，圧縮力 P による圧縮応力 P/A と $M_{\max}$ による圧縮の曲げ応力とが同時に作用し，それらの応力の和が最大値 $\sigma_{\max}$

となる．すなわち

$$\sigma_{\max} = \frac{P}{A} + \frac{M_{\max}}{Z} = \frac{P}{A}\left(1 + \frac{Ae}{Z}\sec\alpha l\right) = \frac{P}{A}\left(1 + \frac{Ae}{Z}\sec\sqrt{\frac{P}{EI}}\,l\right)$$
(11.25)

を得る．

● **例題** 11.6 ● 図 11.7 のように，軸径 $d = 60\,\mathrm{mm}$ の円形断面をもつ，一端固定，他端自由，長さ $l = 5\,\mathrm{m}$ の柱が $e = 80\,\mathrm{mm}$ の偏心圧縮荷重 $P = 6\,\mathrm{kN}$ を受けるとき，柱に生じる最大応力 $\sigma_{\max}$ はいくらになるか．ただし，縦弾性係数を $E = 206\,\mathrm{GPa}$ とする．

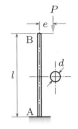

図 11.7 偏心圧縮荷重を
受ける柱

● **解** ● 計算に必要な式は，式 (11.25) である．この式の計算に先立って，必要な量を計算すると（丸めの誤差を防ぐために有効数字を多くとって 5 桁とする）

$$A = \frac{\pi d^2}{4} = \frac{\pi \times 0.06^2}{4} = 2.8274 \times 10^{-3}\,\mathrm{m^2},$$

$$I = \frac{\pi d^4}{64} = \frac{\pi \times 0.06^4}{64} = 6.3617 \times 10^{-7}\,\mathrm{m^4},$$

$$Z = \frac{\pi d^3}{32} = \frac{\pi \times 0.06^3}{32} = 2.1206 \times 10^{-5}\,\mathrm{m^3},$$

$$\sqrt{\frac{P}{EI}}\,l = \sqrt{\frac{6 \times 10^3}{206 \times 10^9 \times 6.3617 \times 10^{-7}}} \times 5 = 1.0699\,\mathrm{rad}$$

となる．したがって，式 (11.25) より（角度計算は rad 単位であることに注意して）

$$\sigma_{\max} = \frac{P}{A}\left(1 + \frac{Ae}{Z}\sec\sqrt{\frac{P}{EI}}\,l\right)$$

$$= \frac{6 \times 10^3}{2.8274 \times 10^{-3}}\left\{1 + \frac{2.8274 \times 10^{-3} \times 0.08}{2.1206 \times 10^{-5}}\sec 1.0699\right\}$$

$$= 2.122 \times 10^6 \times (1 + 22.21) = 49.252 \times 10^6 \approx 49.3\,\mathrm{MPa}$$

の圧縮応力となる．

● 演習問題

11.1　A 4 m-long pin-ended column of square cross section ($a \times a$) is to be made of wood. Assuming Young's modulus $E = 13$ GPa, allowable stress $\sigma_S = 12$ MPa, and using a factor of safety $S = 2.5$ in calculating Euler's critical load for buckling, determine the size of the cross section and calculate the slenderness ratio λ if the column is to safely support a load $P = 100$ kN.

11.2　長さ $l = 1.5$ m の軟鋼製円柱で $P = 98$ kN の軸方向荷重を受けるのに必要な直径 d を求めよ．ただし，円柱棒は両端固定で，安全率は $S = 4$ とし，オイラーの式に基づいて計算せよ．

11.3　両端が回転自由であって長さ l が直径 d の 20 倍の鋳鉄製円柱がある．この座屈応力をオイラー，ランキンの式を用いて求め，それらを比較せよ．ただし，$E = 98$ GPa とする．

11.4　For the simple pin-connected truss as shown in **Fig. 11.8**, the members AC and BC are slender pin-ended steel bars having identical cross sections. Find the value of the angle θ, defining the direction of the applied force P, required to make the critical value of this force as large as possible. Assume buckling in the plane of the figure.　（ヒント：両部材が同時に座屈荷重に達するような角度 θ を求めればよい．）

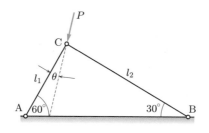

図 11.8　問題 11.4

11.5　断面が 0.04×0.1 m の長方形断面である，長さ $l = 1.5$ m の柱がある．この柱が両端回転自由にあるとき，柱に加えることのできる圧縮荷重の大きさを求めよ．ただし，細長比 $\lambda > 100$ であればオイラーの式を適用し，$\lambda \leq 100$ であれば単軸圧縮と考えて荷重を求めること．なお，縦弾性係数を $E = 206$ GPa，圧縮時の基準強さを $\sigma_S = 300$ MPa，安全率を $S = 4$ とする．（注：長方形断面では，断面 2 次モーメント I の値が小さい方向に座屈することに注意すること．）

11.6　Three pin-ended columns of the same material have the same length and the same cross sectional area as shown in **Fig. 11.9**. The columns are free

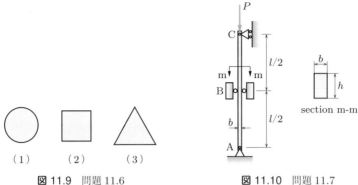

図 11.9　問題 11.6　　　　　　　図 11.10　問題 11.7

to buckle in any direction. The columns have cross sections as follows:
(1) a circle, (2) a square, and (3) an equilateral triangle. Determine the
ratios $P_1 : P_2 : P_3$ of the critical loads for these columns.

11.7　A rectangular column with cross sectional dimensions b and h is pin-
supported at ends A and C (see **Fig. 11.10**). At midheight, the column
is restrained in the plane of the figure but is free to deflect perpendicular
to the plane of the figure. Determine the ratio h/b such that the critical
load is the same for buckling in the two principal planes of the column.

11.8　**図 11.11** (a) のような，長さ l の両端固定の柱の座屈荷重 P_{cr} を求めよ．（ヒント：同
図 (b) のように，両端に固定モーメント M_0 が生じる．この M_0 を考慮して，11.1 節
の長柱のように解析するとよい．）

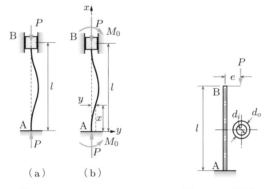

図 11.11　問題 11.8　　　　　図 11.12　問題 11.9

11.9　**図 11.12** のように，外径 $d_o = 90\,\mathrm{mm}$，内径 $d_i = 70\,\mathrm{mm}$ の円筒状断面をもつ，一
端固定，他端自由，長さ $l = 6\,\mathrm{m}$ の柱が $e = 110\,\mathrm{mm}$ の偏心圧縮荷重 $P = 15\,\mathrm{kN}$
を受けるとき，柱に生じる最大応力 $\sigma_{\max}$ はいくらになるか．ただし，縦弾性係数は
$E = 206\,\mathrm{GPa}$ とする．

数学公式

（1）三角関数

$$\sin^2\alpha + \cos^2\alpha = 1, \quad 1 + \tan^2\alpha = \sec^2\alpha, \quad 1 + \cot^2\alpha = \operatorname{cosec}^2\alpha$$

$$\sin 2\alpha = 2\sin\alpha\cos\alpha,$$

$$\cos 2\alpha = \cos^2\alpha - \sin^2\alpha = 2\cos^2\alpha - 1 = 1 - 2\sin^2\alpha,$$

$$\sin 3\alpha = 3\sin\alpha - 4\sin^3\alpha, \quad \cos 3\alpha = 4\cos^3\alpha - 3\cos\alpha$$

$$\sin(\alpha \pm \beta) = \sin\alpha\cos\beta \pm \cos\alpha\sin\beta,$$

$$\cos(\alpha \pm \beta) = \cos\alpha\cos\beta \mp \sin\alpha\sin\beta,$$

$$\tan(\alpha \pm \beta) = \frac{\tan\alpha \pm \tan\beta}{1 \mp \tan\alpha\tan\beta}$$

$$\sin\alpha + \sin\beta = 2\sin\frac{\alpha+\beta}{2}\cos\frac{\alpha-\beta}{2},$$

$$\sin\alpha - \sin\beta = 2\cos\frac{\alpha+\beta}{2}\sin\frac{\alpha-\beta}{2}$$

$$\cos\alpha + \cos\beta = 2\cos\frac{\alpha+\beta}{2}\cos\frac{\alpha-\beta}{2},$$

$$\cos\alpha - \cos\beta = -2\sin\frac{\alpha+\beta}{2}\sin\frac{\alpha-\beta}{2}$$

（2）積分公式 （積分定数は省略している）

$$\int x^n\,dx = \frac{1}{n+1}x^{n+1}\ (n \neq -1), \quad \int \frac{1}{x}\,dx = \log x$$

$$\int \cos^2\theta\,d\theta = \frac{\theta}{2} + \frac{1}{4}\sin 2\theta, \quad \int_0^{\pi/2} \cos^2\theta\,d\theta = \frac{\pi}{4}, \quad \int_0^{\pi} \cos^2\theta\,d\theta = \frac{\pi}{2}$$

$$\int \sin^2\theta\,d\theta = \frac{\theta}{2} - \frac{1}{4}\sin 2\theta, \quad \int_0^{\pi/2} \sin^2\theta\,d\theta = \frac{\pi}{4}, \quad \int_0^{\pi} \sin^2\theta\,d\theta = \frac{\pi}{2}$$

$$\int \sin\theta\cos\theta\,d\theta = -\frac{1}{4}\cos 2\theta, \quad \int_0^{\pi/2} \sin\theta\cos\theta\,d\theta = \frac{1}{2},$$

$$\int_0^{\pi} \sin\theta\cos\theta\,d\theta = 0$$

(i) $\displaystyle\int_0^{\pi/2} \sin x\,dx = \int_0^{\pi/2} \cos x\,dx = 1,$

(ii) $\displaystyle\int_0^{\pi/2}\sin^n x\,dx=\int_0^{\pi/2}\cos^n x\,dx$

$$=\begin{cases}\dfrac{n-1}{n}\cdot\dfrac{n-3}{n-2}\cdots\dfrac{1}{2}\cdot\dfrac{\pi}{2}&(n=2,4,6,\ldots)\\[2mm]\dfrac{n-1}{n}\cdot\dfrac{n-3}{n-2}\cdots\dfrac{2}{3}&(n=3,5,7,\ldots)\end{cases}$$

ここで，(ii) の定積分をウォリス（Wallis）積分という．

（3）展開式

$$(1\pm x)^{-1}=1\mp x+x^2\mp x^3+\cdots\quad(|x|<1)$$

$$(1\pm x)^{1/2}=1\pm\frac{x}{2}-\frac{1\cdot1}{2\cdot4}x^2\pm\frac{1\cdot1\cdot3}{2\cdot4\cdot6}x^3-\cdots\quad(|x|<1)$$

$$(1\pm x)^{-1/2}=1\mp\frac{x}{2}+\frac{1\cdot3}{2\cdot4}x^2\mp\frac{1\cdot3\cdot5}{2\cdot4\cdot6}x^3+\cdots\quad(|x|<1)$$

$$\sin x=x-\frac{1}{3!}x^3+\frac{1}{5!}x^5-\cdots\quad(|x|<\infty)$$

$$\cos x=1-\frac{1}{2!}x^2+\frac{1}{4!}x^4+\cdots\quad(|x|<\infty)$$

$$e^{\pm x}=1\pm\frac{x}{1!}\pm\frac{x^2}{2!}\pm\frac{x^3}{3!}\pm\cdots\quad(|x|<\infty)$$

（4）双曲線関数

$$\sinh x=\frac{e^x-e^{-x}}{2},\quad\cosh x=\frac{e^x+e^{-x}}{2},\quad\tanh x=\frac{\sinh x}{\cosh x}$$

$$\cosh^2 x-\sinh^2 x=1$$

$$(\sinh x)'=\cosh x,\quad(\cosh x)'=\sinh x,\quad(\tanh x)'=\frac{1}{\cosh^2 x}$$

$$\sinh x=x+\frac{x^3}{3!}+\frac{x^5}{5!}+\frac{x^7}{7!}+\cdots\quad(|x|<\infty)$$

$$\cosh x=1+\frac{x^2}{2!}+\frac{x^4}{4!}+\frac{x^6}{6!}+\cdots\quad(|x|<\infty)$$

$$\tanh x=x-\frac{1}{3}x^3+\frac{2}{15}x^5-\cdots\quad\left(|x|<\frac{\pi}{2}\right)$$

付録 B 各種はりのたわみおよびたわみ角

　以下に代表例を示す．これらの式は覚えておく必要はないが，自ら導出できるよう確認しておこう．

1. 片持はりのたわみ，たわみ角

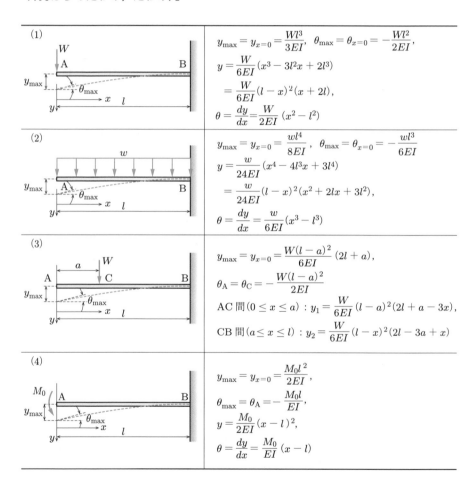

(1)

$$y_{\max} = y_{x=0} = \frac{Wl^3}{3EI}, \quad \theta_{\max} = \theta_{x=0} = -\frac{Wl^2}{2EI},$$

$$y = \frac{W}{6EI}(x^3 - 3l^2 x + 2l^3)$$

$$= \frac{W}{6EI}(l-x)^2(x+2l),$$

$$\theta = \frac{dy}{dx} = \frac{W}{2EI}(x^2 - l^2)$$

(2)

$$y_{\max} = y_{x=0} = \frac{wl^4}{8EI}, \quad \theta_{\max} = \theta_{x=0} = -\frac{wl^3}{6EI}$$

$$y = \frac{w}{24EI}(x^4 - 4l^3 x + 3l^4)$$

$$= \frac{w}{24EI}(l-x)^2(x^2 + 2lx + 3l^2),$$

$$\theta = \frac{dy}{dx} = \frac{w}{6EI}(x^3 - l^3)$$

(3)

$$y_{\max} = y_{x=0} = \frac{W(l-a)^2}{6EI}(2l+a),$$

$$\theta_A = \theta_C = -\frac{W(l-a)^2}{2EI}$$

AC 間 $(0 \le x \le a)$: $y_1 = \frac{W}{6EI}(l-a)^2(2l+a-3x),$

CB 間 $(a \le x \le l)$: $y_2 = \frac{W}{6EI}(l-x)^2(2l-3a+x)$

(4)

$$y_{\max} = y_{x=0} = \frac{M_0 l^2}{2EI},$$

$$\theta_{\max} = \theta_A = -\frac{M_0 l}{EI},$$

$$y = \frac{M_0}{2EI}(x-l)^2,$$

$$\theta = \frac{dy}{dx} = \frac{M_0}{EI}(x-l)$$

2. 単純支持はりのたわみ，たわみ角

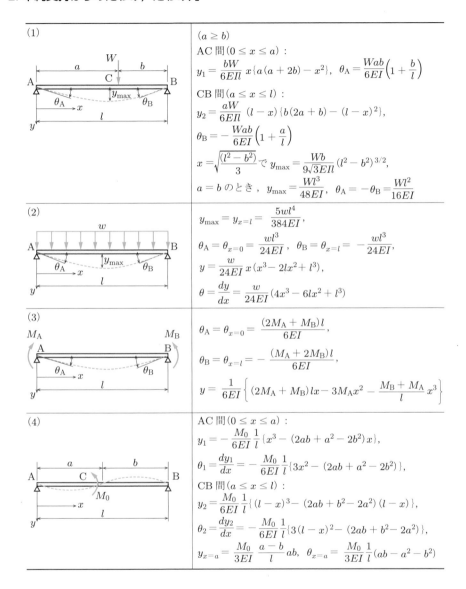

(1)	$(a \geq b)$ AC 間 $(0 \leq x \leq a)$: $y_1 = \dfrac{bW}{6EIl} x\{a(a+2b) - x^2\}, \quad \theta_{\mathrm{A}} = \dfrac{Wab}{6EI}\left(1 + \dfrac{b}{l}\right)$ CB 間 $(a \leq x \leq l)$: $y_2 = \dfrac{aW}{6EIl} (l-x)\{b(2a+b) - (l-x)^2\},$ $\theta_{\mathrm{B}} = -\dfrac{Wab}{6EI}\left(1 + \dfrac{a}{l}\right)$ $x = \sqrt{\dfrac{(l^2-b^2)}{3}}$ で $y_{\max} = \dfrac{Wb}{9\sqrt{3}EIl}(l^2-b^2)^{3/2},$ $a = b$ のとき，$y_{\max} = \dfrac{Wl^3}{48EI}, \quad \theta_{\mathrm{A}} = -\theta_{\mathrm{B}} = \dfrac{Wl^2}{16EI}$
(2)	$y_{\max} = y_{x=l} = \dfrac{5wl^4}{384EI},$ $\theta_{\mathrm{A}} = \theta_{x=0} = \dfrac{wl^3}{24EI}, \quad \theta_{\mathrm{B}} = \theta_{x=l} = -\dfrac{wl^3}{24EI},$ $y = \dfrac{w}{24EI} x(x^3 - 2lx^2 + l^3),$ $\theta = \dfrac{dy}{dx} = \dfrac{w}{24EI}(4x^3 - 6lx^2 + l^3)$
(3)	$\theta_{\mathrm{A}} = \theta_{x=0} = \dfrac{(2M_{\mathrm{A}} + M_{\mathrm{B}})l}{6EI},$ $\theta_{\mathrm{B}} = \theta_{x=l} = -\dfrac{(M_{\mathrm{A}} + 2M_{\mathrm{B}})l}{6EI},$ $y = \dfrac{1}{6EI}\left\{(2M_{\mathrm{A}} + M_{\mathrm{B}})lx - 3M_{\mathrm{A}}x^2 - \dfrac{M_{\mathrm{B}} + M_{\mathrm{A}}}{l}x^3\right\}$
(4)	AC 間 $(0 \leq x \leq a)$: $y_1 = -\dfrac{M_0}{6EI}\dfrac{1}{l}\{x^3 - (2ab + a^2 - 2b^2)x\},$ $\theta_1 = \dfrac{dy_1}{dx} = -\dfrac{M_0}{6EI}\dfrac{1}{l}\{3x^2 - (2ab + a^2 - 2b^2)\},$ CB 間 $(a \leq x \leq l)$: $y_2 = \dfrac{M_0}{6EI}\dfrac{1}{l}\{(l-x)^3 - (2ab + b^2 - 2a^2)(l-x)\},$ $\theta_2 = \dfrac{dy_2}{dx} = -\dfrac{M_0}{6EI}\dfrac{1}{l}\{3(l-x)^2 - (2ab + b^2 - 2a^2)\},$ $y_{x=a} = \dfrac{M_0}{3EI}\dfrac{a-b}{l}ab, \quad \theta_{x=a} = \dfrac{M_0}{3EI}\dfrac{1}{l}(ab - a^2 - b^2)$

各種断面の断面2次モーメントほか

断面形状	断面積：A	断面2次モーメント：I	断面係数：Z	断面2次半径：k^2
	$\dfrac{\pi d^2}{4}$	$I_z = I_y = \dfrac{\pi d^4}{64}$	$Z_1 = Z_2 = \dfrac{\pi d^3}{32}$	$\dfrac{d^2}{16}$
	$\dfrac{\pi(d_o^2 - d_i^2)}{4}$	$I_z = I_y$ $= \dfrac{\pi(d_o^4 - d_i^4)}{64}$	$Z_1 - Z_2$ $= \dfrac{\pi(d_o^4 - d_i^4)}{32 d_o}$	$\dfrac{d_o^2 + d_i^2}{16}$
	bh	$I_z = \dfrac{bh^3}{12}$, $I_y = \dfrac{hb^3}{12}$	$Z_{z1} = Z_{z2} = \dfrac{bh^2}{6}$, $Z_{y1} = Z_{y2} = \dfrac{hb^2}{6}$	$\dfrac{h^2}{12}$, $\dfrac{b^2}{12}$
	$\dfrac{bh}{2}$	$I_z = \dfrac{bh^3}{36}$	$e_1 = \dfrac{2h}{3}$, $e_2 = \dfrac{h}{3}$, $Z_1 = \dfrac{I_z}{e_1} = \dfrac{bh^2}{24}$, $Z_2 = \dfrac{I_z}{e_2} = \dfrac{bh^2}{12}$	$\dfrac{h^2}{18}$
	$\dfrac{(2b + b_1)h}{2}$	$I_z = \dfrac{6b^2 + 6bb_1 + b_1^2}{36(2b + b_1)}h^3$	$e_1 = \dfrac{3b + 2b_1}{3(2b + b_1)}h$, $e_2 = \dfrac{3b + b_1}{3(2b + b_1)}h$, $Z_1 = \dfrac{I_z}{e_1}$, $Z_2 = \dfrac{I_z}{e_2}$	$\dfrac{6b^2 + 6bb_1 + b_1^2}{18(2b + b_1)^2}h^2$
	πab	$I_z = \dfrac{\pi a^3 b}{4}$, $I_y = \dfrac{\pi ab^3}{4}$	$Z_1 = \dfrac{\pi a^2 b}{4}$, $Z_2 = \dfrac{\pi ab^2}{4}$	$\dfrac{a^2}{4}$

付録D　各種工業材料の機械的性質（常温）

参考書：文献 [14]

材料	縦弾性係数 E [GPa]	横弾性係数 G [GPa]	ポアソン比 ν	降伏応力 σ_y [MPa]	引張り強さ σ_B [MPa]
低炭素鋼 *1	206	79	0.30	195 以上	330〜430
中炭素鋼 *2	205	82	0.25	275 以上	490〜610
高炭素鋼 *3	199	80	0.24	834 以上	1079 以上
高張力鋼 (HT80)	203	73	0.39	834	865
ステンレス鋼 *4	197	73.7	0.34	284	578
ねずみ鋳鉄	74〜128	28〜39			147〜343
球状黒鉛鋳鉄	161	78	0.03	377〜549	350〜1076
インコネル600	214	75.9	0.41	206〜304	270〜895
無酸素銅 *5	117			231.4	270.7
7/3 黄銅-H	110	41.4	0.33	395.2	471.7
ニッケル (NNC)	204	81	0.26	10〜21	41〜55
アルミニウム *6	69	27	0.28	152	167
ジュラルミン *7	69			275	427
超ジュラルミン *8	74	29	0.28	324	422
チタン	106	44.5			
チタン合金	109	42.5	0.28	1100	1170
ガラス繊維 (S)	87.3				2430
炭素繊維 *9	392.3				2060
塩化ビニール（硬）	2.4〜4.2				41〜52
エポキシ樹脂	2.4				27〜89
ヒノキ *10	8.8				71
コンクリート *11	20				2, 30
けい石レンガ *12					25〜34
アルミナ *12	260〜400		0.23〜0.24		$2 \sim 4 \times 10^3$
マグネシウム合金	45	16		250	345

*1　（0.2%C 以下）JIS G3101 種別：一般構造用
　　圧延鋼材 記号：SS330
*2　（0.25〜0.45%C 以下）JIS G3101 種別：一般
　　構造用圧延鋼材 記号：SS490
*3　（0.6%C 以上）JIS G4801 種別：ばね鋼鋼材
　　3 種 記号：SUP3
*4　オーステナイト系ステンレス鋼 (SUS304)
*5　無酸素銅 (C1020-1/2H)
*6　アルミニウム (A1100-H18)

*7　ジュラルミン (A2017-T4)
*8　超ジュラルミン (A2024-T4)
*9　炭素繊維 トレカ M-40 直径 0.8μm
*10　8.8 は曲げヤング率，71 は曲げ強さ
*11　2, 30 は引張り強さ (2 MPa) と圧縮強さ
　　(30 MPa)
*12　$2 \sim 4 \times 10^3$ は圧縮強さ

ギリシャ文字一覧

大文字	小文字	発音（英語）	読み方
A	α	alpha	アルファ
B	β	beta	ベータ
Γ	γ	gamma	ガンマ
Δ	δ	delta	デルタ
E	ε	epsilon	イプシロン
Z	ζ	zeta	ジータ，ゼータ
H	η	eta	イータ，エータ
Θ	θ	thcta	シータ，テータ
I	ι	iota	イオタ
K	κ	kappa	カッパ
Λ	λ	lambda	ラムダ
M	μ	mu	ミュー
N	ν	nu	ニュー
Ξ	ξ	xi	グザイ，クシー
O	o	omicron	オミクロン
Π	π	pi	パイ
P	ρ	rho	ロー
Σ	σ	sigma	シグマ
T	τ	tau	タウ
Υ	υ	upsilon	ウプシロン
Φ	ϕ, φ	phi	ファイ
X	χ	chi	カイ
Ψ	ψ	psi	プサイ，プシー
Ω	ω	omega	オメガ

材料力学では，以下のギリシャ文字がそれぞれの物理量を表すのに習慣的に用いられている．

- σ：垂直応力，τ：せん断応力
- ε：垂直ひずみ，γ：せん断ひずみ
- λ：伸び，δ：変位
- ν：ポアソン比

演習問題解答

（本書では，数値計算の際には，有効数字を 3, 4 桁程度で処理している．）

● 第 1 章

1.1　$\sigma = \dfrac{P}{\pi d^2/4} = \dfrac{4 \times 16 \times 10^3}{\pi \times 0.014^2} = 103.94 \times 10^6 \,\text{N/m}^2 \approx 104\,\text{MPa}$

1.2　$\varepsilon = \dfrac{\lambda}{l} = \dfrac{0.25}{500} = 5 \times 10^{-4}$　$\therefore E = \dfrac{\sigma}{\varepsilon} = \dfrac{103.94 \times 10^6}{5 \times 10^{-4}} = 207.88 \times 10^{11} \approx$ 208 GPa

1.3　横ひずみを ε' とすると，次のようになる．

$$\varepsilon' = -\frac{\Delta d}{d} = -\frac{0.0021}{14} = -1.5 \times 10^{-4} \quad \therefore \nu = -\frac{\varepsilon'}{\varepsilon} = \frac{1.5 \times 10^{-4}}{5 \times 10^{-4}} = 0.3$$

1.4　**解図** 1.1 に示すように，各部材に作用する部材力を考えると，以下のようになる．

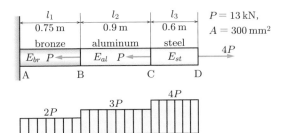

各部材の部材力の大きさ

解図 1.1　問題 1.4

　AB 部（銅）：$4P - P - P = 2P$ の引張り力を受ける．この部分の応力と伸びを $\sigma_{br}, \lambda_{br}$ とおく．

　BC 部（アルミ）：$4P - P = 3P$ の引張り力を受ける．この部分の応力と伸びを $\sigma_{al}, \lambda_{al}$ とおく．

　CD 部（鋼）：$4P$ の引張り力を受ける．この部分の応力と伸びを $\sigma_{st}, \lambda_{st}$ とおく．

　したがって，各部材の応力は

$$\sigma_{br} = \frac{2P}{A} = \frac{2 \times 13 \times 10^3}{300 \times 10^{-6}} = 86.667 \times 10^6 \approx 86.7\,\text{MPa}$$

$$\sigma_{al} = \frac{3P}{A} = \frac{3 \times 13 \times 10^3}{300 \times 10^{-6}} = 115.56 \times 10^6 \approx 116\,\text{MPa}$$

$$\sigma_{st} = \frac{4P}{A} = \frac{4 \times 13 \times 10^3}{300 \times 10^{-6}} = 173.33 \times 10^6 \approx 173\,\text{MPa}$$

となる．また，全体の伸び λ は次のようになる．

$$\lambda = \lambda_{br} + \lambda_{al} + \lambda_{st} = \frac{2Pl_1}{AE_{br}} + \frac{3Pl_3}{AE_{al}} + \frac{4Pl_3}{AE_{st}} = \frac{P}{A}\left(\frac{2l_1}{E_{br}} + \frac{3l_2}{E_{al}} + \frac{4Pl_3}{E_{st}}\right)$$

$$= \frac{13 \times 10^3}{300 \times 10^{-6}}\left(\frac{2 \times 0.75}{120 \times 10^9} + \frac{3 \times 0.9}{70 \times 10^9} + \frac{4 \times 0.6}{206 \times 10^9}\right)$$

$$= 2.718 \times 10^{-3}\,\text{m} \approx 2.72\,\text{mm}$$

1.5　引張り荷重 $P\,(= 400\,\text{kN})$ を受ける円筒棒の応力は

$$\sigma = \frac{P}{(\pi/4)(d_o^2 - d_i^2)} = \frac{4P}{\pi(d_o^2 - d_i^2)}$$

である．これより，$\sigma \to \sigma_a\,(= 120\,\text{MPa})$ として外径 d_o を求めると，次のようになる．

$$d_o - \sqrt{d_i^2 + \frac{4P}{\pi\sigma_a}} = \sqrt{0.1^2 + \frac{4 \times 400 \times 10^3}{\pi \times 120 \times 10^6}} = 0.1193\,\text{m} \approx 119\,\text{mm}$$

1.6　引張り後の体積を V とおく．図1.9のように長さは $l_0 \to l_0(1 + \varepsilon)$，直径は $d_0 \to d_0(1 - \nu\varepsilon)$ へと変化する．

この結果，

$$V_0 = \frac{\pi d_0^2 l_0}{4}, \quad V = \frac{\pi d_0^2 (1 - \nu\varepsilon)^2 l_0(1 + \varepsilon)}{4}$$

となる．したがって，体積変化率（体積ひずみ）ε_v は，ε の2次以上の項を微小項として省略して，

$$\varepsilon_v = \frac{V - V_0}{V_0} = (1 - \nu\varepsilon)^2(1 + \varepsilon) - 1 \approx (1 - 2\nu\varepsilon)(1 + \varepsilon) - 1 \approx (1 - 2\nu)\varepsilon$$

となる．これより，$\nu = 0.5$ のときには体積変化を生じないことがわかる．

1.7　**解図1.2**に示すように，ボルトに生じるせん断応力を τ とし，せん断面が二つあることに留意すると，

$$P = 2 \times \frac{\pi d^2}{4}\tau$$

が成り立つ．これより，次のようになる．

$$d = \sqrt{\frac{2P}{\pi\tau}} = \sqrt{\frac{2 \times 45 \times 10^3}{\pi \times 46 \times 10^6}} = 0.02496\,\text{m} \approx 25.0\,\text{mm}$$

また，軸径 $d = 30\,\text{mm}$，許容せん断応力 $\tau_a = 80\,\text{MPa}$ の場合の引張り力 P を求めると，次のようになる．

$$P = 2 \times \frac{\pi d^2}{4}\tau_a = 2 \times \frac{\pi \times 0.03^2}{4} \times 80 \times 10^6 = 113.10 \times 10^3\,\text{N} \approx 113\,\text{kN}$$

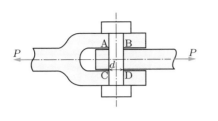
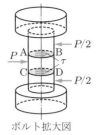

ボルト拡大図

解図 1.2　問題 1.7

1.8　**解図** 1.3 のように，銅棒に作用する引張り力を Q_B，鋼製棒に作用する引張り力を Q_S とし，棒 AB に加わる自重を $800 \times 9.8 = 7840\,\mathrm{N}$ とすると，対称性より

$$Q_B = Q_S = \frac{7840}{2} = 3920\,\mathrm{N}$$

となる.

以上より，銅棒および鋼製棒の断面積を A_B, A_S とすると，以下のようになる.

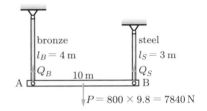

解図 1.3　問題 1.8

$$\sigma_B = \frac{Q_B}{A_B} \quad \therefore\ A_B = \frac{Q_B}{\sigma_B} = \frac{3920}{90 \times 10^6} = 4.356 \times 10^{-5}\,\mathrm{m}^2 \approx 43.6\,\mathrm{mm}^2,$$

$$\sigma_S = \frac{Q_S}{A_S} \quad \therefore\ A_S = \frac{Q_S}{\sigma_S} = \frac{3920}{120 \times 10^6} = 3.267 \times 10^{-5}\,\mathrm{m}^2 \approx 32.7\,\mathrm{mm}^2$$

● 第2章

2.1　**解図** 2.1 より，力のつり合い式は

$$R_\mathrm{A} + R_\mathrm{B} = P \tag{a}$$

となる. 点 C における変位量は，AC 部の伸びと BC 部の縮みであり，それらの絶対値は等しいから

解図 2.1　問題 2.1

$$\frac{R_\mathrm{A}a}{AE} = \frac{R_\mathrm{B}b}{AE} \quad \rightarrow \quad R_\mathrm{A}a = R_\mathrm{B}b \tag{b}$$

となる. 式 (a), (b) より

$$R_\mathrm{A} = \frac{b}{a+b}\,P, \quad R_\mathrm{B} = \frac{a}{a+b}\,P$$

と得られる. ここで，$P = 9800\,\mathrm{N}$, $a = 200\,\mathrm{mm}$, $b = 100\,\mathrm{mm}$ とおけば，次のようになる.

$$R_\mathrm{A} = \frac{1}{3} \times 9800 \approx 3267\,\mathrm{N}, \quad R_\mathrm{B} = \frac{2}{3} \times 9800 \approx 6533\,\mathrm{N}$$

2.2　問題 2.1 の結果をもとに，問題を**解図** 2.2 のように P_1 および P_2 のみが作用する場合の重ね合わせと考える. 軸力 P_1 のみが作用する場合を考えると，左右の壁からの反力は，問題 2.1 の結果より

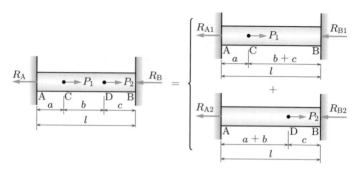

解図 2.2 問題 2.2

$$R_{A1} = \frac{b+c}{l}\,P_1, \quad R_{B1} = \frac{a}{l}\,P_1$$

となる．同様に，P_2 のみが作用する場合には，反力は

$$R_{A2} = \frac{c}{l}\,P_2, \quad R_{B2} = \frac{a+b}{l}\,P_2$$

となる．P_1, P_2 が同時に作用する場合には，以上の結果を加えればよく，以下のようになる．

$$R_A = R_{A1} + R_{A2} = \frac{b+c}{l}\,P_1 + \frac{c}{l}\,P_2, \quad R_B = R_{B1} + R_{B2} = \frac{a}{l}\,P_1 + \frac{a+b}{l}\,P_2$$

2.3 銅棒と鋼製棒とは同じ量だけ縮むので，

$$\sigma_C\,\frac{l_C}{E_C} = \sigma_S\,\frac{l_S}{E_S} \quad \therefore \sigma_S = \frac{l_C}{l_S}\,\frac{E_S}{E_C}\,\sigma_C = \frac{160}{240} \times \frac{200}{120}\,\sigma_C = 1.111\sigma_C \quad \text{(a)}$$

となる．3 本の棒が載せることのできる最大質量は，鋼製棒か銅棒のどちらかが降伏する場合の質量である．

はじめに，鋼製棒が降伏して 140 MPa の降伏応力に達しているとすると，式 (a) より，銅棒の応力は

$$\sigma_C = \frac{\sigma_S}{1.1111} = \frac{140}{1.1111} = 126\,\text{MPa} > 70\,\text{MPa}$$

となって，降伏応力を超えている．したがって，この場合は題意を満たしていない．

次に，銅棒が降伏して 70 MPa の降伏応力に達しているとすると，式 (a) より，鋼製棒の応力は

$$\sigma_S = 1.111 \times \sigma_C = 1.111 \times 70 = 77.78\,\text{MPa} < 140\,\text{MPa}$$

となり，鋼製棒は降伏応力に達していない．したがって，このときの応力の組合せが，もっとも大きな質量 M を支えられる．その大きさは，g を重力加速度として，

$$Mg = \sigma_S A_S + 2\sigma_C A_C$$

の関係から

$$M = \frac{1}{g}\,(\sigma_S A_S + 2\sigma_C A_C)$$

$$= \frac{1}{9.8} \times (77.78 \times 10^6 \times 1200 \times 10^{-6} + 2 \times 70 \times 10^6 \times 900 \times 10^{-6})$$

$$\approx 22.38 \times 10^3 \,\mathrm{kg}$$

と求められる.

2.4　部材 AC に生じる引張り力を P_{AC}, 部材 BC に生じる圧縮力を P_{BC} とすれば, 節点 C における水平および垂直方向の力のつり合い式は, **解図 2.3**(b) より

$$-P_{\mathrm{AC}} \cos\theta + P_{\mathrm{BC}} \cos\theta = 0, \quad P_{\mathrm{AC}} \sin\theta + P_{\mathrm{BC}} \sin\theta - P = 0,$$

$$\therefore P_{\mathrm{AC}} = P_{\mathrm{BC}} = \frac{P}{2\sin\theta}$$

となる. また, P_{AC}, P_{BC} による部材 AC の伸び λ_{AC}, 部材 BC の縮み λ_{BC} は, フックの法則より

$$\lambda_{\mathrm{AC}} = \frac{P_{\mathrm{AC}}l}{AE} = \frac{Pl}{2AE\sin\theta}, \quad \lambda_{\mathrm{BC}} = \frac{P_{\mathrm{BC}}l}{AE} = \frac{Pl}{2AE\sin\theta}$$

と得られる.

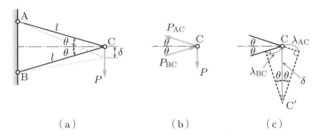

（a）　　　　　　　（b）　　　　　　　（c）

解図 2.3　問題 2.4

変形後の荷重点位置を C′ とする. 同図 (c) に示すように, C′ は部材 AC が λ_{AC} だけ伸びた点および部材 BC が λ_{BC} だけ縮んだ点の両者を満足する点であるから, それは, 点 A および点 B を中心に描いた円弧の交点である. しかし, 変形が小さければ, AC を λ_{AC} だけ伸ばした点から垂線を引き, また, BC を λ_{BC} だけ縮めた点から垂線を引いて, その 2 本の垂線の交点を変形後の位置 C′ と考えてもよい (同図 (c) 参照).

そこで, θ は変化しないものと考え, 荷重点 C の垂直方向変位を δ とすれば, 同図 (c) より

$$\delta = \frac{\lambda_{\mathrm{AC}}}{\sin\theta} = \frac{Pl}{2AE\sin^2\theta}$$

となる. 数値を代入すれば, 次のようになる.

$$\delta = \frac{9800 \times 1.2}{2 \times 80 \times 10^{-6} \times 206 \times 10^9 \times \sin^2(20°)} = 3.050 \times 10^{-3} \,\mathrm{m} \approx 3.05\,\mathrm{mm}$$

2.5 (1) **解図** 2.4 のような微小質量 dm の外向きの遠心力 $r\omega^2 dm$ の上方成分 $r\omega^2 dm \sin\theta$ の総和が，応力による力 $2\sigma(t \cdot 1)$ とつり合う（ここで，$(t \cdot 1)$ は応力の作用面の面積である）．すなわち，

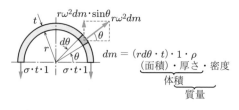

解図 2.4 問題 2.5

$$\int_0^\pi r\omega^2 \, dm \sin\theta = 2\sigma(t \cdot 1)$$

が成り立つ．ここで，dm は $dm = \rho r \, d\theta \, t \cdot 1$ で計算される．したがって，つり合い式は次のようになる．

$$\rho r^2 \omega^2 t \int_0^\pi \sin\theta \, d\theta = 2\sigma t \quad \rightarrow \quad \rho r^2 \omega^2 t \left[-\cos\theta\right]_0^\pi = 2\sigma t \quad \therefore \sigma = \rho r^2 \omega^2$$

(2) 回転数 n [rpm] と角速度 ω [rad/s] には，$\omega = 2\pi n/60$ の関係があるから，

$$\sigma = \rho r^2 \left(\frac{2\pi n}{60}\right)^2 \quad \therefore n = \frac{1}{r}\sqrt{\frac{\sigma}{\rho}} \cdot \frac{60}{2\pi} \text{ [rpm]}$$

が得られる．ここで，$\sigma \rightarrow \sigma_a$ と置き換えて，$\sigma_a = 190 \times 10^6 \, \text{N/m}^2$, $r = 0.15\,\text{m}$, $\rho = 7.85 \times 10^3 \, \text{kg/m}^3$ のときには

$$n = \frac{1}{0.15}\sqrt{\frac{190 \times 10^6}{7.85 \times 10^3}} \cdot \frac{60}{2\pi} = 9904.3 \approx 9904\,\text{rpm}$$

となる．

2.6 ボルトの引張り応力を σ_B，円筒の圧縮応力（の絶対値）を σ_C とすれば，軸力を F として，つり合い式は

$$\sigma_B = \frac{F}{A_B}, \quad \sigma_C = \frac{F}{A_C} \quad \therefore \sigma_B A_B = \sigma_C A_C \tag{a}$$

と表される．また，n：ナットの回転数 $(= 1/4)$, p：ピッチ $(= 1\,\text{mm})$ として，ナットの相対変位 $\lambda \, (= np)$ は，**解図** 2.5 のようにボルトの伸び $\lambda_B = \sigma_B l/E_B$ と円筒の伸び（実際には縮む）$\lambda_C = -\sigma_C l/E_C$ の相対変位に等しいから，

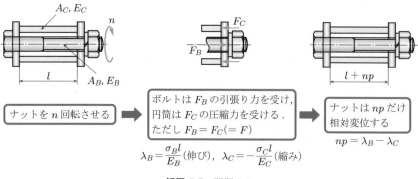

解図 2.5 問題 2.6

$$np = \lambda_B - \lambda_C \quad \therefore \quad \frac{\sigma_B}{E_B} l - \left(-\frac{\sigma_C}{E_C} l \right) = \frac{p}{4} \tag{b}$$

となる．式 (a), (b) より，

$$\sigma_B = \frac{E_B E_C A_C}{E_B A_B + E_C A_C} \cdot \frac{p}{4l}, \quad \sigma_C = \frac{E_B E_C A_B}{E_B A_B + E_C A_C} \cdot \frac{p}{4l}$$

が得られ，数値を代入すれば（長さの単位は m で計算）

$$\sigma_B = \frac{19.6 \times 10^{10} \times 9.8 \times 10^{10} \times 15 \times 10^{-4}}{19.6 \times 10^{10} \times 6 \times 10^{-4} + 9.8 \times 10^{10} \times 15 \times 10^{-4}} \cdot \frac{0.001}{4 \times 0.5}$$
$$= 54.44 \times 10^6 \, \text{N/m}^2 \approx 54.4 \, \text{MPa},$$

$$\sigma_C = \frac{19.6 \times 10^{10} \times 9.8 \times 10^{10} \times 6 \times 10^{-4}}{19.6 \times 10^{10} \times 6 \times 10^{-4} + 9.8 \times 10^{10} \times 15 \times 10^{-4}} \cdot \frac{0.001}{4 \times 0.5}$$
$$= 21.77 \times 10^6 \, \text{N/m}^2 \approx 21.8 \, \text{MPa}$$

となる．

2.7 棒全体が ΔT だけ温度上昇すると，これによって生じる伸び λ_T は，$\lambda_T = \Delta T \alpha (2l) = 2\alpha \Delta T l$ である．実際にはこの伸びは生じておらず，**解図** 2.6 のように壁からの反力 R によってこの大きさだけ縮められていると考えられる．この反力 R による縮み量 λ_R は，$A_2 = 2A_1$ を考慮して，$\lambda_R = Rl/(A_1 E) + Rl/(A_2 E) = 3Rl/(2A_1 E)$. したがって，$\lambda_T = \lambda_R$ であるから

$$2\alpha \Delta T l = \frac{3Rl}{2A_1 E} \quad \therefore \quad R = \frac{4\alpha \Delta T A_1 E}{3}$$

となる．棒に生じる応力は，圧縮力 R を区間 AB, BC の断面積で割ればよいから，次のようになる．

$$\sigma_{\text{AB}} = \frac{R}{A_1} = \frac{4}{3} \alpha \Delta T E, \quad \sigma_{\text{BC}} = \frac{R}{A_2} = \frac{2}{3} \alpha \Delta T E$$

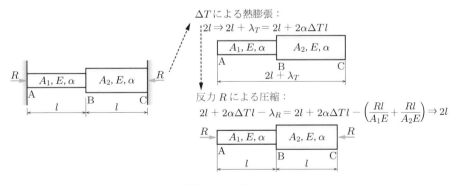

解図 2.6　問題 2.7

2.8 右側の剛体壁に接触するまでの温度上昇分を ΔT_1, また接触後から圧縮応力が $35\,\text{MPa}$ になるまでの温度上昇分を ΔT_2 とする. このとき, 図 2.17 から

$$\delta = \alpha\,\Delta T_1 l \quad \therefore \Delta T_1 = \frac{\delta}{\alpha l} = \frac{0.0025}{18 \times 10^{-6} \times 3} = 46.30 \approx 46.3°\text{C}$$

となる.

この接触後にさらに ΔT_2 だけ温度上昇して銅棒に $\sigma\,(=35\,\text{MPa})$ の圧縮応力を生じるものとすると,

$$\sigma = E\alpha\,\Delta T_2 \quad \therefore \Delta T_2 = \frac{\sigma}{E\alpha} = \frac{35 \times 10^6}{80 \times 10^9 \times 18 \times 10^{-6}} = 24.31 \approx 24.3°\text{C}$$

を得る. これより, 銅棒に $35\,\text{MPa}$ の圧縮応力を生じさせるための温度上昇量 ΔT は

$$\Delta T = \Delta T_1 + \Delta T_2 = 46.3 + 24.3 = 70.6°\text{C}$$

となる. 上げ始めの時点の温度が $-20°\text{C}$ だから, 結局, 銅棒を $70.61 - 20 \approx 50.6°\text{C}$ まで熱する必要がある.

2.9 図 2.18 (b) の場合, 棒 AB には $P_1 + P_2$ の引張り力, 棒 BC には P_2 の引張り力が作用し, 棒 CD には力が作用しない. したがって, このときの棒全体の伸び λ_1 は

$$\lambda_1 = \frac{(P_1 + P_2)l_{\text{AB}}}{A_A E_A} + \frac{P_2 l_{\text{BC}}}{A_A E_A} = \frac{1}{A_A E_A}\left\{(P_1 + P_2)l_{\text{AB}} + P_2 l_{\text{BC}}\right\}$$

となる. 一方, 同図 (c) の場合, R_D による棒全体の縮み λ_2 は

$$\lambda_2 = \left(\frac{l_{\text{AC}}}{A_A E_A} + \frac{l_{\text{CD}}}{A_S E_S}\right) R_\text{D}$$

である. 題意より, $\lambda_1 = \lambda_2$ であるから, この関係より R_D を求めると

$$R_\text{D} = \frac{(P_1 + P_2)l_{\text{AB}} + P_2 l_{\text{BC}}}{l_{\text{AC}} + A_A E_A/(A_S E_S)l_{\text{CD}}}$$

を得る. 与えられた数値を代入して

$$R_\text{D} = \frac{(80 \times 10^3 + 65 \times 10^3) \times 0.2 + 65 \times 10^3 \times 0.25}{0.45 + \dfrac{\pi/4 \times 0.03^2 \times 75 \times 10^9}{\pi/4 \times 0.04^2 \times 206 \times 10^9} \times 0.25} = 90.283 \times 10^3\,\text{N}$$

$$\approx 90.3\,\text{kN}$$

となる. また, 棒全体の力のつり合い式は, R_A を左向きと仮定して $P_1 + P_2 - R_\text{D} - R_\text{A} = 0$ となるから,

$$R_\text{A} = P_1 + P_2 - R_\text{D} = 80 + 65 - 90.3 = 54.7\,\text{kN}$$

となる.

2.10 図 2.19 (b) の円錐棒の拡大図に示すように, 棒の任意位置 x より右方に座標 ξ を定義する. なお, $x \leq \xi \leq l$ であり, ξ の位置の断面積を A_ξ, 直径を d_ξ とすると, $d_\xi = d(l - \xi)/l$ である.

このとき, 位置 ξ にある微小質量 $\rho A_\xi\,d\xi$ の角加速度は $\xi\omega^2$ であるから, この微小質量により生じる微小遠心力 dF は, $A_\xi = (\pi/4)d_\xi^2$ として

$$dF = (\rho A_\xi \, d\xi) \cdot \xi \omega^2 = \rho\left(\frac{\pi}{4}\right) d_\xi^2 \cdot d\xi \cdot \xi \omega^2 = \frac{\pi \rho d^2 \omega^2}{4l^2} \xi(l-\xi)^2 \, d\xi \qquad \text{(a)}$$

である．したがって，棒の任意位置 x より右方に生じる遠心力の総和 F は，式 (a) を積分して

$$F = \int_x^l dF = \frac{\pi \rho d^2 \omega^2}{4l^2} \int_x^l \xi(l-\xi)^2 \, d\xi \qquad \text{(b)}$$

と得られる．式 (b) において，$l - \xi = \eta$ と置換積分すると

$$\begin{aligned}
F &= \frac{\pi \rho d^2 \omega^2}{4l^2} \int_0^{l-x} \eta^2(l-\eta) \, d\eta = \frac{\pi \rho d^2 \omega^2}{4l^2}\left[\frac{\eta^3}{3} l - \frac{\eta^4}{4}\right]_0^{l-x} \\
&= \frac{\pi \rho d^2 \omega^2}{48l^2} (l-x)^3(l+3x)
\end{aligned} \qquad \text{(c)}$$

となる．

任意位置 x の応力 σ_x は，式 (c) の遠心力をその位置の断面積 $A_x = \pi d^2(l-x)^2/(4l^2)$ で割って得られ，

$$\sigma_x = \frac{4l^2}{\pi d^2(l-x)^2} \times \frac{\pi \rho d^2 \omega^2}{48l^2} (l-x)^3(l+3x) = \frac{\rho \omega^2}{12} (l-x)(l+3x)$$

となる．応力の最大値は，$d\sigma_x/dx = 0$ を満たす位置，すなわち $x = l/3$ で生じ，$\sigma_{\max} = \rho\omega^2 l^2/9$ と得られる．$x = 0$ では，$\sigma = \rho\omega^2 l^2/12$ となり，回転中心軸では最大応力となっていないことに留意しよう．

また，任意位置の微小部 dx の微小伸び $d\lambda$ は $(\sigma/E) \, dx$ であるから，円錐棒全体の伸びは微小部の伸びの和（積分）により求められ，

$$\begin{aligned}
\lambda &= \int_0^l \frac{\sigma}{E} \, dx = \frac{\rho\omega^2}{12E} \int_0^l (l-x)(l+3x) \, dx = \frac{\rho\omega^2}{12E}\left[l^2 x + lx^2 - x^3\right]_0^l \\
&= \frac{\rho\omega^2 l^3}{12E}
\end{aligned}$$

となる．棒全体の伸びは，左側の棒の伸びも考慮して $2\lambda = \rho\omega^2 l^3/(6E)$ と得られる．

2.11 **解図 2.7** のように，鋼棒，銅棒の引張り力を P_S，P_B，鋼棒，銅棒に生じる応力を σ_S，σ_B とすると，点 O まわりのモーメントのつり合いから

解図 2.7 問題 2.11

$$2 \times P = 1.5 \times P_S + 3 \times P_B$$

$$\therefore\ 2P = 1.5\sigma_S A_S + 3\sigma_B A_B \qquad \text{(a)}$$

となる．一方，剛体棒 AC は点 O まわりに回転するから，銅棒の伸び δ_S と銅棒の伸び δ_B の間には，回転角が小さいとき $\delta_B = 2\delta_S$ の関係がある．したがって，

$$2\frac{\sigma_S L_S}{E_S} = \frac{\sigma_B L_B}{E_B} \quad \therefore\ \sigma_S = \frac{L_B E_S}{2L_S E_B} \sigma_B = \frac{2 \times 200}{2 \times 1.5 \times 83} \sigma_B = 1.606\sigma_B \qquad \text{(b)}$$

となる．鋼棒に許容応力 $\sigma_S = 150\,\text{MPa}$ が生じると考えた場合は，式 (b) より $\sigma_B = 150/1.606 = 93.4\,\text{MPa}$ となり，許容応力 $70\,\text{MPa}$ を超えた応力が銅棒に生じてしまう．

一方，銅棒に許容応力 $\sigma_B = 70\,\text{MPa}$ が生じると考えた場合は，式 (b) より $\sigma_S = 70 \times 1.606 = 112.4\,\text{MPa}$ となり，許容応力 $150\,\text{MPa}$ より小さい応力が鋼棒に生じている．したがって，$\sigma_B = 70\,\text{MPa}$, $\sigma_S = 112.4\,\text{MPa}$ の応力の組合せのときに，P の最大値が求められる．

この応力の組合せを式 (a) に代入し，$A_S = 900\,\text{mm}^2$, $A_B = 300\,\text{mm}^2$ として P を求めると，次のようになる．

$$P = \frac{1}{2}\left(1.5\sigma_S A_S + 3\sigma_B A_B\right)$$
$$= \frac{1}{2}\left(1.5 \times 112.4 \times 10^6 \times 900 \times 10^{-6} + 3 \times 70 \times 10^6 \times 300 \times 10^{-6}\right)$$
$$= 107.37 \times 10^3\,\text{N} \approx 107\,\text{kN}$$

2.12　図 2.21 の x の位置の断面積は bt である．これより下方の部分の体積は，$bt(h-x)/2$ であり，その重量は $\rho gbt(h-x)/2$ である．

これを断面積 bt で割れば応力 σ_x が得られ，$\sigma_x = \rho g(h-x)/2$．したがって，最大応力は $x = 0$ に生じ，$\sigma_{\text{max}} = \rho gh/2$．

dx 部の伸び $d\lambda$ は，$d\lambda = (\sigma_x/E)\,dx = \rho g(h-x)\,dx/2E$ と表されるから，全体の伸びは

$$\lambda = \frac{\rho g}{2E}\int_0^h (h-x)\,dx = \frac{\rho gh^2}{4E}$$

と得られる．

● 第3章

3.1　許容せん断応力を τ_a とすると，式 (3.5) より次のようになる．

$$T = \frac{\pi d^3}{16}\tau_a = \frac{\pi \times 0.036^3}{16} \times 70 \times 10^6 = 641.26 \approx 641\,\text{N}\cdot\text{m}$$

3.2　問題 3.1 と同様，$T = (\pi d^3/16)\tau$ より次のようになる．

$$\tau = \frac{16T}{\pi d^3} = \frac{16 \times 800}{\pi \times 0.036^3} = 87.33 \times 10^6\,\text{N/m}^2 \approx 87.3\,\text{MPa}$$

3.3　一般に，許容せん断応力を τ_a としたとき，トルク T を受ける丸棒の軸径は，式 (3.5) から $d = (16T/\pi\tau_a)^{1/3}$ と計算される．ここで，$T = 60P/(2\pi n)$（式 (3.7)）を代入して

$$d = \left(\frac{16}{\pi\tau_a} \cdot \frac{60P}{2\pi n}\right)^{1/3}$$

となる．$P = 2.2\,\text{kW}$, $n = 1800\,\text{rpm}$, $\tau_a = 19.6 \times 10^6\,\text{N/m}^2$ を代入すると，次のように得られる．

$$d = \left(\frac{16}{\pi \times 19.6 \times 10^6} \times \frac{60 \times 2200}{2\pi \times 1800}\right)^{1/3} = 0.01447\,\text{m} \approx 14.5\,\text{mm}$$

3.4　中空軸をねじったときに生じる最大応力 τ_{max} $(= \tau_a)$ とトルクの関係は，Z_p を極断面係数 $(Z_p = I_p/(d_o/2))$ として，式 (3.10) より

$$\tau_a = \frac{T}{Z_p} = \frac{16 d_o T}{\pi(d_o^4 - d_i^4)}$$

であるから，$m = d_i/d_o$，$T = 60P/(2\pi n)$ とおいて

$$d_o = \left\{ \frac{16T}{\pi \tau_a (1 - m^4)} \right\}^{1/3} = \left\{ \frac{16}{\pi \tau_a (1 - m^4)} \cdot \frac{60P}{2\pi n} \right\}^{1/3}$$

となる．これに与えられた数値を代入すると，次のようになる．

$$d_o = \left\{ \frac{16}{\pi \times 19.6 \times 10^6 \times (1 - 0.65^4)} \times \frac{60 \times 2200}{2\pi \times 1800} \right\}^{1/3} = 0.01546 \,\mathrm{m}$$

$$\approx 15.5 \,\mathrm{mm},$$

$$d_i = 0.65 \times 15.45 \approx 10.0 \,\mathrm{mm}$$

3.5　以下，**解図 3.1** のように，棒軸の右方向から見て左回りを正のトルク，正のねじれ角とする．

棒に対して，点 D において作用するトルク T_D を，同図のように左回りに作用するものとする．また，右側の固定壁を取り去って考え，このときに点 A に対する点 D のねじれ角がゼロになれば，与えられた問題と同じ条件を満たす．

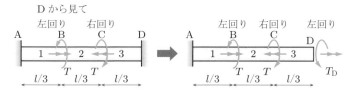

解図 3.1　問題 3.5

各区間 CD, BC および AB に作用するトルクと各点 D, C, B におけるねじれ角（点 A に対するねじれ角）を求めると，

$$\left.\begin{aligned}
&\text{区間 CD : 作用トルク } T_{CD} = T_D, \\
&\text{点 D のねじれ角 : } \phi_D = \frac{T_D(l/3)}{GI_p}, \\
&\text{区間 BC : 作用トルク } T_{BC} = T_D - T, \\
&\text{点 C のねじれ角 : } \phi_C = \frac{(T_D - T)(l/3)}{GI_p}, \\
&\text{区間 AB : 作用トルク } T_{AB} = T - T + T_D = T_D, \\
&\text{点 B のねじれ角 : } \phi_B = \frac{T_D(l/3)}{GI_p}
\end{aligned}\right\} \quad \text{(a)}$$

である．

したがって，点 A に対する点 D のねじれ角は $\phi_D + \phi_C + \phi_B$ であり，

$$\phi_D + \phi_C + \phi_B = \frac{T_D(l/3)}{GI_p} + \frac{(T_D - T)(l/3)}{GI_p} + \frac{T_D(l/3)}{GI_p} = 0$$

とならなければならない．これより $T_D = T/3$ を得る．また，点 A において作用するトルクを T_A とおくと，トルクのつり合いより

$$T_A + T - T + T_D = 0 \quad \therefore T_A = -T_D = -\frac{T}{3} \, (時計回り)$$

となる. この結果を式 (a) に代入すると, 各区間に作用するトルクは

$$T_{AB} = \frac{T}{3}, \quad T_{BC} = -\frac{2}{3}T, \quad T_{CD} = \frac{T}{3}$$

と得られる. さらに, 点 B, C のねじれ角は

$$\phi_B = \frac{Tl}{9GI_p}, \quad \phi_C = -\frac{Tl}{9GI_p}$$

となる.

3.6 はじめに, 許容せん断応力に基づくトルクの算出を行う. 式 (3.10) より, 表面のせん断応力が $\tau_a = 60\,\text{MPa}$ となるときのトルクは

$$T = Z_p \tau_a = \frac{\pi(d_o^4 - d_i^4)}{16 d_o} \tau_a = \frac{\pi(0.1^4 - 0.08^4)}{16 \times 0.1} \times 60 \times 10^6 = 6955.5$$

$$\approx 6955\,\text{N} \cdot \text{m}$$

と計算される.

一方, 比ねじれ角が $\theta = 0.5°$ となるときのトルクは, 式 (3.4) より

$$T = GI_p \theta = G \frac{\pi(d_o^4 - d_i^4)}{32} \theta = 83 \times 10^9 \times \frac{\pi(0.1^4 - 0.08^4)}{32} \times 0.5 \times \frac{\pi}{180}$$

$$= 4198.3 \approx 4198\,\text{N} \cdot \text{m}$$

と求められる. したがって, 以上のうちの小さいほうのトルクを採用し, $T = 4198\,\text{N} \cdot \text{m}$ が円筒に作用し得る最大トルクとなる.

3.7 **解図 3.2** のように, 区間 AC に作用するトルク T_{AC} は, 棒軸の右方向から見て右回りに $80 - 20 = 60\,\text{N} \cdot \text{m}$ となるから, この区間のせん断応力 τ_{AC} は, 式 (3.5) より

$$\tau_{AC} = \frac{16 T_{AC}}{\pi d^3} = \frac{16 \times 60}{\pi \times 0.03^3} = 11.32 \times 10^6\,\text{N/m}^2 \approx 11.3\,\text{MPa}$$

となる. 同様に, 区間 CB に作用するトルク T_{CB} は, 棒軸の右方向から見て右回りに $80\,\text{N} \cdot \text{m}$ であり, この区間のせん断応力 τ_{CB} は

$$\tau_{CB} = \frac{16 T_{CB}}{\pi d^3} = \frac{16 \times 80}{\pi \times 0.03^3} = 15.09 \times 10^6\,\text{N/m}^2 \approx 15.1\,\text{MPa}$$

となる.

ねじれ角 ϕ は, 区間 AC および区間 CB のねじれ角の和として計算され, 式 (3.4) より次のようになる.

$$\phi = \frac{T_{AC} l_1}{GI_p} + \frac{T_{CB} l_2}{GI_p} = \frac{1}{G(\pi d^4/32)} (T_{AC} l_1 + T_{CB} l_2)$$

$$= \frac{32}{27 \times 10^9 \times \pi \times 0.03^4} (60 \times 0.6 + 80 \times 0.9) = 0.0503\,\text{rad} = 2.88°$$

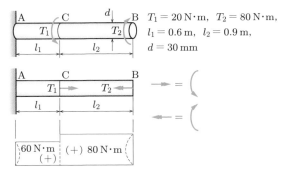

$T_1 = 20\,\text{N·m}, \quad T_2 = 80\,\text{N·m},$
$l_1 = 0.6\,\text{m}, \quad l_2 = 0.9\,\text{m},$
$d = 30\,\text{mm}$

解図 3.2　問題 3.7

3.8　(1) **解図 3.3** の灰色の三角形に対して，辺の長さの比を考えると，次のように d が得られる.

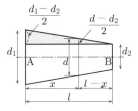

解図 3.3　問題 3.8

$$\frac{d_1 - d_2}{2} : l = \frac{d - d_2}{2} : l - x$$

$$\therefore\ d = d_2 + \frac{d_1 - d_2}{l}\,(l - x) = d_1 - (d_1 - d_2)\,\frac{x}{l}$$

(2) 実際に積分すると，

$$\phi = \frac{32T}{\pi G} \int_0^l \frac{1}{d^4}\,dx$$

$$= \frac{32T}{\pi G} \int_0^l \frac{1}{\{d_1 - (d_1 - d_2)\,x/l\}^4}\,dx$$

$$= \frac{32T}{\pi G} \left[-\frac{1}{3} \cdot \frac{-l}{d_1 - d_2} \cdot \frac{1}{\{d_1 - (d_1 - d_2)\,x/l\}^3} \right]_0^l = \frac{32Tl}{3\pi G} \cdot \frac{d_1^3 - d_2^3}{d_1^3 d_2^3 (d_1 - d_2)}$$

$$= \frac{32Tl}{3\pi G} \cdot \frac{d_1^2 + d_1 d_2 + d_2^2}{d_1^3 d_2^3}$$

を得る.

3.9　式 (3.3), (3.5) および式 (3.12) より，

$$\tau_{c\,\text{max}} = \frac{16T}{\pi d^3}, \quad \theta_c = \frac{32T}{\pi d^4 G}, \quad \tau_{e\,\text{max}} = \frac{2T}{\pi a b^2}, \quad \theta_e = \frac{a^2 + b^2}{\pi a^3 b^3} \cdot \frac{T}{G}$$

である.

断面積が等しいから，$\pi d^2/4 = \pi ab$，すなわち，$d^2 = 4ab$ となり，次のようになる.

$$\frac{\tau_{c\,\text{max}}}{\tau_{e\,\text{max}}} = \frac{8ab^2}{d^3} = \frac{2b}{d} = \sqrt{\frac{b}{a}}, \quad \frac{\theta_c}{\theta_e} = \frac{32a^3 b^3}{d^4(a^2 + b^2)} = \frac{2ab}{a^2 + b^2}$$

3.10　断面に作用するせん断力をねじりモーメント WR による分と荷重 W による分との和と考え，式 (3.15) より

$$\tau_{\text{max}} = \frac{16WR}{\pi d^3}\left(1 + \frac{d}{4R}\right) = \frac{16 \times 117.6 \times 0.025}{\pi \times 0.006^3}\left(1 + \frac{0.006}{4 \times 0.025}\right)$$

$$= 73.48 \times 10^6\,\text{N/m}^2 \approx 73.5\,\text{MPa}$$

と得られる．なお，この $\tau_{\max}$ はコイルばね素線の中心軸にもっとも近い内側の点に生じ，外側ではせん断力は

$$\tau = \frac{16WR}{\pi d^3}\left(1 - \frac{d}{4R}\right) \approx 65.2\,\mathrm{MPa}$$

となる．

ワールの式 (3.16) を用いて，$c = 2R/d = 2 \times 0.025/0.006 = 8.333$ として，次のようになる．

$$\tau_{\max} = \frac{16WR}{\pi d^3}\left(\frac{4 \times 8.333 - 1}{4 \times 8.333 - 4} + \frac{0.615}{8.333}\right) = 81.53 \times 10^6\,\mathrm{N/m^2} \approx 81.5\,\mathrm{MPa}$$

3.11 作用トルク T は，アルミ棒と鋼製棒とに分配されるから

$$T = T_a + T_s \tag{a}$$

となる．ここで，T_a：アルミ棒に作用するトルク，T_s：鋼製棒に作用するトルクである．また，両棒のねじれ角は等しいから

$$\frac{T_a l}{G_a I_{pa}} = \frac{T_s l}{G_s I_{ps}}$$

$$\rightarrow \quad \frac{T_a}{70 \times 10^9 \times (\pi/32)(0.076^4 - 0.06^4)} = \frac{T_s}{200 \times 10^9 \times (\pi/32) \times 0.05^4}$$

$$\therefore T_s = 0.875 T_a \tag{b}$$

となる．

はじめに，アルミ棒のせん断応力が許容せん断応力 $\tau_a = 65\,\mathrm{MPa}$ に達した場合を考える．すると，アルミ棒に作用するトルクは

$$T_a = \frac{\pi(d_o^4 - d_i^4)}{16 d_o}\tau_a = \frac{\pi \times (0.076^4 - 0.06^4)}{16 \times 0.076} \times 65 \times 10^6 \approx 3426\,\mathrm{N \cdot m}$$

となる．また，式 (b) を用いると，鋼製棒に作用するトルクは $T_s = 0.875 T_a = 2998\,\mathrm{N \cdot m}$ となる．このとき，鋼製棒に生じるせん断応力は

$$\tau_s = \frac{16 T_s}{\pi d^3} = \frac{16 \times 2998}{\pi \times 0.05^3} = 122.15 \times 10^6\,\mathrm{N/m^2} \approx 122\,\mathrm{MPa} > 110\,\mathrm{MPa}$$

となり，許容せん断応力を超えている．

次に，鋼製棒のせん断応力が許容せん断応力 $\tau_s = 110\,\mathrm{MPa}$ に達した場合を考える．すると，鋼製棒およびアルミ棒に作用するトルクは

$$T_s = \frac{\pi d^3}{16}\tau_s = \frac{\pi \times 0.05^3}{16} \times 110 \times 10^6 \approx 2700\,\mathrm{N \cdot m},$$

$$T_a = \frac{T_s}{0.875} = \frac{2700}{0.875} \approx 3086\,\mathrm{N \cdot m}$$

となる．このとき，アルミ棒に生じるせん断応力は

$$\tau_a = \frac{16 d_o T_a}{\pi(d_o^4 - d_i^4)} = \frac{16 \times 0.076 \times 3086}{\pi(0.076^4 - 0.06^4)} = 58.55 \times 10^6\,\mathrm{N/m^2}$$

$$\approx 58.6\,\mathrm{MPa} < 65\,\mathrm{MPa}$$

となり，許容せん断応力以下となっている．よって，この場合が適切な解となっており，この組合せ棒に負荷できる最大トルクは

$$T = T_a + T_s = 3086 + 2700 = 5786\,\mathrm{N \cdot m}$$

と求められる．

● 第4章

4.1　I_x を求めるために**解図** 4.1 (a) のように図形を分割すると，I_x は x 軸より上の図形の断面2次モーメントの2倍となるから，**例題** 4.3 の結果を利用して

$$I_x = 2\left(\frac{1}{3} \times 10 \times 45^3 + \frac{1}{3} \times 80 \times 5^3\right) = 614.17 \times 10^3 \approx 614.2 \times 10^3\,\mathrm{mm}^4$$

となる．

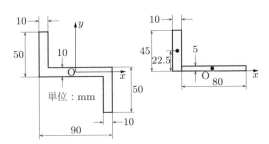
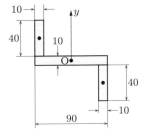

（a）I_x の計算のための分割
（上半分を表示）

（b）I_y の計算のための分割

解図 4.1　問題 4.1

y 軸に関する断面2次モーメントについては，解図 4.1 (b) のように図形を分割すると

$$I_y = \frac{1}{12} \times 10 \times 90^3 + 2 \times \left(\frac{1}{12} \times 40 \times 10^3 + 10 \times 40 \times 40^2\right)$$

$$= 1889.17 \times 10^3 \approx 1889 \times 10^3\,\mathrm{mm}^4$$

となる．断面2次半径は，定義式 (4.6) より以下のようになる．

$$k_x = \sqrt{\frac{I_x}{A}} = \sqrt{\frac{614.2 \times 10^3}{2 \times (45 \times 10 + 80 \times 5)}} = 19.008 \approx 19.0\,\mathrm{mm},$$

$$k_y = \sqrt{\frac{I_y}{A}} = \sqrt{\frac{1889 \times 10^3}{2 \times (45 \times 10 + 80 \times 5)}} = 33.334 \approx 33.3\,\mathrm{mm}$$

4.2 **解図** 4.2 のように，下辺から Y の位置にある微小幅 dY の台形の横幅を b' とおくと，$b' = b + b_1 - (b_1/h)Y$ となる．また，台形の面積 A は，$A = (1/2)(b + b + b_1)h = h(2b + b_1)/2$ となる．したがって，図心位置 e_1 は，微小面積 dA を $b' dY$ とおいて以下のようになる．

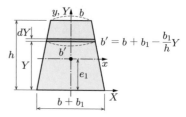

解図 4.2　問題 4.2

$$
\begin{aligned}
e_1 &= \frac{1}{A} \int_A Y\, dA \\
&= \frac{2}{h(2b + b_1)} \int_0^h Y b'\, dY \\
&= \frac{2}{h(2b + b_1)} \int_0^h \left\{ (b + b_1)\, Y - \frac{b_1}{h} Y^2 \right\} dY \\
&= \frac{2}{h(2b + b_1)} \left[\frac{b + b_1}{2} Y^2 - \frac{b_1 Y^3}{3h} \right]_0^h = \frac{2}{h(2b + b_1)} h^2 \left(\frac{b + b_1}{2} - \frac{b_1}{3} \right) \\
&= \frac{h(3b + b_1)}{3(2b + b_1)}
\end{aligned}
$$

X 軸に関する断面 2 次モーメント I_X は

$$
\begin{aligned}
I_X &= \int_A Y^2\, dA = \int_0^h Y^2 \left(b + b_1 - \frac{b_1}{h} Y \right) dY = \left[(b + b_1) \frac{Y^3}{3} - \frac{b_1}{h} \frac{Y^4}{4} \right]_0^h \\
&= \frac{h^3}{12} (4b + b_1)
\end{aligned}
$$

となる．

したがって，x 軸に関する断面 2 次モーメント I_x は，平行軸の定理より次のようになる．

$$
\begin{aligned}
I_x &= I_X - e_1^2 A = \frac{h^3}{12} (4b + b_1) - \frac{h^2}{9} \frac{(3b + b_1)^2}{(2b + b_1)^2} \cdot \frac{h}{2} (2b + b_1) \\
&= \frac{h^3}{12} (4b + b_1) - \frac{h^3}{18} \frac{(3b + b_1)^2}{(2b + b_1)} = \frac{6b^2 + 6bb_1 + b_1^2}{36(2b + b_1)} h^3
\end{aligned}
$$

4.3 **解図** 4.3 のような図形分割を行う．したがって，$A_1 = 20 \times 90 = 1800\,\mathrm{mm}^2$, $A_2 = 60 \times 30 = 1800\,\mathrm{mm}^2$, $\overline{Y}_1 = 10\,\mathrm{mm}$, $\overline{Y}_2 = 50\,\mathrm{mm}$ となる．これより，図心位置 $\overline{Y}$ は

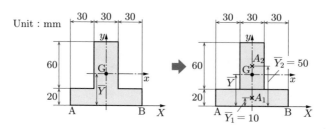

解図 4.3　問題 4.3

$$\overline{Y} = \frac{\overline{Y}_1 A_1 + \overline{Y}_2 A_2}{A_1 + A_2} = \frac{1800 \times 10 + 1800 \times 50}{1800 + 1800} = 30\,\mathrm{mm}$$

となる．また，最下辺に沿った X 軸に関する断面 2 次モーメント I_X は

$$I_X = \frac{1}{12} \times 90 \times 20^3 + 1800 \times 10^2 + \frac{1}{12} \times 30 \times 60^3 + 1800 \times 50^2$$
$$= 5280 \times 10^3\,\mathrm{mm}^4$$

となる．これより，図心を通る x 軸に関する断面 2 次モーメント I_x は

$$I_x = I_X - \overline{Y}^2 (A_1 + A_2) = 5280 \times 10^3 - 30^2 \times (1800 + 1800)$$
$$= 2040 \times 10^3\,\mathrm{mm}^4$$

となる．

y 軸に関する断面 2 次モーメント I_y は，図形 A_1, A_2 の断面 2 次モーメントの和として

$$I_y = \frac{1}{12} \times 60 \times 30^3 + \frac{1}{12} \times 20 \times 90^3 = 1350 \times 10^3\,\mathrm{mm}^4$$

となる．

4.4　**解図** 4.4 のような極座標を用いると，$y = a\sin\theta$, $b = 2a\cos\theta$ であり，y の位置の微小部の面積は $dA = b\,dy$ となる．そこで，A を半円の面積とすると，図心位置 e_1 は

$$e_1 = \frac{1}{A} \int_A y\,dA = \frac{1}{A} \int_0^a yb\,dy$$
$$= \frac{1}{(\pi a^2)/2} \int_0^{\pi/2} a\sin\theta \cdot (2a\cos\theta) \cdot a\cos\theta\,d\theta$$
$$= \frac{4a}{\pi} \int_0^{\pi/2} \sin\theta\,(1 - \sin^2\theta)\,d\theta = \frac{4a}{\pi} \left[-\cos\theta\right]_0^{\pi/2} - \frac{4a}{\pi} \cdot \frac{2}{3} = \frac{4a}{3\pi}$$
$$= 0.424a$$

となる．ここで，付録 A.(2) のウォリスの積分を用いた．

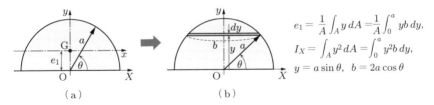

解図 4.4　問題 4.4

次に，X 軸に関する断面 2 次モーメントは，同様にウォリスの積分を用いて

$$I_X = \int_A y^2\,dA = \int_0^a y^2 b\,dy = \int_0^{\pi/2} (a\sin\theta)^2 \cdot (2a\cos\theta) \cdot a\cos\theta\,d\theta$$
$$= 2a^4 \int_0^{\pi/2} \sin^2\theta\,(1 - \sin^2\theta)\,d\theta = 2a^4 \left(\frac{1}{2} \times \frac{\pi}{2} - \frac{3 \times 1}{4 \times 2} \times \frac{\pi}{2}\right) = \frac{\pi}{8}\,a^4$$

となる．以上の結果と平行軸の定理を用いると，図心軸に関する断面 2 次モーメント I_x は次のようになる．

$$I_x = I_X - e_1^2 A = \frac{\pi}{8} a^4 - \left(\frac{4a}{3\pi} \right)^2 \cdot \frac{\pi a^2}{2} = \left(\frac{\pi}{8} - \frac{8}{9\pi} \right) a^4 = 0.10976 a^4$$

$$\approx 0.110 a^4$$

4.5　x 軸に関する断面 2 次モーメント I_x は，一辺の長さ $2a$ の正方形の I_{x1} と上下の半円の I_{x2} からなる．ここで，I_{x1} は **例題 4.3** より，また，半円の I_{x2} は問題 4.4 の結果と平行軸の定理より

$$I_{x1} = \frac{(2a) \cdot (2a)^3}{12} = \frac{4}{3} a^4, \quad I_{x2} = \frac{\pi}{8} a^4 + \frac{\pi a^2}{2} \cdot a^2 = \frac{5\pi}{8} a^4$$

となる．したがって，

$$I_x = I_{x1} + I_{x2} = \left(\frac{4}{3} + \frac{5}{8} \pi \right) a^4 = \left(\frac{4}{3} + \frac{5}{8} \pi \right) \times 2^4 = 52.749 \approx 52.75 \, \text{cm}^4$$

となる．I_y については，一辺の長さ $2a$ の正方形および直径 $2a$ の円の断面 2 次モーメントの和として考えられ，次のようになる．

$$I_y = \frac{(2a)(2a)^3}{12} + \frac{\pi}{64} (2a)^4 = \left(\frac{4}{3} + \frac{\pi}{4} \right) a^4 = \left(\frac{4}{3} + \frac{\pi}{4} \right) \times 2^4 \approx 33.90 \, \text{cm}^4$$

4.6　z 軸に関する断面 2 次モーメント I_z は

$$I_z = 2 \int_0^{a/2} y^2 h \, dy + 2 \int_{a/2}^{b/2} y^2 z \, dy$$

により求められる．ここで，第 2 項の積分に含まれる z は，**解図 4.5** (b) より

$$\frac{b}{2} - y : z = \frac{b-a}{2} : h \;\rightarrow\; z = \frac{h}{b-a} (b - 2y)$$

と求められる．

これより，次のようになる．

$$I_z = 2h \int_0^{a/2} y^2 \, dy + 2 \frac{h}{b-a} \int_{a/2}^{b/2} y^2 (b - 2y) \, dy$$

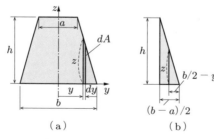

解図 4.5　問題 4.6

$$= 2h \left[\frac{y^3}{3} \right]_0^{a/2} + \frac{2h}{b-a} \left[b\frac{y^3}{3} - \frac{y^4}{2} \right]_{a/2}^{b/2}$$

$$= \frac{a^3 h}{12} + \frac{bh}{12(b-a)}(b^3 - a^3) - \frac{h}{16(b-a)}(b^4 - a^4)$$

$$= \frac{a^3 h}{12} + \frac{h}{48(b-a)}(3a^4 - 4a^3 b + b^4)$$

$$= \frac{h}{48(b-a)} \left[4a^3(b-a) + 3a^4 - 4a^3 b + b^4 \right]$$

$$= \frac{h}{48(b-a)}(b^4 - a^4) = \frac{h}{48(b-a)}(b^2 - a^2)(b^2 + a^2)$$

$$= \frac{h}{48(b-a)}(b+a)(b-a)(b^2 + a^2) = \frac{(a+b)(a^2 + b^2)}{48} h$$

4.7　**解図** 4.6 のような図形分割を行って考える．このとき，分割された図形 A_1, A_2 の図心の X 座標を X_1, X_2 とすると，図心の座標 $\overline{X}$ は

$$\overline{X} = \frac{A_1 X_1 + 2A_2 X_2}{A_1 + 2A_2} = \frac{1 \times 12 + 2 \times 9 \times 3}{12 + 2 \times 6 \times 1.5} = 2.2\,\mathrm{cm}$$

となる．

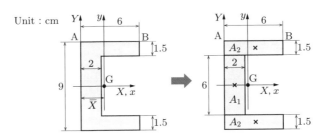

解図 4.6　問題 4.7

x 軸（もしくは X 軸）に関する断面 2 次モーメントは，**例題 4.3** の結果を参考にして

$$I_x = I_X = \frac{1}{12} \times 2 \times 6^3 + 2 \times \left(\frac{1}{12} \times 6 \times 1.5^3 + 3.75^2 \times 6 \times 1.5 \right)$$

$$= 292.5\,\mathrm{cm}^4$$

と得られる．Y 軸に関する断面 2 次モーメントも，同様に

$$I_Y = \frac{6 \times 2^3}{3} + 2 \times \frac{1.5 \times 6^3}{3} = 232\,\mathrm{cm}^4$$

と得られる．したがって，平行軸の定理を利用すると，図心を通る y 軸に関する断面 2 次モーメントは

$$I_y = I_Y - \overline{X}^2 (A_1 + 2A_2) = 232 - 2.2^2 \times (12 + 2 \times 6 \times 1.5) = 86.8\,\mathrm{cm}^4$$

となる．

● 第5章

5.1　(a) 点 B まわりのモーメントのつり合い式 $R_{\mathrm{A}}l - wl/2 \times 3l/4 = 0$，力のつり合い式 $R_{\mathrm{A}} + R_{\mathrm{B}} = wl/2$ より，支点反力は $R_{\mathrm{A}} = 3wl/8$，$R_{\mathrm{B}} = wl/8$ となる．せん断力，曲げモーメントは区間ごとに

$$0 \leq x \leq \frac{l}{2}: Q_1 = \frac{3wl}{8} - wx, \quad M_1 = \frac{wx(3l - 4x)}{8},$$

$$\frac{l}{2} \leq x \leq l: Q_2 = -\frac{wl}{8}, \quad M_2 = \frac{wl(l - x)}{8}$$

となる．ここで，

$$M_1 = -\frac{w}{2}\left(x^2 - \frac{3}{4}lx\right) = -\frac{w}{2}\left(x - \frac{3}{8}l\right)^2 + \frac{9}{128}wl^2$$

と書き換えられるので，$x = 3l/8$ で，$M_{\max} = 9wl^2/128$ となる．または，$dM_1/dx = 0$ から $M_{\max}$ を求めることも可能である．

　(b) 対称性から，ただちに支点反力は $R_{\mathrm{A}} = W$，$R_{\mathrm{B}} = W$ と得られる．せん断力，曲げモーメントは，区間ごとに以下のようになる．

$$0 \leq x \leq a: Q_1 = W, \quad M_1 = Wx,$$

$$a \leq x \leq l - a: Q_2 = 0, \quad M_2 = Wx - W(x - a) = Wa,$$

$$l - a \leq x \leq l: Q_3 = -W, \quad M_3 = W(l - x)$$

これより，区間 CD で最大曲げモーメント $M_{\max} = Wa$ が生じることがわかる．

　(c) モーメントのつり合い式 $R_{\mathrm{A}}l - M_0 = 0$，力のつり合い式 $R_{\mathrm{A}} + R_{\mathrm{B}} = 0$ より，支点反力は $R_{\mathrm{A}} = M_0/l$，$R_{\mathrm{B}} = -M_0/l$ である．せん断力，曲げモーメントは区間ごとに

$$0 \leq x \leq a: Q_1 = \frac{M_0}{l}, \quad M_1 = \frac{M_0 x}{l},$$

$$a \leq x \leq l: Q_2 = \frac{M_0}{l}, \quad M_2 = -\frac{M_0(l - x)}{l}$$

となる．$a \geq b$ より，$M_{\max}$ は M_1 から生じ，$M_{\max} = (M_1)_{x=a} = M_0 a/l$ となる．

　以上の結果を**解図 5.1** に示す．

5.2　はじめに，支点反力 R_{A}，R_{B} を求める．三角形状荷重の全荷重 $w_0 l/2$ が左支点 A より右方 $2l/3$ の位置（図心位置）に作用しているとみなし，点 B まわりのモーメントのつり合いを考えると

$$-R_{\mathrm{A}}l + \frac{w_0 l}{2} \cdot \frac{l}{3} = 0 \quad \therefore R_{\mathrm{A}} = \frac{w_0 l}{6}, \quad R_{\mathrm{B}} = \frac{w_0 l}{2} - R_{\mathrm{A}} = \frac{w_0 l}{3}$$

を得る．

　任意位置 x におけるせん断力 Q，曲げモーメント M を求めるために，**解図 5.2** に示した流通座標 ξ を導入する．このとき，ξ の位置の微小荷重 $w_0(\xi/l)\,d\xi$ の Q，M への寄与分を積分によって表すと

$$Q = R_{\mathrm{A}} - \int_0^x w_0 \cdot \frac{\xi}{l} \cdot d\xi, \quad M = R_{\mathrm{A}}x - \int_0^x w_0 \cdot \frac{\xi}{l} \cdot d\xi \cdot (x - \xi)$$

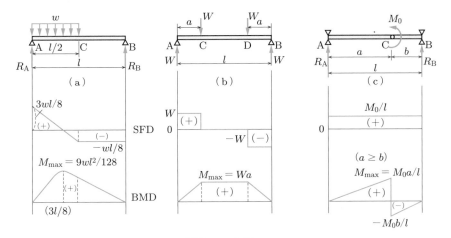

解図 5.1　問題 5.1

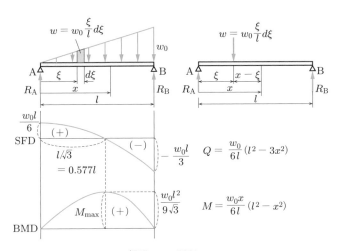

解図 5.2　問題 5.2

となる．これを実際に計算すると，せん断力は

$$Q = \frac{w_0 l}{6} - w_0 \int_0^x \frac{\xi}{l} \cdot d\xi = \frac{w_0 l}{6} - \frac{w_0 x^2}{2l} = \frac{w_0}{6l} (l^2 - 3x^2)$$

となる．これより，$Q_A = Q_{x=0} = w_0 l/6$，$Q_B = Q_{x=l} = -w_0 l/3$，$x = l/\sqrt{3}$ で $Q = 0$ となることがわかる．曲げモーメントについても

$$M = R_A x - \int_0^x w_0 \cdot \frac{\xi}{l} \cdot (x - \xi) \, d\xi = \frac{w_0 l}{6} x - w_0 \int_0^x \frac{\xi}{l} (x - \xi) \, d\xi$$

$$= \frac{w_0 l}{6} x - \frac{w_0}{l} \left[x \frac{\xi^2}{2} - \frac{\xi^3}{3} \right]_0^x = \frac{w_0 x}{6l} (l^2 - x^2)$$

と得られる．M は x の 3 次関数であり，$x = 0, l$ で $M = 0$ である．また，$Q = 0$ となる位置 $(x = l/\sqrt{3})$ で M は最大値をとり，その値は $M_{\max} = w_0 l^2/9\sqrt{3}$ である．

　以上より，SFD，BMD は解図 5.2 のように表される．

5.3　はじめに支点反力 R_A，R_B を求める．このために，点 D まわりのモーメントのつり合いを考えると

$$30 \times 6 - R_B \times 5 + 50 \times 2 = 0 \quad \therefore R_B = 56\,\mathrm{kN}$$

と得られる．同様に，点 B まわりのモーメントのつり合いを考えると

$$30 \times 1 - 50 \times 3 + R_D \times 5 = 0 \quad \therefore R_D = 24\,\mathrm{kN}$$

と得られる．したがって，区間ごとのせん断力（単位は kN），曲げモーメント（単位は kN·m）は

区間 AB $(0 \leq x \leq 1\,\mathrm{m})$: $Q_{AB} = -30$, $\quad M_{AB} = -30x$, $\quad M_B = 30$,

区間 BC $(1 \leq x \leq 4\,\mathrm{m})$: $Q_{BC} = -30 + R_B = 26$,

$$M_{BC} = -30x + R_B(x - 1)$$
$$= -30x + 56(x - 1) = 26x - 56, \quad M_C = 48,$$

区間 CD $(4 \leq x \leq 6\,\mathrm{m})$: $Q_{CD} = -R_D = -24$,

$$M_{CD} = R_D(6 - x) = 24(6 - x), \quad M_D = 0$$

となる．これより，$M_{\max}$ は点 C に生じ，$M_{\max} = 48\,\mathrm{kN \cdot m}$ となる．また，SFD，BMD は**解図 5.3** のようになる．

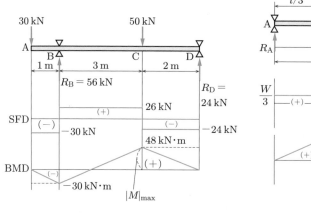

解図 5.3　問題 5.3

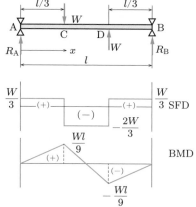

解図 5.4　問題 5.4

5.4　はじめに支点反力 R_A，R_B を求める．このために，点 B まわりのモーメントのつり合いを考えると

$$-R_A l + W \frac{2}{3}l - W \frac{l}{3} = 0 \quad \therefore R_A = \frac{W}{3}$$

と得られる．同様に，点 A まわりのモーメントのつり合いを考えると

$$-W\frac{l}{3} + W\frac{2}{3}l + R_{\mathrm{B}}l = 0 \quad \therefore R_{\mathrm{B}} = -\frac{W}{3}$$

と得られる. したがって, 区間ごとのせん断力, 曲げモーメントは

$$区間 \mathrm{AC}\left(0 \leq x \leq \frac{l}{3}\right) : Q_{\mathrm{AC}} = R_{\mathrm{A}} = \frac{W}{3}, \quad M_{\mathrm{AC}} = R_{\mathrm{A}}x = \frac{W}{3}x,$$

$$M_{\mathrm{C}} = \frac{Wl}{9},$$

$$区間 \mathrm{CD}\left(\frac{l}{3} \leq x \leq \frac{2l}{3}\right) : Q_{\mathrm{CD}} = R_{\mathrm{A}} - W = \frac{W}{3} - W = -\frac{2W}{3},$$

$$M_{\mathrm{CD}} = R_{\mathrm{A}}x - W\left(x - \frac{l}{3}\right) = \frac{W}{3}(-2x + l),$$

$$M_{\mathrm{D}} = -\frac{Wl}{9},$$

$$区間 \mathrm{DB}\left(\frac{2l}{3} \leq x \leq l\right) : Q_{\mathrm{DB}} = -R_{\mathrm{B}} = \frac{W}{3},$$

$$M_{\mathrm{DB}} = R_{\mathrm{B}}(l - x) = -\frac{W}{3}(l - x), \quad M_{\mathrm{B}} = 0$$

となる. これより, $M_{\max}$ は, 点 C もしくは点 D に生じ, $|M|_{\max} = Wl/9$ となる. また, SFD, BMD は**解図 5.4** のようになる.

5.5 対称性から, 支点反力 R_{A}, R_{B} はともに $wl/6$ である. したがって, 区間ごとのせん断力, 曲げモーメントは

$$区間 \mathrm{AC} : Q_{\mathrm{AC}} = R_{\mathrm{A}} = \frac{wl}{6}, \quad M_{\mathrm{AC}} = R_{\mathrm{A}}x = \frac{wl}{6}x$$

$$区間 \mathrm{CD} : Q_{\mathrm{CD}} = \frac{wl}{6} - w\left(x - \frac{l}{3}\right) = \frac{w}{2}(l - 2x),$$

$$M_{\mathrm{CD}} = \frac{wl}{6}x - \frac{w}{2}\left(x - \frac{l}{3}\right)^2$$

$$区間 \mathrm{DB} : Q_{\mathrm{DB}} = -\frac{wl}{6}, \quad M_{\mathrm{DB}} = \frac{wl}{6}(l - x)$$

$$(注: 断面の右側に作用する荷重 R_{\mathrm{B}} = wl/6 より評価)$$

となる. ここで, $M_{\mathrm{CD}} = -(w/2)(x - l/2)^2 + 5wl^2/72$ と変形すると, SFD, BMD は**解図 5.5** のようになる.

これより, $x = l/2$ の位置で $M_{\max} = 5wl^2/72$ が生じていることがわかる.

5.6 点 A, B まわりのモーメントのつり合い式より

$$-2 \times 1 - 6 \times 3 + R_{\mathrm{B}} \times 4 = 0, \quad -R_{\mathrm{A}} \times 4 + 2 \times 3 + 6 \times 1 = 0,$$

$$\therefore R_{\mathrm{A}} = 3\,\mathrm{kN}, \quad R_{\mathrm{B}} = 5\,\mathrm{kN}$$

となる. 区間ごとのせん断力 Q [kN], 曲げモーメント M [kN·m] は次のようになる.

$$区間 \mathrm{AC} : Q_{\mathrm{AC}} = R_{\mathrm{A}} = 3, \quad M_{\mathrm{AC}} = R_{\mathrm{A}}x = 3x,$$

$$点 \mathrm{C} で Q_{\mathrm{C}} = 3, \quad M_{\mathrm{C}} = 3,$$

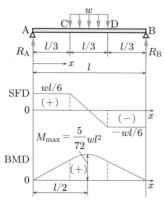

解図 5.5　問題 5.5

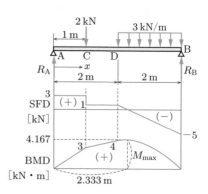

解図 5.6　問題 5.6

> 区間 CD ： $Q_{\mathrm{CD}} = R_\mathrm{A} - 2 = 3 - 2 = 1,\quad M_{\mathrm{CD}} = R_\mathrm{A}x - 2(x-1) = x + 2,$
> 点 D で $Q_\mathrm{D} = 1,\quad M_\mathrm{D} = 4,$
>
> 区間 DB ： $Q_{\mathrm{DB}} = -R_\mathrm{B} + 3(4 - x) = -3x + 7,$
>
> $$M_{\mathrm{DB}} = R_\mathrm{B}(4 - x) - \frac{3}{2}(4 - x)^2$$
>
> $$= 5(4 - x) - \frac{3}{2}(4 - x)^2 = -\frac{3}{2}\left(x - \frac{7}{3}\right)^2 + \frac{25}{6},$$
>
> 点 B で $Q_\mathrm{B} = -5,\quad M_\mathrm{B} = 0$

以上より，区間 DB の $x = 7/3 = 2.333\,\mathrm{m}$ の位置で $M_{\max} = 25/6 = 4.167\,\mathrm{kN \cdot m}$ を生じることがわかる．また，SFD，BMD は**解図 5.6** のようになる．

● 第6章

6.1　リブをつけた断面の中立軸に関する断面 2 次モーメント I および断面係数 Z は，

$$I = \frac{b_1 h_1^3}{12} + \frac{(b - b_1)h^3}{12},\quad Z = \frac{I}{h/2} = \frac{1}{6}\left\{ b_1 h_1^2 + (b - b_1)\frac{h^3}{h_1} \right\}$$

となる．このとき，Z を h_1 の関数とみなし，極値をとるときの h_1 を求めると

$$\frac{dZ}{dh_1} = 0 \ \rightarrow\ 2b_1 h_1 - (b - b_1)\frac{h^3}{h_1^2} = 0 \ \ \therefore\ h_1 = \sqrt[3]{\frac{b - b_1}{2b_1}}\,h \equiv h'$$

となる．$(d^2 Z/dh_1^2)_{h \to h'} = b_1 > 0$ となるから，$h_1 = h'$ のときに Z が極小となる．また，$h_1 > h$ のときにリブとしての意味があるから，$b - b_1 > 2b_1$ すなわち $b_1/b \leq 1/3$ のときに限って上に示した h_1 が求められる．

　なお，リブのない場合の断面係数を $Z_0 = bh^2/6$ とすると，

$$\frac{Z}{Z_0} = \frac{b_1}{b}\left(\frac{h_1}{h}\right)^2 + \left(1 - \frac{b_1}{b}\right)\frac{1}{h_1/h}$$

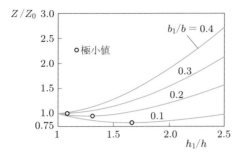

解図 6.1　断面係数比 Z/Z_0 と h_1/h の関係

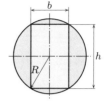

解図 6.2　問題 6.2

となる．これを b_1/b をパラメータにして表すと**解図 6.1**のようになる．解図 6.1 より，$b_1/b > 1/3$ では最小となる極値が存在しないことがわかる．

6.2　半径 R の円形断面から角材を作り出すから，**解図 6.2** より，b, h には

$$\left(\frac{b}{2}\right)^2 + \left(\frac{h}{2}\right)^2 = R^2$$

の関係がある．

一方，断面係数 Z は $Z = bh^2/6$ と表され，上の関係を代入すると

$$Z = \frac{bh^2}{6} = \frac{b}{6}\left(4R^2 - b^2\right)$$

となる．

この Z が b に関して最大であれば，曲げに対してもっとも強い断面となる．したがって，

$$\frac{dZ}{db} = 0$$

を満たす b を求めればよい．これを実際に計算すると，$b = 2R/\sqrt{3}$ を得る．この b のときには，$h = 2\sqrt{2/3}\,R$ であるから，b/h は

$$\frac{b}{h} = \frac{1}{\sqrt{2}}$$

となる．この比は，白銀比（silver ratio）ともよばれる．これは，縦横の寸法 h, b の長方形において，$b : h/2$ を満たす比でもあることから，紙の寸法などにも用いられている．

6.3　図 6.15 (b) の I 型断面の断面 2 次モーメント I_z は，平行軸の定理を利用して

$$I_z = \frac{1}{12} \times 25 \times 310^3 + 2 \times \left\{\frac{1}{12} \times 150 \times 25^3 + 150 \times 25 \times (167.5)^2\right\}$$

$$= 272.88 \times 10^6 \,\mathrm{mm}^4 \approx 272.9 \times 10^{-6} \,\mathrm{m}^4$$

となる．はりに生じる最大曲げモーメントは，$M_{\max} = wl^2/8$ であるから，I 型断面の高さを h として次のようになる．

$$\sigma_a = \frac{M_{\max}}{Z} = \frac{wl^2/8 \times (h/2)}{I_z} = \frac{wl^2 h}{16 I_z}$$

$$\therefore\ l = \sqrt{\frac{16 I_z \sigma_a}{wh}} = \sqrt{\frac{16 \times 272.877 \times 10^{-6} \times 180 \times 10^6}{5 \times 10^3 \times 0.36}} = 20.895$$

$$\approx 20.9\,\mathrm{m}$$

6.4　図 6.16 の片持はりにおいて，最大曲げモーメント $M_{\max} = Wl$ が生じる位置 $(x = l)$ のはりの曲げ応力が許容曲げ応力に達する状態を考えればよい．よって，断面 (1) の場合は

$$\sigma_a = \frac{M_{\max}}{Z} = \frac{Wl}{Z} \quad \therefore W = \frac{\sigma_a Z}{l} = \frac{120 \times 10^6 \times 0.02 \times 0.03^2/6}{1} = 360\,\mathrm{N}$$

となり，断面 (2) の場合は

$$W = \frac{\sigma_a Z}{l} = \frac{120 \times 10^6 \times 0.03 \times 0.02^2/6}{1} = 240\,\mathrm{N}$$

となる．したがって，断面係数の大きい断面 (1) のほうが載荷能力が高いことがわかる．

6.5　(1) 支点反力 $R_{\mathrm{A}}, R_{\mathrm{B}}$ について，$R_{\mathrm{A}} = R_{\mathrm{B}} = W$ は自明であり，区間ごとの曲げモーメントは

区間 AC $(0 \le x \le l_1)$: $M_1 = Wx$,

区間 CD $(l_1 \le x \le l - l_1)$: $M_2 = Wx - W(x - l_1) = Wl_1$,

区間 DB $(l - l_1 \le x \le l)$: $M_3 = W(l - x)$

となる．これを図示すると**解図 6.3** のようになる．したがって，はりの中間部 CD には，一定でかつ最大の曲げモーメント Wl_1 が生じていることがわかる．

(2) 区間 CD において，直径 d の丸棒に生じる曲げ応力は

$$\sigma_c = \frac{M}{Z} = \frac{Wl_1}{\pi d^3/32} = \frac{32 W l_1}{\pi d^3}$$
$$= \frac{32 \times 1000 \times 2}{\pi \times 0.04^3}$$
$$= 318.31 \times 10^6\,\mathrm{N/m^2} \approx 318\,\mathrm{MPa}$$

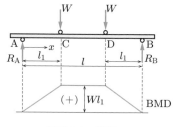

解図 6.3　問題 6.5

である．一辺 h の正方形と直径 d の円とが同一面積ならば，

$$h^2 = \frac{\pi d^2}{4} \quad \therefore h = \frac{\sqrt{\pi}\,d}{2} = \frac{\sqrt{\pi} \times 40}{2} \approx 35.45\,\mathrm{mm}$$

となる．したがって，区間 CD における，一辺の長さ h の正方形断面棒に生じる曲げ応力は，

$$\sigma_s = \frac{M}{Z} = \frac{Wl_1}{h^3/6} = \frac{6Wl_1}{h^3} = \frac{6 \times 1000 \times 2}{0.03545^3} = 269.36 \times 10^6\,\mathrm{N/m^2}$$
$$\approx 269\,\mathrm{MPa}$$

となる．これより，同一の重量であれば，丸棒よりも正方形断面棒のほうが強度的に有利であることがわかる．

6.6　Z：断面係数，I：断面 2 次モーメントとすると，図 6.18 のようにワイヤを曲げたときの曲率 $1/(R + d/2)$ は，式 (6.5) より $1/(R + d/2) = M/EI$ と表される．ここで，曲げモーメント M は $M = \sigma Z$ であるから

$$\frac{1}{R + d/2} = \frac{\sigma Z}{EI} \quad \therefore \sigma = \frac{EI}{(R + d/2)Z}$$

となる．この式に $I = \pi d^4/64$, $Z = \pi d^3/32$, $E = 206\,\text{GPa}$, $R = 300\,\text{mm}$, $d = 3\,\text{mm}$ を代入すると

$$\sigma = \frac{Ed}{2(R + d/2)} = \frac{206 \times 10^9 \times 0.003}{2 \times (0.3 + 0.003/2)} = 1024.8 \approx 1025\,\text{MPa}$$

となる．なお，この応力の大きさは，一般の鋼線の許容応力（$300\,\text{MPa}\sim 1\,\text{GPa}$ 程度）を超えているので，塑性変形が生じることが予想される．逆に，塑性変形を起こさない曲率半径の大きさを求めることも興味深い問題である．

6.7　解図 6.4 より，任意位置 x の曲げモーメントは $M = -wx^2/2$，断面係数は $Z = bh^2/6$ であるので，曲げ応力は

$$\sigma = \frac{M}{Z} = \frac{|-wx^2/2|}{bh^2/6} = \frac{3wx^2}{bh^2}$$

となる．これより，高さ h が一定で平等強さとなるには，c を定数として

$$\frac{x^2}{b} = c \quad \therefore b = \frac{x^2}{c}$$

解図 6.4　問題 6.7

の関係があればよい．また，$x = l$ で $b = b_0$ より $b_0 = l^2/c$ となる．以上より，幅 b は，$b = b_0(x/l)^2$ と変化させればよい．その実際の形状を解図 6.4 に示す．

6.8　(1) はりの自重を考慮しない場合には，最大曲げモーメントは固定端 B に生じ，$M_{\max} = Wl$ となる．したがって，最大曲げ応力を許容応力と考えれば，直径 d は

$$\sigma_a = \frac{M_{\max}}{Z} = \frac{Wl}{\pi d^3/32} = \frac{32Wl}{\pi d^3}$$

$$\therefore d = \sqrt[3]{\frac{32Wl}{\pi \sigma_a}} = \sqrt[3]{\frac{32 \times 400 \times 0.45}{\pi \times 60 \times 10^6}} = 0.03126\,\text{m} \approx 31.3\,\text{mm}$$

と求められる．

　(2) はりの自重を考慮した場合，はりに作用する単位長さあたりの力 w は，はり全体の重量 $\rho g(\pi d^2/4)l$ を l で割れば得られるから，$w = \rho g(\pi d^2/4)$ となる．この場合も最大曲げモーメントは固定端 B に生じ，$M_{\max} = Wl + wl^2/2 = Wl + (\pi/8)\rho g l^2 d^2$ となる．したがって，最大曲げ応力を許容応力と考えれば

$$\sigma_a = \frac{Wl + (\pi/8)\rho g l^2 d^2}{\pi d^3/32} \tag{a}$$

が成り立つ．この式 (a) から

$$d^3 - ad^2 - b = 0, \quad a \equiv \frac{4\rho g l^2}{\sigma_a}, \quad b \equiv \frac{32Wl}{\pi \sigma_a} \tag{b}$$

と求められる．これは d の 3 次方程式であり，d を求めることが難しい（3 次方程式の解の公式としてカルダノの公式があるが，煩瑣な計算が必要となるためここでは用いない）．そこで，d^2 の項を省略した場合（すなわち自重を省略した場合）の式 $d^3 - b = 0$ の解 d_0 を利用し，Δd を微小な修正項として真の解 d を $d = d_0 + \Delta d$ と考える．これを式 (b) に代入すると，

$$(d_0 + \Delta d)^3 - a(d_0 + \Delta d)^2 - b = 0 \tag{c}$$

となるが，式 (c) において Δd の高次の項を省略し，$d_0^3 - b = 0$ を考慮して整理すると

$$d_0^3 + 3d_0^2 \Delta d - a(d_0^2 + 2d_0 \Delta d) - b = 0 \quad \therefore \Delta d = \frac{a d_0}{3d_0 - 2a} \tag{d}$$

を得る．ここで，$d_0 = 0.03126\,\mathrm{m}$ および

$$a = \frac{4\rho g l^2}{\sigma_a} = \frac{4 \times 7.85 \times 10^3 \times 9.8 \times 0.45^2}{60 \times 10^6} = 1.038555 \times 10^{-3}$$

を式 (d) に代入すると，

$$\Delta d = \frac{a d_0}{3d_0 - 2a} = \frac{1.038555 \times 10^{-3} \times 0.03126}{3 \times 0.03126 - 2 \times 1.038555 \times 10^{-3}} \approx 3.54 \times 10^{-4}\,\mathrm{m}$$

となる．なお，ここでは，丸めの誤差を防ぐために，有効数字を多くとって計算している．
したがって，$d = d_0 + \Delta d = 0.03126 + 3.54 \times 10^{-4} = 0.031614\,\mathrm{m} \approx 31.6\,\mathrm{mm}$ となる．
この結果は，3 次方程式 (b) をほかの手法（カルダノの公式，ニュートン法，2 分法など）に
よって求めた正確な解 $d = 0.0316138\,\mathrm{m}$ に十分近い．

● 第 7 章

7.1　等分布荷重を受ける単純支持はりの最大たわみは，式 (7.9) より $y_{\max} = 5wl^4/(384EI)$
である．ここで，$I = a^4/12$ を代入して w を求めると，次のようになる．

$$y_{\max} = \frac{5wl^4}{384E(a^4/12)} = \frac{5wl^4}{32Ea^4}$$

$$\therefore w = \frac{32y_{\max}Ea^4}{5l^4} = \frac{32 \times 0.01 \times 206 \times 10^9 \times 0.02^4}{5 \times 1.5^4} = 416.68 \approx 417\,\mathrm{N/m}$$

7.2　図 7.10 をもとに，任意位置 x における曲げモーメント M，たわみ曲線の微分方程式，
およびその積分は

$$M = -\frac{w_0}{6l}x^3, \quad \frac{d^2y}{dx^2} = \frac{w_0}{6EIl}x^3, \quad \frac{dy}{dx} = \frac{w_0}{6EIl}\left(\frac{x^4}{4} + C_1\right),$$

$$y = \frac{w_0}{6EIl}\left(\frac{x^5}{20} + C_1 x + C_2\right)$$

となる．境界条件 $x = l$ で $dy/dx = 0$，$y = 0$ より

$$C_1 = -\frac{l^4}{4}, \quad C_2 = \frac{l^5}{5}$$

が得られる．これより，たわみは

$$y = \frac{w_0}{120EIl}(x^5 - 5l^4x + 4l^5)$$

となる．
　また，点 A $(x = 0)$ で最大たわみを生じ，$y_A = w_0 l^4/(30EI)$ である．

7.3　図 7.11 において点 B，A のモーメントのつり合いを考えると，支点反力は $R_A = bW/l$，
$R_B = aW/l$ と求められる．したがって，$0 \leq x \leq a$ の場合，曲げモーメント，およびたわ
み曲線の微分方程式およびその積分は，

$$M_1 = \frac{b}{l}\,Wx, \quad \frac{d^2y_1}{dx^2} = -\frac{W}{EIl}\,bx, \quad \frac{dy_1}{dx} = -\frac{W}{EIl}\left(\frac{b}{2}\,x^2 + C_1\right),$$

$$y_1 = -\frac{W}{EIl}\left(\frac{b}{6}\,x^3 + C_1 x + C_2\right)$$

となり，$a \le x \le l$ の場合には以下のようになる．

$$M_2 = \frac{a}{l}\,W(l-x), \quad \frac{d^2y_2}{dx^2} = -\frac{aW}{EIl}\,(l-x),$$

$$\frac{dy_2}{dx} = \frac{W}{EIl}\left\{\frac{a}{2}\,(l-x)^2 + C_3\right\},$$

$$y_2 = -\frac{W}{EIl}\left\{\frac{a}{6}\,(l-x)^3 + C_3(l-x) + C_4\right\}$$

（このとき，

$$\frac{dy_2}{dx} = -\frac{aW}{EIl}\left(lx - \frac{x^2}{2} + C_3\right), \quad y_2 = -\frac{aW}{EIl}\left(\frac{lx^2}{2} - \frac{x^3}{6} + C_3 x + C_4\right)$$

などと積分してもよいが，$x = l$ の境界条件を処理するときに $C_4 = 0$ とならずに計算が面倒になる．逆に，上のような積分を行うと，以下に示すように $C_4 = 0$ となって計算が簡単になる．）

　境界条件として，支点 A, B で $y_1 = 0$, $y_2 = 0$ より $C_2 = C_4 = 0$. また，荷重点で左右のたわみおよびたわみ角は等しいから，$x = a$ でそれぞれ，$y_1 = y_2$, $dy_1/dx = dy_2/dx$ でなければならない．したがって，

$$\frac{a^3b}{6} + aC_1 = \frac{ab^3}{6} + bC_3, \quad \frac{a^2b}{2} - C_1 = \frac{ab^2}{2} + C_3$$

$$\therefore\ C_1 = -\frac{ab}{6}\,(a+2b), \quad C_3 = -\frac{ab}{6}\,(2a+b)$$

が得られる．以上より，たわみ式は

$$y_1 = \frac{bW}{6EIl}\,x\left\{a(a+2b) - x^2\right\} \quad (0 \le x \le a),$$

$$y_2 = \frac{aW}{6EIl}\,(l-x)\left\{b(2a+b) - (l-x)^2\right\} \quad (a \le x \le l)$$

となる．なお，以上の結果より最大たわみの発生位置や最大たわみ量を求めることができるが，それらの結果については，付録 B.2.(1) を参照すること．

7.4　図 7.12 (c) のように，$x = a$ の位置に集中荷重 W を受ける長さ l の片持ちはりの先端のたわみ y_A は

$$y_\mathrm{A} = \frac{W}{6EI}\,(l-a)^2(2l+a)$$

である（式 (7.8) や付録 B.1.(3) を参照）．次に，同図 (a) の区間 $0\sim l/2$ に分布荷重 w が作用する場合のはり先端のたわみを考える．流通座標 ξ を考え，微小区間 $d\xi$ の荷重 $w\,d\xi$ によるはり先端の微小たわみ dy_A は

$$dy_\mathrm{A} = \frac{w\,d\xi}{6EI}\,(l-\xi)^2(2l+\xi)$$

と表される．よって，この微小たわみの総和をとれば，すなわち積分すれば，区間 $0 \sim l/2$ の分布荷重 w によるはり先端のたわみ $(y_A)_a$ が得られる．したがって，

$$(y_A)_a = \frac{w}{6EI} \int_0^{l/2} (l-\xi)^2 (2l+\xi)\, d\xi, \quad (l-\xi \to \eta)$$

$$\therefore (y_A)_a = \frac{w}{6EI} \int_l^{l/2} \eta^2 (3l-\eta)(-d\eta) = \frac{w}{6EI} \left[l\eta^3 - \frac{\eta^4}{4} \right]_{l/2}^{l}$$

$$= \frac{wl^4}{6EI} \left\{ 1 - \frac{1}{4} - \left(\frac{1}{8} - \frac{1}{64} \right) \right\} = \frac{41wl^4}{384EI}$$

となる．同様に，同図 (b) については dy_A の積分範囲を $l/2 \sim l$ とすればよく，

$$(y_A)_b = \frac{w}{6EI} \int_{l/2}^{l} (l-\xi)^2 (2l+\xi)\, d\xi, \quad (l-\xi \to \eta)$$

$$\therefore (y_A)_b = \frac{w}{6EI} \int_{l/2}^{0} \eta^2 (3l-\eta)(-d\eta) = \frac{w}{6EI} \left[l\eta^3 - \frac{\eta^4}{4} \right]_0^{l/2}$$

$$= \frac{wl^4}{6EI} \left(\frac{1}{8} - \frac{1}{64} \right) = \frac{7wl^4}{384EI}$$

となる．

7.5 (1) **解図** 7.1 において，$R_A = R_B$ を考慮して垂直方向の力のつり合いを考えると

$$2R_A = w_1 \times \frac{l}{2} \times \frac{1}{2} \times 2 \quad \therefore R_A = \frac{w_1 l}{4}$$

となる．任意位置 x の曲げモーメント M は，解図 7.1 より次のようになる．

$$M = R_A x - w_1 \frac{2x}{l} \times \frac{x}{2} \times \frac{x}{3} = w_1 \left(\frac{l}{4}x - \frac{x^3}{3l} \right) = \frac{w_1}{12l} (3l^2 x - 4x^3)$$

(2) M をたわみ曲線の微分方程式に代入すると，区間 $(0 \le x \le l/2)$ において，

$$\frac{d^2 y}{dx^2} = -\frac{M}{EI} = -\frac{w_1}{12EIl} (3l^2 x - 4x^3),$$

$$\frac{dy}{dx} = -\frac{w_1}{12EIl} \left(\frac{3}{2}l^2 x^2 - x^4 + C_1 \right),$$

$$y = -\frac{w_1}{12EIl} \left(\frac{1}{2}l^2 x^3 - \frac{x^5}{5} + C_1 x + C_2 \right)$$

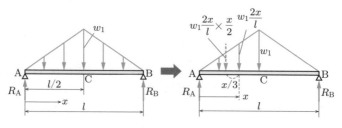

解図 7.1　問題 7.5

が得られる. 問題 7.3 と同様に, 与えられた境界条件を利用して積分定数 C_1, C_2 を決定すればよい. ただし, 境界条件は, $x = 0$ で $y = 0$, $x = l/2$ で $dy/dx = 0$ であることに注意する. すると, $C_1 = -5l^4/16$, $C_2 = 0$ となる. したがって, 次のように求められる.

$$y = \frac{w_1 x}{960 E I l} (5l^2 - 4x^2)^2, \quad y_{\max} = (y)_{x=l/2} = \frac{w_1 l^4}{120 E I}$$

7.6 図 7.14 において, 区間ごとの曲げモーメント M は,

$$0 \le x \le \frac{l}{2}: M_1 = -Wx, \quad \frac{l}{2} \le x \le l: \ M_2 = -Wx$$

である. したがって, 区間ごとのたわみ曲線の微分方程式は

$$0 \le x \le \frac{l}{2}: \frac{d^2 y_1}{dx^2} = -\frac{M_1}{E_1 I} = \frac{Wx}{E_1 I}, \quad \frac{l}{2} \le x \le l: \frac{d^2 y_2}{dx^2} = -\frac{M_1}{E_2 I} = \frac{Wx}{E_2 I}$$

となる. 上式を積分してたわみ角およびたわみを求めると, $C_1 \sim C_4$ を積分定数として

$$\frac{dy_1}{dx} = \frac{W}{E_1 I} \left(\frac{x^2}{2} + C_1 \right), \quad \frac{dy_2}{dx} = \frac{W}{E_2 I} \left(\frac{x^2}{2} + C_3 \right),$$

$$y_1 = \frac{W}{E_1 I} \left(\frac{x^3}{6} + C_1 x + C_2 \right), \quad y_2 = \frac{W}{E_2 I} \left(\frac{x^3}{6} + C_3 x + C_4 \right)$$

と得られる. これらの積分定数は, 四つの条件式, すなわち $x = l$ で $y_2 = 0$, $dy_2/dx = 0$, また, $x = l/2$ で $y_1 = y_2$, $dy_1/dx = dy_2/dx$ より決定できる. 実際に計算して求めると,

$$C_1 = -\frac{3E_1 + E_2}{8E_2} l^2, \quad C_2 = \frac{7E_1 + E_2}{24E_2} l^3, \quad C_3 = -\frac{l^2}{2}, \quad C_4 = \frac{l^3}{3}$$

となる. これより

$$y_1 = \frac{W}{24 E_1 I} \left\{ 4x^3 - 3 \left(1 + 3 \frac{E_1}{E_2} \right) l^2 x + \left(1 + 7 \frac{E_1}{E_2} \right) l^3 \right\},$$

$$y_2 = \frac{W}{6 E_2 I} (l - x)^2 (2l + x)$$

を得る. はり先端のたわみは

$$(y_1)_{x=0} = y_A = \left(1 + 7 \frac{E_1}{E_2} \right) \frac{W l^3}{24 E_1 I}$$

と得られる.

7.7 図 7.15 における支点反力は, 対称性より $R_A = R_B = W/2$ と得られる. 各区間の曲げモーメントは

$$0 \le x \le \frac{l}{4}: M_1 = R_A x = \frac{Wx}{2}, \quad \frac{l}{4} \le x \le \frac{l}{2}: M_2 = \frac{Wx}{2}$$

である. したがって,

$$0 \le x \le \frac{l}{4} \ : \ \frac{d^2 y_1}{dx^2} = -\frac{W}{2 E I_1} x, \quad \frac{l}{4} \le x \le \frac{l}{2} \ : \ \frac{d^2 y_2}{dx^2} = -\frac{W}{2 E I_2} x$$

$$\frac{dy_1}{dx} = -\frac{W}{2 E I_1} \left(\frac{x^2}{2} + C_1 \right), \quad \frac{dy_2}{dx} = -\frac{W}{2 E I_2} \left(\frac{x^2}{2} + C_3 \right),$$

$$y_1 = -\frac{W}{2EI_1}\left(\frac{x^3}{6} + C_1 x + C_2\right), \quad y_2 = -\frac{W}{2EI_2}\left(\frac{x^3}{6} + C_3 x + C_4\right)$$

となる. $x = 0$ で $y_1 = 0$, $x = l/2$ で $dy_2/dx = 0$, $x = l/4$ で $y_1 = y_2$, $dy_1/dx = dy_2/dx$ の 4 個の条件より

$$C_1 = -\frac{3I_1 + I_2}{32I_2}l^2, \quad C_2 = 0, \quad C_3 = -\frac{l^2}{8}, \quad C_4 = \frac{I_1 - I_2}{192I_1}l^3$$

となり,

$$y_1 = \frac{Wx}{192EI_1}\left\{-16x^2 + 3\left(1 + 3\frac{I_1}{I_2}\right)l^2\right\},$$

$$y_2 = \frac{W}{384EI_1}\left\{8\frac{I_1}{I_2}(-4x^2 + 3l^2)x + \left(1 - \frac{I_1}{I_2}\right)l^3\right\}$$

を得る. 最大たわみ $y_{\max}$ は, 明らかにはりの中央点 $(y_2)_{x=l/2}$ で生じ

$$(y_2)_{\max} = (y_2)_{x-l/2} = \frac{Wl^3}{384EI_1}\left(1 + 7\frac{I_1}{I_2}\right)$$

となる. これを一様はりの場合 $(I_2 = I_1)$ の最大たわみ $y_0 = Wl^3/(48EI_1)$ と比較すると,

$$\frac{(y_2)_{\max}}{y_0} = \frac{1}{8}\left(1 + 7\frac{I_1}{I_2}\right)$$

の変化が生じていることがわかる.

7.8　任意位置 x における断面 2 次モーメント I は, 図 7.16 を参考に

$$I = \frac{bh^3}{12} = \frac{b_0(x/l)h^3}{12} = \frac{b_0 h^3}{12}\cdot\frac{x}{l} = I_0\frac{x}{l}, \ I_0 = \frac{b_0 h^3}{12}$$

と表される. したがって, たわみ曲線の微分方程式は, $M = -Wx$ として

$$\frac{d^2 y}{dx^2} = -\frac{M}{EI} = \frac{Wx}{EI_0(x/l)} = \frac{Wl}{EI_0}$$

となる.

　上式を積分して

$$\frac{dy}{dx} = \frac{Wl}{EI_0}(x + C_1), \quad y = \frac{Wl}{EI_0}\left(\frac{x^2}{2} + C_1 x + C_2\right)$$

が得られる. はりの境界条件 $x = l$ で $y = 0$, $dy/dx = 0$ を考慮して C_1, C_2 を求めると

$$C_1 = -l, \quad C_2 = \frac{l^2}{2}$$

となる. これより, たわみ y およびたわみ角 dy/dx は

$$y = \frac{Wl}{2EI_0}(l - x)^2, \quad \frac{dy}{dx} = -\frac{Wl}{EI_0}(l - x)$$

と得られる. 最大たわみ $y_{\max}$ は, $x = 0$ で生じ,

$$y_{\max} = \frac{Wl^3}{2EI_0} = \frac{3}{2}\cdot\frac{Wl^3}{3EI_0}$$

となる．すなわち，平等強さのはりの先端のたわみは，断面が $b_0 \times h$ の一様なはりのたわみ（式 (7.6) の第 1 式参照）の 3/2 倍大きいことを示している．また，平等強さのはりの体積は一様断面のはりの 1/2 であるから，半分の体積で同じ荷重 W を支えていることになる．

以上より，同じ荷重を受ける場合，平等強さのはりは，一様断面のはりに比べて少ない体積で，大きくたわみながら安全に支えていることになる．これは，単位体積あたりの弾性ひずみエネルギー（9.1 節参照）が大きいことを意味し，平等強さのはりはばねとして優れた特性を有していることがわかる．

7.9 図 7.17 に示すはりの任意位置 x の曲げモーメントは，**例題** 5.7 の結果より $M = w_1(l^2/\pi^2)\sin(\pi x/l)$ となるから，これをたわみ曲線の微分方程式に代入して

$$\frac{d^2y}{dx^2} = -\frac{M}{EI} = -\frac{w_1 l^2}{\pi^2 EI}\sin\frac{\pi x}{l}$$

となる．この式を積分して

$$\frac{dy}{dx} = \frac{w_1 l^2}{\pi^2 EI}\left(\frac{l}{\pi}\cos\frac{\pi x}{l} + C_1\right), \quad y = \frac{w_1 l^2}{\pi^2 EI}\left(\frac{l^2}{\pi^2}\sin\frac{\pi x}{l} + C_1 x + C_2\right)$$

が得られる．はりの境界条件 $x=l$ で $y=0$，$x=l/2$ で $dy/dx=0$ を考慮すると，ただちに $C_1=0$，$C_2=0$ がわかる．これよりたわみ y，最大たわみ $y_{\max}$ は

$$y = \frac{w_1 l^4}{\pi^4 EI}\sin\frac{\pi x}{l}, \quad y_{\max} = (y)_{x=l/2} = \frac{w_1 l^4}{\pi^4 EI}$$

となる．

● 第 8 章

8.1 x の位置の曲げモーメントは $M = R_A x - wx^2/2$ である．これを式 (7.5) に代入し，順次積分すれば

$$\frac{d^2y}{dx^2} = \frac{1}{EI}\left(-R_A x + \frac{w}{2}x^2\right), \quad \frac{dy}{dx} = \frac{1}{EI}\left(-\frac{R_A}{2}x^2 + \frac{w}{6}x^3 + C_1\right),$$

$$y = \frac{1}{EI}\left(-\frac{R_A}{6}x^3 + \frac{w}{24}x^4 + C_1 x + C_2\right)$$

となる．積分定数 C_1，C_2，R_A の三つの未知量は，境界条件 $x=0$ で $y=0$，および $x=l$ で $y=0$，$dy/dx=0$ から決定される．すなわち，

$$0 = C_2, \quad 0 = -\frac{R_A}{6}l^3 + \frac{w}{24}l^4 + C_1 l + C_2, \quad 0 = -\frac{R_A}{2}l^2 + \frac{w}{6}l^3 + C_1$$

であり，これらの式より

$$C_1 = \frac{wl^3}{48}, \quad C_2 = 0, \quad R_A = \frac{3}{8}wl$$

を得る．この結果をたわみ角およびたわみの式に代入すれば，

$$\theta = \frac{dy}{dx} = \frac{w}{48EI}x(-l+x)(8x^2 - lx - l^2),$$

$$y = \frac{w}{48EI}x(l-x)^2(l+2x)$$

となる.

せん断力および曲げモーメントは

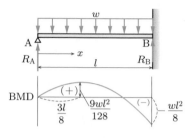

$$Q = R_A - wx = w\left(\frac{3}{8}l - x\right),$$

$$M = R_A x - \frac{w}{2}x^2 = \frac{wx}{8}(3l - 4x)$$

となる.したがって,BMD は**解図 8.1** のようになり,固定端 B で最大曲げモーメント $wl^2/8$ を生じることがわかる.

解図 8.1 問題 8.1

8.2 $l/2 \le x \le l$ の区間に等分布荷重 w のみが作用する場合の片持はりの先端のたわみ δ_1 は,問題 7.4 ですでに $\delta_1 = 7wl^4/(384EI)$ と得ている.

一方,反力 R_A による片持はりの先端のたわみ δ_2 は,式 (7.6) より,**解図 8.2** (a) のように上向きとして考えると,$\delta_2 = R_A l^3/(3EI)$ である.

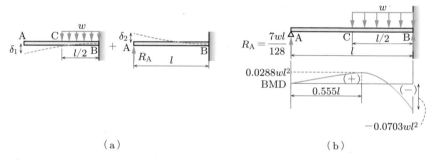

(a)   (b)

解図 8.2 問題 8.2

この両者のたわみを等置すると,点 A が支持点という,問題に与えられた条件を満足するとともに,R_A を求めることができる.これより

$$\frac{7wl^4}{384EI} = \frac{R_A l^3}{3EI} \quad \therefore R_A = \frac{7wl}{128}$$

であり,曲げモーメントは

$$\text{区間 AC}\left(0 \le x \le \frac{l}{2}\right) : M_1 = R_A x = \frac{7wl}{128}x,$$

$$\text{区間 CB}\left(\frac{l}{2} \le x \le l\right) : M_2 = \frac{7wl}{128}x - \frac{w}{2}\left(x - \frac{l}{2}\right)^2$$

である.なお,区間 CB での M_2 の極大値は,$dM_2/dx = 0$ を満たす $x = 71l/128 = 0.555l$ で生じ,その大きさは $M = 945wl^2/32768 = 0.0288wl^2$ となる.また,固定点 B での曲げモーメントは,$M_B = -9wl^2/128 = -0.0703wl^2$ である.したがって,BMD は解図 8.2 (b) のようになり,点 B で最大値 $0.0703wl^2$ をとる.

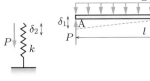

8.3　**解図** 8.3 に示すように，等分布荷重 w と先端の上向きの反力 P が作用する場合の片持はりの先端のたわみ δ_1 は，式 (7.7)，(7.6) より $\delta_1 = wl^4/(8EI) - Pl^3/(3EI)$. 一方，ばね反力 P によるばねの縮み δ_2 は，$\delta_2 = P/k$ となる.

解図 8.3　問題 8.3

　この両者のたわみを等置すると，点 A がばね支点という問題に課せられた条件を満足するとともに，ばね反力 P を求めることができる.

$$\delta_1 = \delta_2$$
$$\therefore P = \frac{wl^4}{8EI\{1/k + l^3/(3EI)\}} = \frac{3wl}{8\{3EI/(kl^3) + 1\}}$$

8.4　**解図** 8.4 (b) のように，接触点 C で二つのはりが互いに及ぼし合う力 R を考え，二つのはり (1)，(2) に分けて考える. このとき，はり (1) の点 C のたわみ δ_{C1} がはり (2) の点 C のたわみ δ_{C2} に等しいと考えて解けばよい. δ_{C1} については，**例題** 7.1 より，はり (1) の片持はりのたわみ式 $y = (W/6EI)(l-x)^2(x+2l)$ において $x = l - l_1$ を代入し，また反力 R による上向きのたわみを考慮して

$$\delta_{C1} = \frac{Wl_1^2}{6EI}(3l - l_1) - \frac{Rl_1^3}{3EI}$$

となる.

　δ_{C2} については，はり (2) を長さ l_1 の片持はりと考えて，（下向きの）たわみは

$$\delta_{C2} = \frac{Rl_1^3}{3EI}$$

となる. ここで，$\delta_{C1} = \delta_{C2}$ とおいて

$$\frac{Wl_1^2}{6EI}(3l - l_1) - \frac{Rl_1^3}{3EI} = \frac{Rl_1^3}{3EI} \quad \therefore R = \frac{W}{4}\left(3\frac{l}{l_1} - 1\right)$$

と求められる. さらに，荷重点のたわみ δ_A については，$x = 0$ に下向き荷重 W および $x = l_1$ に上向き荷重 R を受けるはり (1) の先端のたわみを考えればよい. 上向き荷重 R によるたわみについては，解図 8.4 (c) を参照して

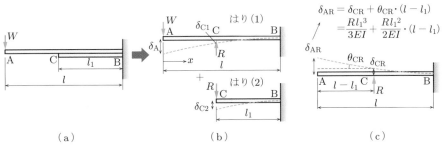

（a）　　　　　　　　（b）　　　　　　　　（c）

解図 8.4　問題 8.4

$$\delta_{\mathrm{A}} = \frac{Wl^3}{3EI} - \delta_{\mathrm{AR}} = \frac{Wl^3}{3EI} - \frac{Rl_1^3}{3EI} - \frac{Rl_1^2}{2EI} \cdot (l - l_1) = \frac{Wl^3}{3EI} \left\{ 1 - \frac{l_1}{8l} \left(3 - \frac{l_1}{l} \right)^2 \right\}$$

となる.

8.5　はりに生じる曲げモーメントは，式 (8.4) において $a = l/2$ として

$$0 \leq x \leq a: M_1 = R_{\mathrm{A}} x = \frac{W(l - a)^2(2l + a)}{2l^3} x = \frac{5}{16} Wx,$$

$$a \leq x \leq l: M_2 = R_{\mathrm{A}} x - W(x - a) = \frac{W(l - a)^2(2l + a)}{2l^3} x - W(x - a)$$

$$= \frac{W}{16} (8l - 11x)$$

となる．したがって，荷重点 $(x = l/2)$ および固定点 $(x = l)$ の曲げモーメント M_{C}, M_{B} は

$$M_{\mathrm{C}} = (M_1)_{x=l/2} = \frac{5}{32} Wl, \quad M_{\mathrm{B}} = (M_2)_{x=l} = -\frac{3}{16} Wl$$

と得られる．これより，最大曲げモーメントは，絶対値で評価して $M_{\max} = 3Wl/16$ と求められる．一方，許容応力が σ_a であるから

$$\sigma_a = \frac{M_{\max}}{Z} = \frac{3Wl/16}{\pi d^3/32} = \frac{6Wl}{\pi d^3}$$

となり，これから，許容し得る荷重 W は

$$W = \frac{\pi d^3 \sigma_a}{6l}$$

となる．また，与えられた値を代入すると次のようになる．

$$W = \frac{\pi \times 0.1^3 \times 100 \times 10^6}{6 \times 2} = 26180\,\mathrm{N} \approx 26.2\,\mathrm{kN}$$

8.6　(1), (2) について，**解図 8.5** のように M_{A}, M_{C} を負の曲げモーメントと仮定すると，両端のたわみ角は

$$\theta_{\mathrm{A1}} = \frac{Wab}{6EIl} (a + 2b), \quad \theta_{\mathrm{B1}} = -\frac{Wab}{6EIl} (2a + b),$$

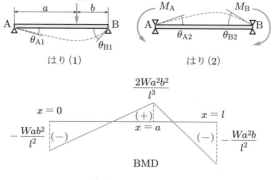

はり (1)　　　　はり (2)

BMD

解図 8.5　問題 8.6

$$\theta_{A2} = -\frac{l}{6EI}(2M_A + M_B), \quad \theta_{B2} = \frac{l}{6EI}(M_A + 2M_B)$$

となる（付録 B.2.(1), (3) を参照．またはこれらを自ら求めるとよい）．固定端の条件を満たすためには，$\theta_{A1} + \theta_{A2} = 0$, $\theta_{B1} + \theta_{B2} = 0$ となる必要がある．これより，$M_A = Wab^2/l^2$, $M_B = Wa^2b/l^2$ を得る．

(3) 両端固定はりの力のつり合い式，およびモーメントのつり合い式は

$$R_A + R_B = W, \quad -M_A + R_A l - W(l-a) + M_B = 0$$

である．この 2 式から，未知反力 R_A, R_B は

$$R_A = \frac{Wb^2(l+2a)}{l^3}, \quad R_B = \frac{Wa^2(l+ba)}{l^3}$$

となる．

(4) 以上より，曲げモーメントは，M_A が負であることを考慮して

$$0 \leq x \leq a: \ M_1 = -M_A + R_A x,$$
$$a \leq x \leq l: \ M_2 = -M_A + R_A x - W(x-a)$$

となる．なお，点 C の曲げモーメントは，$M_C = -M_A + R_A a = 2Wa^2b^2/l^3$ と求められる．したがって，両端固定はりの BMD は，解図 8.5 に示したような直線分布となる．特に，荷重 W がはり中央に作用するときは，$a = b = l/2$ となるから，$M_A = M_B = -Wl/8$, $M_C = Wl/8$ を得る．

8.7　式 (8.7)

$$l_{k-1}M_{k-1} + 2(l_{k-1} + l_k)M_k + l_k M_{k+1} = 6EI(\theta_k - \theta_k')$$

において，$k = 1, l_0 = l_1 = l_2 = l$ とおいて

$$lM_0 + 4lM_1 + lM_2 = 6EI(\theta_1 - \theta_1')$$

を得る．ここで，θ_1 はスパン 0 （一番左のスパン）における，横荷重のみにより生じる右側支点のたわみ角，θ_1' はスパン 1 （左から 2 番目）における，横荷重のみにより生じる左側支点のたわみ角であるから

$$\theta_1 = -\frac{wl^3}{24EI}, \quad \theta_1' = \frac{wl^3}{24EI}$$

となる．これより

$$lM_0 + 4lM_1 + lM_2 = -\frac{1}{2}wl^3$$

となる．同様に，$k = 2$ として

$$lM_1 + 4lM_2 + lM_3 = -\frac{1}{2}wl^3$$

を得る．一方，支点 A_0, A_3 は自由端であるので $M_0 = M_3 = 0$ である．以上より

$$M_1 = M_2 = -\frac{1}{10}wl^2$$

となる．また，支点反力は，式 (8.8)

$$R_k = (R_k)_1 + (R_k)_2 = (R'_k)_1 + (R'_k)_2 + \frac{M_{k-1} - M_k}{l_{k-1}} + \frac{M_{k+1} - M_k}{l_k}$$

において，$k = 0$ のとき

$$R_0 = (R'_0)_1 + (R'_0)_2 + \frac{M_{-1} - M_0}{l_{-1}} + \frac{M_1 - M_0}{l_0} = \frac{1}{2} wl + \left(-\frac{1}{10} wl \right) = \frac{2}{5} wl$$

となる．ここで，l_{-1} の項および $(R'_0)_1$ はゼロとした．

$k = 1$ のときは

$$R_1 = \frac{1}{2} wl + \frac{1}{2} wl + \frac{M_0 - M_1}{l_1} + \frac{M_2 - M_1}{l_2} = wl - \left(-\frac{1}{10} wl \right) = \frac{11}{10} wl$$

となる．なお，対称性から $R_2 = R_1$，$R_3 = R_0$ となる．

8.8 **解図**8.6 のように，荷重 W がそれぞれのはりに

$$W = W_S + W_C \tag{a}$$

と分配されるものと考えればよい．ここに，W_S：支持はりが受け持つ荷重，W_C：固定はりが受け持つ荷重である．一方，支持はり，固定はりの荷重点のたわみを δ_S, δ_C とすると

$$\delta_S = \frac{W_S l^3}{48 E_1 I_1}, \quad \delta_C = \frac{W_C l^3}{192 E_2 I_2}$$

であり，この両者は等しいから

$$\delta_S = \delta_C \quad \therefore \ \frac{W_S l^3}{48 E_1 I_1} = \frac{W_C l^3}{192 E_2 I_2} \tag{b}$$

となる．式 (a), (b) より

$$W_S = \frac{E_1 I_1}{E_1 I_1 + 4 E_2 I_2} W, \quad W_C = \frac{4 E_2 I_2}{E_1 I_1 + 4 E_2 I_2} W$$

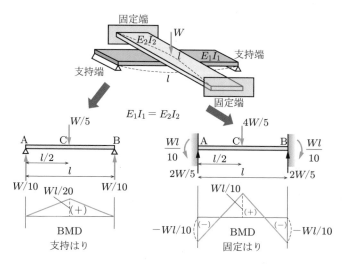

解図 8.6　問題 8.8

したがって　$\delta_S = \dfrac{Wl^3}{48(E_1I_1 + 4E_2I_2)}$

が得られる．$E_1I_1 = E_2I_2$ のときには，$W_S = W/5$，$W_C = 4W/5$ となり，それぞれのはりの BMD は，単純支持はりの結果（**例題 7.6**）や 8.1 節などを参考にすれば，解図 8.6 のようになる．図より，支持はりに比べて，固定はりのほうに 2 倍の大きさの最大曲げモーメントが生じていることがわかる．

8.9　**解図** 8.7 のように，点 C ではりを二つに分けて考える．このとき，点 C に生じる力の大きさを R_C とおくと，はり AC, CD の点 C でのたわみ δ_1，δ_2 は

$$\delta_1 = \frac{Wl^3}{3EI} + \frac{Wl^2}{2EI} \cdot l - \frac{R_C(2l)^3}{3EI} = \frac{5Wl^3}{6EI} - \frac{8R_Cl^3}{3EI}, \quad \delta_2 = \frac{R_Cl^3}{3EI}$$

となる．この δ_1，δ_2 は等しいから，$\delta_1 = \delta_2$．これより $R_C = 5W/18$，$\delta_1 = 5Wl^3/54EI$．

荷重点のたわみ δ_w は，長さ $2l$ の片持はり AC の W によるたわみ $\delta_{w1} = Wl^3/3EI$ と R_C によるたわみ δ_{w2} の和である．ここで，一般に，荷重 W を受ける長さ l の片持はりの任意点のたわみは，

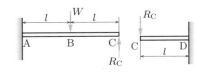

解図 8.7　問題 8.9

$y = \{W/(6EI)\}x^2(3l - x)$（ここで，$x$ ははり固定端 A からの距離，付録 B.1.(1) のたわみ式において $x \to l - x$ と置換して得られる）である．これを利用すると

$$\delta_{w2} = -\frac{1}{6EI} \cdot \frac{5W}{18} \cdot l^2(6l - l) = -\frac{25Wl^3}{108EI}$$

したがって　$\delta_w = \dfrac{Wl^3}{3EI} - \dfrac{25Wl^3}{108EI} = \dfrac{11Wl^3}{108EI}$

となる．

8.10　対称性から，中立軸は木材の中心にある．したがって，木材および鋼板の断面 2 次モーメントを I_1，I_2 とすると

$$I_1 = \frac{0.1 \times 0.2^3}{12} = 6.667 \times 10^{-5} \, \mathrm{m}^4,$$

$$I_2 = 2\left(\frac{0.1 \times 0.016^3}{12} + 0.1 \times 0.016 \times 0.108^2\right) = 3.739 \times 10^{-5} \, \mathrm{m}^4$$

となる．この組合せはりに生じる最大曲げモーメントは，**例題 5.2** で $a = b = l/2$ とおいて $M = Wl/4$ である．また，中立軸から木材の最遠点までの距離を $h_1 (= 0.1 \, \mathrm{m})$，中立軸から鋼板の最遠点までの距離を $h_2 (= 0.108 \, \mathrm{m})$ とする．すると，木材および鋼板に生じる最大曲げ応力 $(\sigma_1)_{\mathrm{max}}$，$(\sigma_2)_{\mathrm{max}}$ は以下のようになる．

$$(\sigma_1)_{\mathrm{max}} = \frac{E_1Mh_1}{E_1I_1 + E_2I_2} = \frac{E_1Wlh_1}{4(E_1I_1 + E_2I_2)}$$

$$= \frac{10 \times 10^9 \times 40 \times 10^3 \times 1.8 \times 0.1}{4(10 \times 10^9 \times 6.667 \times 10^{-5} + 206 \times 10^9 \times 3.739 \times 10^{-5})}$$

$$= 2.151 \times 10^6 \, \mathrm{N/m^2} \approx 2.15 \, \mathrm{MPa},$$

$$(\sigma_2)_{\mathrm{max}} = \frac{E_2Mh_2}{E_1I_1 + E_2I_2} = \frac{E_2Wlh_2}{4(E_1I_1 + E_2I_2)}$$

$$= \frac{206 \times 10^9 \times 40 \times 10^3 \times 1.8 \times 0.108}{4(10 \times 10^9 \times 6.667 \times 10^{-5} + 206 \times 10^9 \times 3.739 \times 10^{-5})}$$
$$= 47.851 \times 10^6 \,\mathrm{N/m^2} \approx 47.9 \,\mathrm{MPa}$$

● 第9章

9.1　台形板の伸びによるひずみエネルギー U は，式 (9.4) より，断面積 A を bt とし，b のみを x の関数と考えて

$$U = \int_0^l \frac{P^2}{2AE}\,dx = \int_0^l \frac{P^2}{2(bt)E}\,dx = \frac{P^2}{2Et}\int_0^l \frac{1}{b}\,dx$$

となる.

　一方，任意位置 x の板幅 b は，図 9.13 より $b = b_1 + (b_2 - b_1)x/l$ と求められるから，次のようになる.

$$U = \frac{P^2}{2Et}\int_0^l \frac{dx}{b_1 + \dfrac{b_2 - b_1}{l}x}$$
$$= \frac{P^2}{2Et}\frac{l}{b_2 - b_1}\left[\log\left\{b_1 + (b_2 - b_1)\frac{x}{l}\right\}\right]_0^l = \frac{P^2 l}{2Et(b_2 - b_1)}\log\frac{b_2}{b_1}$$

9.2　区間 AC $(0 \leq x \leq l - l_1)$，区間 CB $(l - l_1 \leq x \leq l)$ の曲げモーメント M_1, M_2 は，図 9.14 (b) より $M_1 = -Wx$, $M_2 = -Wx - W_1(x - l + l_1)$ となる. また，ひずみエネルギー U は

$$U = \frac{1}{2EI}\int_0^{l-l_1} M_1^2\,dx + \frac{1}{2EI}\int_{l-l_1}^l M_2^2\,dx$$

である. これより，点 C のたわみ δ_C は，W_1 が仮想荷重であるので

$$\delta_\mathrm{C} = \left(\frac{\partial U}{\partial W_1}\right)_{W_1 \to 0} = \left(\frac{1}{EI}\int_0^{l-l_1} M_1\frac{\partial M_1}{\partial W_1}\,dx + \frac{1}{EI}\int_{l-l_1}^l M_2\frac{\partial M_2}{\partial W_1}\,dx\right)_{W_1 \to 0}$$

となる. 実際に曲げモーメントの式を代入して計算すると，$\partial M_1/\partial W_1 = 0$, $\partial M_2/\partial W_1 = -(x - l + l_1)$ として次のように求められる.

$$\delta_\mathrm{C} = \frac{1}{EI}\int_{l-l_1}^l (-Wx)\left\{-(x - l + l_1)\right\}dx = \frac{W}{EI}\left[\frac{x^3}{3} - (l - l_1)\frac{x^2}{2}\right]_{l-l_1}^l$$
$$= \frac{Wl_1^2}{6EI}(3l - l_1)$$

9.3　図 9.15 のように，はり左端からの距離を x とすると，各区間 AC $(0 \leq x \leq a)$，CB $(a \leq x \leq a+b)$ における曲げモーメント M_1, M_2 は，$M_1 = -Wx$, $M_2 = -Wx + R_\mathrm{C}(x - a)$ となる.

　ひずみエネルギーを U とすると，$\partial U/\partial R_\mathrm{C} = 0$ より

$$\frac{1}{EI}\int_0^a M_1\frac{\partial M_1}{\partial R_\mathrm{C}}\,dx + \frac{1}{EI}\int_a^{a+b} M_2\frac{\partial M_2}{\partial R_\mathrm{C}}\,dx = 0$$

となり，実際に曲げモーメントの式を代入して計算すると

$$\int_0^a \left(-Wx\right) \cdot 0 \cdot dx + \int_a^{a+b} \left\{-Wx + R_{\mathrm{C}}(x-a)\right\}(x-a)\,dx = 0$$

$$\left[-W\left(\frac{x^3}{3} - \frac{ax^2}{2}\right) + R_{\mathrm{C}}\frac{(x-a)^3}{3}\right]_a^{a+b} = 0 \quad \therefore R_{\mathrm{C}} = \frac{3a+2b}{2b}W$$

となる．荷重点 A のたわみ δ_{A} は，$\partial U/\partial W$ より求められ，$M_2 = -Wx + R_{\mathrm{C}}(x-a) = Wa\{-1 + 3(x-a)/2b\}$ として次のようになる．

$$\delta_{\mathrm{A}} = \frac{\partial U}{\partial W} = \frac{1}{EI}\int_0^a M_1 \frac{\partial M_1}{\partial W}\,dx + \frac{1}{EI}\int_a^{a+b} M_2 \frac{\partial M_2}{\partial W}\,dx$$

$$= \frac{1}{EI}\int_0^a (-Wx)(-x)\,dx + \frac{1}{EI}\int_a^{a+b} Wa^2 \left\{-1 + \frac{3(x-a)}{2b}\right\}^2 dx$$

$$= \frac{Wa^2(4a+3b)}{12EI}$$

9.4　**解図 9.1** において，任意位置 x における曲げモーメントは $M = R_{\mathrm{A}}x - M_{\mathrm{A}} - wx^2/2$ となる．はりの固定端 A は固定されているから，$y_{\mathrm{A}} = 0$，$(dy/dx)_{\mathrm{A}} = 0$ である．したがって，カスティリアノの定理を利用すると，ひずみエネルギーを U として

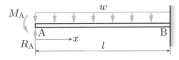

解図 9.1　問題 9.4

$$y_{\mathrm{A}} = \frac{\partial U}{\partial R_{\mathrm{A}}} = 0 \quad \therefore \int_0^l M \frac{\partial M}{\partial R_{\mathrm{A}}}\,dx = 0,$$

$$\left(\frac{dy}{dx}\right)_{\mathrm{A}} = \frac{\partial U}{\partial M_{\mathrm{A}}} = 0 \quad \therefore \int_0^l M \frac{\partial M}{\partial M_{\mathrm{A}}}\,dx = 0$$

となり，これを実際に計算すると

$$\int_0^l \left(R_{\mathrm{A}}x - M_{\mathrm{A}} - \frac{wx^2}{2}\right)\cdot x\,dx = 0, \quad \int_0^l \left(R_{\mathrm{A}}x - M_{\mathrm{A}} - \frac{wx^2}{2}\right)\cdot 1\,dx = 0$$

となる．積分を実行して

$$\frac{R_{\mathrm{A}}l^3}{3} - \frac{M_{\mathrm{A}}l^2}{2} = \frac{wl^4}{8}, \quad \frac{R_{\mathrm{A}}l^2}{2} - M_{\mathrm{A}}l = \frac{wl^3}{6}$$

となる．この 2 式から R_{A}，M_{A} を求めると，$R_{\mathrm{A}} = wl/2$，$M_{\mathrm{A}} = wl^2/12$ を得る．これらは**例題** 8.1 で求めたものと一致する．

9.5　**解図 9.2** のように点 C に仮想荷重 W_{C} を加えると，各区間の曲げモーメントは

区間 AC $(0 \le x \le l)$：$M_1 = -Wx$，

区間 CB $(l \le x \le 2l)$：$M_2 = -Wx - W_{\mathrm{C}}(x-l)$

となる．カスティリアノの定理を用いて点 A のたわみ y_{A} を求めるには，（この場合は，仮想荷重 W_{C} を考慮しなくても求められるが）

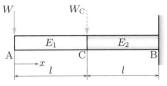

解図 9.2　問題 9.5

$$y_A = \left(\frac{\partial U}{\partial W}\right)_{W_C \to 0} = \left(\frac{1}{E_1 I}\int_0^l M_1 \frac{\partial M_1}{\partial W}\, dx + \frac{1}{E_2 I}\int_l^{2l} M_2 \frac{\partial M_2}{\partial W}\, dx\right)_{W_C \to 0}$$

を計算すればよい．実際に計算すると，$\partial M_1/\partial W = -x$, $\partial M_2/\partial W = -x$ として，

$$y_A = \frac{1}{E_1 I}\int_0^l (-Wx)(-x)\, dx + \frac{W}{E_2 I}\int_l^{2l} (-Wx)(-x)\, dx$$

$$= \frac{(7E_1 + E_2)Wl^3}{3E_1 E_2 I}$$

を得る．

　同様に，点 C のたわみ y_C も

$$y_C = \left(\frac{\partial U}{\partial W_C}\right)_{W_C \to 0} = \left(\frac{1}{E_1 I}\int_0^l M_1 \frac{\partial M_1}{\partial W_C}\, dx + \frac{1}{E_2 I}\int_l^{2l} M_2 \frac{\partial M_2}{\partial W_C}\, dx\right)_{W_C \to 0}$$

により求められ，実際に計算すると，$\partial M_1/\partial W_C = 0$, $\partial M_2/\partial W_C = -(x-l)$ として，

$$y_C = \frac{5Wl^3}{6E_2 I}$$

を得る．

9.6　(1) 節点 C での力のつり合い式は，**解図 9.3** に示すように，水平および垂直方向では

$$Q - P_{AC}\cos\theta - P_{BC} = 0, \quad -P + P_{AC}\sin\theta = 0$$

となる（部材力は引張りと仮定しているので，その部材力ベクトルは節点から遠ざかる向きに作用する）．これより

$$P_{AC} = \frac{P}{\sin\theta}, \quad P_{BC} = Q - \frac{P}{\tan\theta}$$

を得る．

　(2) ひずみエネルギー U は，以上の部材力から

$$U = \frac{P_{AC}^2}{2AE}\frac{l}{\cos\theta} + \frac{P_{BC}^2 l}{2AE} = \frac{P^2 l}{2AE}\frac{1}{\sin^2\theta\cos\theta} + \frac{(Q - P/\tan\theta)^2 l}{2AE}$$

となる．これより，カスティリアノの定理を利用して，節点変位は

$$\delta_V = \left(\frac{\partial U}{\partial P}\right)_{Q \to 0} = \frac{Pl}{AE}\left(\frac{1 + \cos^3\theta}{\sin^2\theta\cos\theta}\right),$$

$$\delta_H = \left(\frac{\partial U}{\partial Q}\right)_{Q \to 0} = -\frac{Pl}{AE}\frac{1}{\tan\theta} = -\frac{Pl}{AE}\cot\theta$$

解図 9.3　問題 9.6

と得る.

9.7　**解図** 9.4 より，左端からの距離 x の位置の曲げ
モーメント M は

$$M = -M_A + R_A x - \frac{w_0 x^3}{6l}$$

と表される（5.3 節参照）．ここで，固定端 A のたわ
みおよびたわみ角がゼロであるから，ひずみエネル
ギー U を $\dfrac{1}{2EI}\displaystyle\int_0^l M^2\,dx$ として，カスティリアノ
の定理より

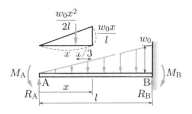

解図 9.4　問題 9.7

$$\frac{\partial U}{\partial R_A} = \frac{1}{EI}\int_0^l M\,\frac{\partial M}{\partial R_A} = 0, \quad \frac{\partial U}{\partial M_A} = \frac{1}{EI}\int_0^l M\,\frac{\partial M}{\partial M_A} = 0$$

が成り立つ．これらの 2 式を具体的に計算すると

$$\int_0^l \left(-M_A + R_A l - \frac{w_0}{6l}x^3\right)x\,dx = 0 \quad \rightarrow \quad -15M_A + 10R_A l - w_0 l^2 = 0$$

$$\int_0^l \left(-M_A + R_A l - \frac{w_0}{6l}x^3\right)dx = 0 \quad \rightarrow \quad -24M_A + 12R_A l - w_0 l^2 = 0$$

となる．この 2 式を連立して R_A, M_A について解けば，$R_A = 3w_0 l/20$，$M_A = w_0 l^2/30$ を
得る．R_B, M_B は，力のつり合い式 $R_A + R_B = w_0 l/2$，および点 B まわりのモーメントの
つり合い式 $M_A - R_A l - M_B + w_0 l^2/6 = 0$ より得られ，$R_B = 7w_0 l/20$，$M_B = w_0 l^2/20$
となる．

9.8　水平から測って θ の任意点 C の位置の曲げモーメントは，$M = Pr(1+\cos\theta)+Qr\sin\theta$
である．したがって，円弧はりのひずみエネルギーは，図 9.19 を参照し，点 C の位置の微小
部分の長さを $r\,d\theta$ と考えて

$$U = \frac{1}{2EI}\int_0^{\pi/2} M^2 r\,d\theta$$

と求められる．そこで，垂直下方（荷重 P の方向）変位 v_B は

$$v_B = \left(\frac{\partial U}{\partial P}\right)_{Q\to 0} = \left(\frac{1}{EI}\int_0^\pi M\,\frac{\partial M}{\partial P}\,r\,d\theta\right)_{\theta\to 0} = \frac{Pr^3}{EI}\int_0^\pi (1+\cos\theta)^2\,d\theta$$

$$= \frac{3\pi Pr^3}{2EI}$$

と得られる．水平方向変位 u_B は

$$u_B = \left(\frac{\partial U}{\partial Q}\right)_{Q\to 0} = \left(\frac{1}{EI}\int_0^\pi M\,\frac{\partial M}{\partial Q}\,r\,d\theta\right)_{Q\to 0} = \frac{Pr^3}{EI}\int_0^\pi (1+\cos\theta)\sin\theta\,d\theta$$

$$= \frac{2Pr^3}{EI}$$

となる．

9.9　解図 9.5 のように，L 型はりを，垂直部 BC と水平部 AB とに分解して考える．この
ときはり BC については，任意位置 x の曲げモーメントは

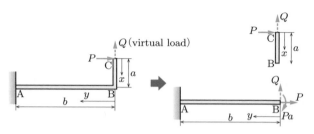

解図 9.5 問題 9.9

$$M_{\mathrm{BC}} = Px$$

となる．なお，仮想荷重 Q によるはりの伸縮のひずみエネルギーは省略する．また，はり AB についても，任意位置 y の曲げモーメントは

$$M_{\mathrm{AB}} = Qy - Pa$$

となる．よって，L 型はりのひずみエネルギーは

$$U = \frac{1}{2EI} \int_0^a (Px)^2 \, dx + \frac{1}{2EI} \int_0^b (Qy - Pa)^2 \, dy$$

と求められる．したがって，点 C の水平方向変位（荷重 P の方向）u_{C} は

$$u_{\mathrm{C}} = \left(\frac{\partial U}{\partial P}\right)_{Q \to 0} = \frac{1}{EI} \int_0^a Px \cdot x \, dx + \frac{1}{EI} \int_0^b Pa \cdot a \, dy = \frac{Pa^2}{3EI}(a + 3b)$$

と得られる．同様に点 C の垂直方向変位 v_{C} は

$$v_{\mathrm{C}} = \left(\frac{\partial U}{\partial Q}\right)_{Q \to 0} = \frac{1}{EI} \int_0^b Pa \cdot (-y) \, dy = -\frac{Pab^2}{2EI}$$

となる．ここで，負号は，点 C は荷重方向とは逆向き，すなわち下方へ変位することを意味する．

9.10 図 9.21 (b) のように点 C ではりを二つに分けて考える．このとき，はり AC, CD の曲げモーメントは

$$\text{はり AC} \to 0 \le x \le l \ : \ M_{11} = R_{\mathrm{C}}(2l - x) - W(l - x),$$
$$l \le x \le 2l \ : \ M_{12} = R_{\mathrm{C}}(2l - x),$$
$$\text{はり CD} \to 0 \le x \le l \ : \ M_2 = -R_{\mathrm{C}}x$$

となる．不静定力 R_{C} は，U をはりのひずみエネルギーとして，最小仕事の原理より $\partial U/\partial R_{\mathrm{C}} = 0$ により得られる．すなわち，

$$\int_0^l M_{11} \frac{\partial M_{11}}{\partial R_{\mathrm{C}}} \, dx + \int_l^{2l} M_{12} \frac{\partial M_{12}}{\partial R_{\mathrm{C}}} \, dx + \int_0^l M_2 \frac{\partial M_2}{\partial R_{\mathrm{C}}} \, dx = 0$$

により得られる．実際に計算すると，

$$\frac{1}{6}(14R_{\mathrm{C}} - 5W)l^3 + \frac{1}{3} R_{\mathrm{C}} l^3 + \frac{1}{3} R_{\mathrm{C}} l^3 = 0 \quad \therefore R_{\mathrm{C}} = \frac{5}{18} W$$

となり，これを曲げモーメント式に代入すると

$$\text{はり AC} \rightarrow 0 \le x \le l \; : \; M_{11} = \frac{W}{18}\left(-8l + 3x\right),$$

$$l \le x \le 2l \; : \; M_{12} = \frac{5}{18}W\left(2l - x\right),$$

$$\text{はり CD} \rightarrow 0 \le x \le l \; : \; M_2 = -\frac{5}{18}Wx$$

となる．荷重点 B のたわみ δ_B は，全体のひずみエネルギー U を W で微分すれば得られるから，上式を用いて次のようになる．

$$
\begin{aligned}
\delta_B &= \frac{\partial U}{\partial W} \\
&= \frac{1}{EI}\int_0^l M_{11}\frac{\partial M_{11}}{\partial W}\,dx + \frac{1}{EI}\int_l^{2l} M_{12}\frac{\partial M_{12}}{\partial W}\,dx + \frac{1}{EI}\int_0^l M_2\frac{\partial M_2}{\partial W}\,dx \\
&= \frac{W}{324EI}\int_0^l (-8l + 3x)^2\,dx + \frac{25W}{324EI}\int_l^{2l}(2l - x)^2\,dx \\
&\quad + \frac{25W}{324EI}\int_0^l x^2\,dx \\
&= \frac{49Wl^3}{972EI} + \frac{25Wl^3}{972EI} + \frac{25Wl^3}{972EI} = \frac{11Wl^3}{108EI}
\end{aligned}
$$

9.11　**解図 9.6** のように重ね板ばねを二つのはりに分けて考え，不静定力 R を含めた形でひずみエネルギーを考える．

　すると，それぞれのはりの曲げモーメントは

$$\text{はり AB } (0 \le x \le l - l_1) \; : \; M_{11} = -Wx,$$

$$(l - l_1 \le x \le l) \; : \; M_{12} = -Wx + R\left\{x - (l - l_1)\right\},$$

$$\text{はり CB } (0 \le x \le l_1) \; : \; M_2 = -Rx$$

となる．したがって，重ね板ばね全体のひずみエネルギーは

$$U = U_{AB} + U_{CB} = \frac{1}{2EI}\int_0^{l-l_1} M_{11}^2\,dx + \frac{1}{2EI}\int_{l-l_1}^l M_{12}^2\,dx + \frac{1}{2EI}\int_0^{l_1} M_2^2\,dx$$

となり，R に関して最小仕事の原理を適用すると

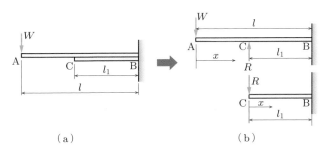

（a）　　　　　　　　　　　　　　（b）

解図 9.6　問題 9.11

$$\frac{\partial U}{\partial R} = \frac{1}{EI}\int_{l-l_1}^{l} M_{12}\frac{\partial M_{12}}{\partial R}\,dx + \frac{1}{EI}\int_{0}^{l_1} M_2\frac{\partial M_2}{\partial R}\,dx = 0,$$

$$\rightarrow \quad \int_{l-l_1}^{l}\left\{-Wx + R\left(x-l+l_1\right)\right\}\left(x-l+l_1\right)dx$$

$$+ \int_{0}^{l_1}\left(-Rx\right)\cdot\left(-x\right)dx = 0$$

が成り立つ．これを実際に計算すると，$R = (W/4)(3l/l_1 - 1)$ を得る．

荷重点 A のたわみは，全体のひずみエネルギーを W で微分すれば得られる．すなわち，$M_{12} = -Wx + R(x-l+l_1) = -Wx + \{W/(4l_1)\}(3l-l_1)(x-l+l_1)$, $M_2 = -\{W/(4l_1)\}(3l-l_1)x$ を考慮して，次のように得られる．

$$\delta_{\mathrm{A}} = \frac{\partial U}{\partial W}$$

$$= \frac{1}{EI}\int_{0}^{l-l_1} M_{11}\frac{\partial M_{11}}{\partial W}\,dx + \frac{1}{EI}\int_{l-l_1}^{l} M_{12}\frac{\partial M_{12}}{\partial W}\,dx$$

$$+ \frac{1}{EI}\int_{0}^{l_1} M_{22}\frac{\partial M_{22}}{\partial W}\,dx$$

$$= \frac{1}{EI}\int_{0}^{l-l_1} (-Wx)\cdot(-x)\,dx$$

$$+ \frac{1}{EI}\int_{l-l_1}^{l} W\left\{-x + \frac{1}{4l_1}(3l-l_1)(x-l+l_1)\right\}^2 dx$$

$$+ \frac{1}{EI}\int_{0}^{l_1} \frac{W}{16l_1^2}(3l-l_1)^2 x^2\,dx$$

$$= \frac{W(l-l_1)^3}{3EI} + \frac{Wl_1(21l^2 - 30ll_1 + 13l_1^2)}{48EI} + \frac{Wl_1(3l-l_1)^2}{48EI}$$

$$= \frac{W(8l^3 - 9l^2 l_1 + 6ll_1^2 - l_1^3)}{24EI}$$

$$= \frac{Wl^3}{3EI} - \frac{W(3l-l_1)^2 l_1}{24EI} = \frac{Wl^3}{3EI}\left\{1 - \frac{1}{8}\frac{l_1}{l}\left(3-\frac{l_1}{l}\right)^2\right\}$$

この結果は問題 8.4 の重ね合わせ法による結果と一致している．

9.12　最大衝撃応力は，式 (9.20) より

$$\sigma = \frac{mg}{A}\left(1 + \sqrt{1 + 2\frac{AEh}{mgl}}\right)$$

$$= \frac{400\times 9.8}{(\pi/4)\times 0.05^2}\left(1 + \sqrt{1 + 2\frac{(\pi/4)\times 0.05^2\times 206\times 10^9\times 0.2}{400\times 9.8\times 2}}\right)$$

$$= 288.80\times 10^6\,\mathrm{N/m^2} \approx 289\,\mathrm{MPa}$$

となる．伸びは，式 (1.3) のフックの法則より

$$\lambda = \frac{\sigma}{E}l = \frac{288.8\times 10^6}{206\times 10^9}\times 2 = 2.804\times 10^{-3}\,\mathrm{m} \approx 2.80\,\mathrm{mm}$$

であり，静かに物体を載せたときの応力 σ_{st} および伸び λ_{st} は，

$$\sigma_{st} = \frac{mg}{A} = \frac{4mg}{\pi d^2} = \frac{4 \times 400 \times 9.8}{\pi \times 0.05^2} = 1.996 \times 10^6 \, \text{N/m}^2 = 1.996 \, \text{MPa},$$

$$\lambda_{st} = \frac{mgl}{AE} = \frac{400 \times 9.8 \times 2}{(\pi/4) \times 0.05^2 \times 206 \times 10^9} = 1.9385 \times 10^{-5} \, \text{m}$$

である．したがって，

$$\frac{\sigma}{\sigma_{st}} = \frac{288.80}{1.996} \approx 145, \quad \frac{\lambda}{\lambda_{st}} = \frac{2.804 \times 10^{-3}}{1.9385 \times 10^{-5}} \approx 145$$

となる．このように，落下高さ h が大きくなると，衝撃応力や伸びは静的結果に比べてきわめて大きくなることがわかる．（図 9.11 (c) を参照）．

● 第10章

10.1　式 (10.7), (10.8) に与えられた値を代入すると

$$\sigma_1 = \frac{1}{2}(50 + 10) + \sqrt{\frac{(50 - 10)^2}{4} + 5^2} = 50.62 \approx 50.6 \, \text{MPa},$$

$$\tan 2\alpha = \frac{2 \times 5}{50 - 10} = 0.25 \quad \therefore \alpha = 7.02°$$

となる．

また，モールの応力円は**解図 10.1** のとおりである．これより，

$$\text{点 A} \; : \; (\sigma_x, -\tau_{xy}) = (50, -5), \quad \text{点 B} \; : \; (\sigma_y, \tau_{xy}) = (10, 5),$$

$$\text{点 C} \; : \; (\sigma_{\text{ave}}, 0) = \left(\frac{50 + 10}{2}, 0\right) = (30, 0),$$

$$R = \sqrt{\frac{(50 - 10)^2}{4} + 5^2} = 20.62$$

となる．応力 σ の最大値，すなわち最大主応力 σ_1 は，同図の点 F となるから

$$\sigma_1 = \sigma_{\text{ave}} + R = 30 + 20.62 \approx 50.6 \, \text{MPa}$$

と得られる．また，点 A から σ 軸へ下ろした垂線の σ 軸との交点を点 D とすると，線分 CD の長さは $50 - 30 = 20$ となるから，同図より

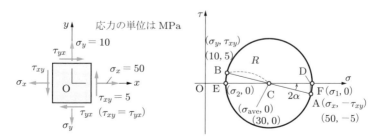

解図 10.1　問題 10.1

$$\tan 2\alpha = \frac{\mathrm{DA}}{\mathrm{CD}} = \frac{5}{20} = 0.25 \quad \therefore \ \alpha = 7.02°$$

が示される.

10.2　(a) $\alpha = -25°$ とし, 応力の座標変換式 (10.4) に代入すると, 以下のようになる.

$$\sigma_X = \frac{\sigma_x + \sigma_y}{2} + \frac{\sigma_x - \sigma_y}{2}\cos 2\alpha + \tau_{xy}\sin 2\alpha$$

$$= \frac{-40 + 60}{2} + \frac{-40 - 60}{2} \times \cos(-50°) + 20 \times \sin(-50°) = -37.46$$

$$\approx -37.5\,\mathrm{MPa}$$

$$\tau_{XY} = -\frac{\sigma_x - \sigma_y}{2}\sin 2\alpha + \tau_{xy}\cos 2\alpha$$

$$= -\frac{-40 - 60}{2} \times \sin(-50°) + 20 \times \cos(-50°) = -25.45$$

$$\approx -25.4\,\mathrm{MPa},$$

$$\sigma_Y = \frac{\sigma_x + \sigma_y}{2} - \frac{\sigma_x - \sigma_y}{2}\cos 2\alpha - \tau_{xy}\sin 2\alpha$$

$$= \frac{-40 + 60}{2} - \frac{-40 - 60}{2} \times \cos(-50°) - 20 \times \sin(-50°) = 57.46$$

$$\approx 57.5\,\mathrm{MPa}$$

(b) $\alpha = 10°$ とし, 同様に, 以下のようになる.

$$\sigma_X = \frac{-40 + 60}{2} + \frac{-40 - 60}{2} \times \cos 20° + 20 \times \sin 20° = -30.14$$

$$\approx -30.1\,\mathrm{MPa}$$

$$\tau_{XY} = -\frac{-40 - 60}{2} \times \sin 20° + 20 \times \cos 20° = 35.90 \approx 35.9\,\mathrm{MPa},$$

$$\sigma_Y = \frac{-40 + 60}{2} - \frac{-40 - 60}{2} \times \cos 20° - 20 \times \sin 20° = 50.14$$

$$\approx 50.1\,\mathrm{MPa}$$

モールの応力円を**解図 10.2** に示す.

(a) 同図 (a) のように, 点 A$(-40, -20)$, 点 B$(60, 20)$ をプロットし, 点 A, B を結んで σ 軸と交わる点 C の座標値 $(\sigma_{\mathrm{ave}}, 0) = (10, 0)$ を求める. 次に, 点 C を中心に点 A, B を通る円を描く. その後, 線分 AB を点 C を中心に $2\alpha = 2 \times (-25°) = -50°$ 回転し (負号は時計回りを意味する), 回転後の点 A, B を P, Q とおく. 点 P は $(\sigma_X, -\tau_{XY})$, 点 Q は (σ_Y, τ_{XY}) に相当するので, 図より点 P, Q の座標値を求めれば, $\sigma_X, \sigma_Y, -\tau_{XY}$ の値が得られる. 具体的には, 応力円の半径 $R = \sqrt{50^2 + 20^2} = 53.85$ を求め, 次に $\angle \mathrm{AOE} = \tan^{-1}(20/50) = 21.8°$ を求める. これより

$$\sigma_X = -R\cos(50° - 21.8°) + \sigma_{\mathrm{ave}} = -37.5\,\mathrm{MPa},$$

$$\sigma_Y = R\cos(50° - 21.8°) + \sigma_{\mathrm{ave}} = 57.5\,\mathrm{MPa},$$

$$\tau_{XY} = -R\sin(50° - 21.8°) = -25.4\,\mathrm{MPa}$$

と得られる. (b) の $\alpha = 10°$ の場合も同様に求められ, 以上の結果を同図 (a), (b) に示す.

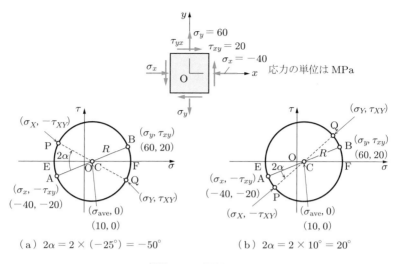

解図 10.2　問題 10.2

10.3　(x, y) 座標から反時計回りに α 回転した座標 (X, Y) における応力成分は，式 (10.4)より

$$\sigma_X = \frac{1}{2}(\sigma_x + \sigma_y) + \frac{1}{2}(\sigma_x - \sigma_y)\cos 2\alpha + \tau_{xy}\sin 2\alpha$$

$$= \frac{70 - 30}{2} + \frac{70 + 30}{2}\cos(2 \times 30°) + 50\sin(2 \times 30°)$$

$$= 88.3\,\mathrm{MPa}$$

$$\tau_{XY} = \frac{1}{2}(\sigma_y - \sigma_x)\sin 2\alpha + \tau_{xy}\cos 2\alpha = \frac{-30 - 70}{2}\sin 60° + 50\cos 60°$$

$$= -18.3\,\mathrm{MPa}$$

となる．ここで得られた負のせん断応力は，時計回りの方向に作用していることを意味している．

最大および最小主応力 σ_1, σ_2 は，式 (10.7) より

$$\sigma_1 = \frac{1}{2}(\sigma_x + \sigma_y) + \sqrt{\frac{(\sigma_x - \sigma_y)^2}{4} + \tau_{xy}^2}$$

$$= \frac{70 - 30}{2} + \sqrt{\frac{\{70 - (-30)\}^2}{4} + 50^2} = 20 + 70.71 \approx 90.7\,\mathrm{MPa}$$

$$\sigma_2 = \frac{1}{2}(\sigma_x + \sigma_y) - \sqrt{\frac{(\sigma_x - \sigma_y)^2}{4} + \tau_{xy}^2}$$

$$= \frac{70 - 30}{2} - \sqrt{\frac{\{70 - (-30)\}^2}{4} + 50^2} = 20 - 70.71 \approx -50.7\,\mathrm{MPa}$$

であり，最大せん断応力は，式 (10.9) より次のようになる．

$$\tau_{\max} = \sqrt{\frac{(\sigma_x - \sigma_y)^2}{4} + \tau_{xy}^2} = \sqrt{\frac{\{70 - (-30)\}^2}{4} + 50^2} \approx 70.7\,\mathrm{MPa}$$

モールの応力円の作成法は，問題 10.1 と同様であり，**解図** 10.3 のようになる．
与えられた量 $\sigma_x = 70\,\mathrm{MPa}$, $\sigma_y = -30\,\mathrm{MPa}$, $\tau_{xy} = 50\,\mathrm{MPa}$ より

$$\text{点 A} = (70, -50),\quad \text{点 B} = (-30, 50),\quad \sigma_{\mathrm{ave}} = \frac{70 - 30}{2} = 20,$$

$$R = \sqrt{\frac{\{70 - (-30)\}^2}{4} + 50^2} \approx 70.71$$

となる．また，主応力 σ_1, σ_2 $(\sigma_1 > \sigma_2)$ は，同図の点 F, G の σ 座標となるから

$$\sigma_1 = \sigma_{\mathrm{ave}} + R = 20 + 70.71 \approx 90.7\,\mathrm{MPa},$$

$$\sigma_2 = \sigma_{\mathrm{ave}} - R = 20 - 70.71 \approx -50.7\,\mathrm{MPa}$$

と得られる．主応力の方向 2β の大きさは，同図より

$$\tan 2\beta = \frac{\tau_{xy}}{\sigma_x - \sigma_{\mathrm{ave}}} = \frac{2\tau_{xy}}{\sigma_x - \sigma_y} = \frac{2 \times 50}{70 - (-30)} = 1 \quad \therefore 2\beta = \frac{\pi}{4} = 45°$$

である．反時計回りに α $(= 30°)$ 傾いた斜面の応力 σ_X, τ_{XY} は，同図の点 P より求められ

$$\sigma_X = \sigma_{\mathrm{ave}} + R\cos(2\alpha - 2\beta) = 20 + 70.71 \times \cos(60° - 45°) \approx 88.3\,\mathrm{MPa},$$

$$-\tau_{XY} = R\sin(2\alpha - 2\beta) = 70.71 \times \sin 15° \approx 18.3\,\mathrm{MPa}$$

$$\therefore \tau_{XY} = -18.3\,\mathrm{MPa}$$

となる．また，最大せん断応力は，$\tau_{\max} = R = 70.71\,\mathrm{MPa}$ である．

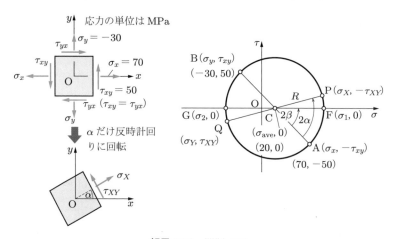

解図 10.3　問題 10.3

10.4　(1) 曲げモーメントだけを受ける場合には，曲げ応力 σ を許容曲げ応力 σ_a に置き換えて，次のように得られる．

$$\sigma = \frac{M}{Z} = \frac{32M}{\pi d^3}$$

$$\therefore d = \sqrt[3]{\frac{32M}{\pi \sigma_a}} = \sqrt[3]{\frac{32 \times 500}{\pi \times 80 \times 10^6}} = 0.03993\,\mathrm{m} \approx 40.0\,\mathrm{mm}$$

(2) ねじりモーメントだけを受ける場合には，せん断応力 τ を許容曲げ応力 τ_a に置き換えて，次のように得られる．

$$\tau = \frac{T}{Z_p} = \frac{16T}{\pi d^3}$$

$$\therefore d = \sqrt[3]{\frac{16T}{\pi \tau_a}} = \sqrt[3]{\frac{16 \times 250}{\pi \times 40 \times 10^6}} = 0.03169\,\mathrm{m} \approx 31.7\,\mathrm{mm}$$

(3) 曲げモーメントおよびねじりモーメントを同時に受ける場合には，最大せん断応力説に従うものとして，相当ねじりモーメントを考えて，次のように得られる．

$$\tau = \frac{T_{eq}}{Z_p} = \frac{16\sqrt{M^2 + T^2}}{\pi d^3}$$

$$\therefore d = \sqrt[3]{\frac{16\sqrt{M^2 + T^2}}{\pi \tau_a}} = \sqrt[3]{\frac{16 \times \sqrt{500^2 + 250^2}}{\pi \times 40 \times 10^6}} = 0.04144\,\mathrm{m} \approx 41.4\,\mathrm{mm}$$

10.5　**解図 10.4** に示すように，曲げモーメント M とねじりモーメント T を受ける中空丸軸の表面の最大曲げ応力 σ_b および最大せん断応力 τ_t は，

$$\sigma_b = \frac{M}{Z} = \frac{32M}{\pi d_o^3 (1 - m^4)}, \quad \tau_t = \frac{T}{Z_p} = \frac{16T}{\pi d_o^3 (1 - m^4)} \tag{a}$$

となる．一方，最大主応力 σ_1，最小主応力 σ_2 は

$$\sigma_1 = \frac{1}{2}(\sigma_x + \sigma_y) + \frac{1}{2}\sqrt{(\sigma_x - \sigma_y)^2 + 4\tau_{xy}^2} = \frac{1}{2}\sigma_b + \frac{1}{2}\sqrt{\sigma_b^2 + 4\tau_t^2},$$

$$\sigma_2 = \frac{1}{2}(\sigma_x + \sigma_y) - \frac{1}{2}\sqrt{(\sigma_x - \sigma_y)^2 + 4\tau_{xy}^2} = \frac{1}{2}\sigma_b - \frac{1}{2}\sqrt{\sigma_b^2 + 4\tau_t^2}$$

である．
　よって，棒の最大せん断応力 τ_1 は

$$\tau_1 = \frac{\sigma_1 - \sigma_2}{2} = \frac{1}{2}\sqrt{\sigma_b^2 + 4\tau_t^2} \tag{b}$$

$$Z = \frac{\pi(d_o^4 - d_i^4)}{32d_o} = \frac{\pi d_o^3 (1 - m^4)}{32},$$

$$Z_p = \frac{\pi(d_o^4 - d_i^4)}{16d_o} = \frac{\pi d_o^3 (1 - m^4)}{16} = 2Z, \quad m = \frac{d_i}{d_o}$$

解図 10.4　問題 10.5

と求められる．したがって，式 (a) を式 (b) に代入し，$\tau_1 \to \tau_a$ として d_o を求めると

$$d_o = \left\{ \frac{16\sqrt{M^2 + T^2}}{\pi \tau_a (1 - m^4)} \right\}^{1/3}$$

となる．実際に数値を代入して，次のように求められる．

$$d_o = \left\{ \frac{16 \times \sqrt{600^2 + 800^2}}{\pi \times 40 \times 10^6 \times (1 - 0.6^4)} \right\}^{1/3} = (1.46282 \times 10^{-4})^{1/3} = 0.05269\,\text{m}$$

$$\approx 52.7\,\text{mm}$$

10.6 点 B に作用しているトルク T は，$T = T_1 \times D/2 = 2000 \times 0.102/2 = 102\,\text{N·m}$ である．また，点 B に作用する曲げモーメント M の大きさは，$M = (T_1 + mg)l = (2000 + 40 \times 9.8) \times 0.2 = 478.4\,\text{N·m}$ である．

したがって，点 B に生じる最大引張り応力 $\sigma_{\max}$ は，式 (10.27) より，

$$\sigma_{\max} = \frac{16}{\pi d^3} \left(M + \sqrt{M^2 + T^2} \right)$$
$$= \frac{16}{\pi \times 0.03^3} \left(478.4 + \sqrt{478.4^2 + 102^2} \right) = 182.51 \times 10^6 \approx 183\,\text{MPa}$$

となる．また，点 B に生じる最大せん断応力 $\tau_{\max}$ は，次のようになる．

$$\tau_{\max} = \frac{16}{\pi d^3} \sqrt{M^2 + T^2} = \frac{16}{\pi \times 0.03^3} \sqrt{478.4^2 + 102^2} = 92.27 \times 10^6$$

$$\approx 92.3\,\text{MPa}$$

10.7 薄肉円筒の円周応力 σ を引張り強さ σ_u に，また，内圧 p を Sp に置き換え，式 (10.15) を用いると，次のようになる．

$$\sigma_u = \frac{Spd}{2t} \quad \therefore t = \frac{Spd}{2\sigma_u} = \frac{3 \times 2.5 \times 2}{2 \times 700} = 0.01071\,\text{m} \approx 10.7\,\text{mm}$$

10.8 薄肉球殻の円周応力の式 (10.12) より，σ を許容応力 σ_a に置き換えて，次のようになる．

$$\sigma_a = \frac{pd}{4t} \quad \therefore p = \frac{4t\sigma_a}{d} = \frac{4 \times 0.008 \times 60 \times 10^6}{1.2} = 1.6 \times 10^6 = 1.6\,\text{MPa}$$

10.9 式 (10.15)，(10.16)，(10.18) および式 (10.19) を用いればよく，$r = d/2 = 0.6\,\text{m}$ として次のように求められる．

$$\sigma_r = \frac{pd}{2t} = \frac{1.8 \times 10^6 \times 1.2}{2 \times 0.005} = 21.6 \times 10^6 \approx 21.6\,\text{MPa},$$

$$\sigma_z = \frac{pd}{4t} = \frac{1}{2}\sigma_r = 10.8\,\text{MPa},$$

$$dr = \frac{(2 - \nu)pr^2}{2Et} = \frac{(2 - 0.3) \times 1.8 \times 10^6 \times 0.6^2}{2 \times 206 \times 10^9 \times 0.005} = 5.348 \times 10^{-4}\,\text{m}$$

$$\approx 0.535\,\text{mm},$$

$$\frac{dV}{V} = \frac{(5-4\nu)\,pr}{2Et} = \frac{(5-4\times0.3)\times1.8\times10^6\times0.6}{2\times206\times10^9\times0.005} = 1.992\times10^{-3}$$
$$\approx 0.20\%$$

● **第11章**

11.1　両端回転支持の長柱のオイラーの座屈荷重 P_{cr} は，式 (11.11) において，$I = a^4/12$ として

$$P_{cr} = \frac{1}{S}\frac{\pi^2 EI}{l^2} = \frac{\pi^2 Ea^4}{12Sl^2}$$

となる．したがって，一辺の長さ a は

$$a = \left(\frac{12SP_{cr}l^2}{\pi^2 E}\right)^{1/4} = \left(\frac{12\times2.5\times100\times10^3\times4^2}{\pi^2\times13\times10^9}\right)^{1/4} = 0.1391\,\mathrm{m}$$
$$\approx 139\,\mathrm{mm}$$

と求められる．また，細長比 λ は

$$\lambda = \frac{l}{k} = \frac{l}{\sqrt{I/A}} = \frac{l}{\sqrt{(a^4/12)/a^2}} = \frac{\sqrt{12}\,l}{a} = \frac{\sqrt{12}\times4}{0.139} = 99.69 \approx 99.7$$

となる．
　なお，この断面に生じる圧縮応力を計算すると

$$\sigma = \frac{P}{A} = \frac{100\times10^3}{0.139^2} = 5.175\times10^6\,\mathrm{N/m^2} \approx 5.18\,\mathrm{MPa}$$

と得られ，許容圧縮応力 $\sigma_S = 12\,\mathrm{MPa}$ より小さい．
　以上より，両端を回転支持された，長さ 4 m，139 × 139 mm の正方形断面の木製の柱は，100 kN までの圧縮荷重を支えることができる．

11.2　安全率 S を考慮した両端固定の長柱の座屈荷重は，$I = \pi d^4/64$ として

$$P_{cr} = \frac{1}{S}\frac{4\pi^2 EI}{l^2} = \frac{1}{S}\frac{\pi^3 Ed^4}{16l^2}$$

となる．したがって，次のようになる．

$$d = \left(\frac{16SP_{cr}l^2}{\pi^3 E}\right)^{1/4}$$
$$= \left(\frac{16\times4\times98\times10^3\times1.5^2}{\pi^3\times206\times10^9}\right)^{1/4} = 0.03855\,\mathrm{m} \approx 38.6\,\mathrm{mm}$$

11.3　$l = 20d$，$E = 98\,\mathrm{GPa}$，$C = 1$ である．また，断面 2 次半径 $k = \sqrt{I/A} = \sqrt{(\pi d^4/64)/(\pi d^2/4)} = d/4$ より，細長比は $\lambda = l/k = 20d/(d/4) = 80$ となる．
　オイラーの座屈応力は，式 (11.10) より

$$\sigma_{cr} = C\frac{\pi^2 E}{\lambda^2} = 1\times\frac{\pi^2\times98\times10^9}{80^2} = 151.13\times10^6\,\mathrm{N/m^2} \approx 151\,\mathrm{MPa}$$

と得られる．ランキンの座屈荷重は，図 11.4 を参考にして，$C = 1$ として $\lambda_0 = l/(\sqrt{C}\,k) = l/k = 80$ より次のようになる．

$$\sigma_{cr} = \frac{\sigma_0}{1 + a_0\lambda_0^2} = \frac{549}{1 + 80^2/1600} = 109.8\,\text{N/mm}^2 \approx 110\,\text{MPa}$$

11.4　**解図**11.1 のように，部材 AC の圧縮荷重を P_1，部材 BC の圧縮荷重を P_2 とし，点 C において力のつり合い式を考えると

$$P_1 = P\cos\theta, \quad P_2 = P\sin\theta$$

を得る．そこで，両部材ともに座屈を開始すると
きが，許容し得るもっとも大きな P となるから

$$P\cos\theta = \frac{\pi^2EI}{l_1^2}, \quad P\sin\theta = \frac{\pi^2EI}{l_2^2}$$

が成り立つ．したがって，$l_2 = \sqrt{3}\,l_1$ の関係を上
式に代入し，P を消去すると，$\tan\theta = 1/3$ すな
わち $\theta = 18.43°$ を得る．

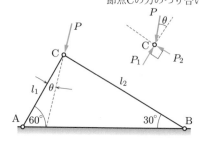

解図 11.1　問題 11.4

11.5　はじめに，長方形断面棒の細長比 $\lambda = l/k$ を求める．長方形断面棒では，寸法の小さ
い側である 0.04 m の方向に座屈が始まるから，幅 $b = 0.1$ m，厚さ $h = 0.04$ m とする．そ
こで，断面2次半径 k は

$$k = \sqrt{\frac{I}{A}} = \sqrt{\frac{bh^3/12}{bh}} = \frac{h}{2\sqrt{3}}$$

となる．したがって，細長比 λ は

$$\lambda = \frac{l}{k} = \frac{2\sqrt{3}\,l}{h} = \frac{2\sqrt{3} \times 1.5}{0.04} = 129.9$$

と求められる．これより，$\lambda > 100$ なので，オイラーの公式を用いて圧縮荷重を計算する．
　両端回転支持の柱の許容圧縮荷重 P_{cr} は，式 (11.11) より

$$P_{cr} = \frac{1}{S}\frac{\pi^2EI}{l^2} = \frac{1}{4} \times \frac{\pi^2 \times 206 \times 10^9 \times 0.1 \times 0.04^3/12}{1.5^2} = 120.48 \times 10^3\,\text{N}$$
$$\approx 120\,\text{kN}$$

となる．

11.6　断面 (1)，(2)，(3) の断面積を A とおく．また円断面 (1) の直径を d，正方形断面 (2) の
一辺の長さを a，正三角形断面 (3) の高さを h とおく（この正三角形断面の一辺の長さ b は
$b = 2h/\sqrt{3}$ である）．
　したがって，

$$(1)\ A = \frac{\pi d^2}{4} \quad \therefore d = \left(\frac{4A}{\pi}\right)^{1/2}, \qquad (2)\ A = a^2 \quad \therefore a = A^{1/2},$$
$$(3)\ A = \frac{1}{2}\frac{2h}{\sqrt{3}}h = \frac{h^2}{\sqrt{3}} \quad \therefore h = (\sqrt{3}\,A)^{1/2}$$

となる．
　さらに，図心を通る軸に関する各断面の断面2次モーメントを，面積 A を用いて表すと

$$(1)\ I_1 = \frac{\pi d^4}{64} = \frac{1}{4\pi}A^2, \qquad (2)\ I_2 = \frac{a^4}{12} = \frac{1}{12}A^2,$$

$$(3)\ I_3 = \frac{bh^3}{36} = \frac{2h}{\sqrt{3}}\frac{h^3}{36} = \frac{h^4}{18\sqrt{3}} = \frac{1}{6\sqrt{3}}A^2$$

となる．座屈は，断面2次モーメント I が最小の軸まわりに生じるから，座屈荷重 P_1, P_2, P_3 は I_1, I_2, I_3 に比例する．したがって，次のようになる．

$$P_1 : P_2 : P_3 = I_1 : I_2 : I_3 = \frac{1}{4\pi} : \frac{1}{12} : \frac{1}{6\sqrt{3}} = 1 : \frac{\pi}{3} : \frac{2\pi}{3\sqrt{3}}$$

$$= 1 : 1.047 : 1.209$$

11.7　図 11.10 からわかるように，紙面と平行な方向に座屈が生じる場合を考えると，支点 B は回転支持点の役目を果たす．したがって，このときの柱は，長さ $l/2$ の両端回転支持の柱が縦に2本つながっているものと考えることができる．

ゆえに，断面2次モーメントを $I_1 = hb^3/12$ として，座屈荷重は

$$P_{cr1} = \frac{\pi^2 EI_1}{(l/2)^2} = \frac{\pi^2 hb^3 E}{3l^2}$$

となる．

一方，紙面に垂直な方向に座屈が生じる場合を考えると，支点 B は柱には何の拘束も与えない．したがって，このときの柱は，長さ l の両端回転支持の柱と考えられる．これより，断面2次モーメントを $I_2 = bh^3/12$ として，座屈荷重は

$$P_{cr2} = \frac{\pi^2 EI_2}{l^2} = \frac{\pi^2 bh^3 E}{12l^2}$$

となる．題意より $P_{cr1} = P_{cr2}$ であるから

$$\frac{\pi^2 hb^3 E}{3l^2} = \frac{\pi^2 bh^3 E}{12l^2} \qquad \therefore\ \frac{h}{b} = 2$$

となる．

11.8　**解図 11.2**(b) に示すように，固定端 B が柱に及ぼす曲げモーメントを M_0 とする．固定端 A から x の距離にある位置には，曲げモーメント $M = -M_0 + Py$ が作用するから，たわみ曲線の微分方程式 (7.5) を用いると

$$\frac{d^2 y}{dx^2} = -\frac{M}{EI} = \frac{1}{EI}(M_0 - Py)$$

が成り立つ．ここで，$\alpha^2 = P/(EI)$ を導入し，上式を書き換えると

$$\frac{d^2 y}{dx^2} + \alpha^2 y = \frac{M_0}{EI}$$

となる．この式の解は，11.1 節と同様に求め，一般解と特殊解の和より

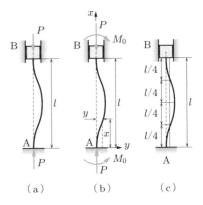

（a）　　（b）　　（c）

解図 11.2　問題 11.8

$$y = c_1 \sin \alpha x + c_2 \cos \alpha x + \frac{M_0}{P}$$

となる（あるいは，微分方程式の形から推測して，ただちに特殊解を $y = M_0/(\alpha^2 EI) = M_0/P$ と導いてもよい）．

$x = 0$ で $y = 0$, $dy/dx = 0$ の条件より

$$c_2 + \frac{M_0}{P} = 0, \quad c_1 = 0 \quad \therefore y = \frac{M_0}{P}(1 - \cos \alpha x)$$

が得られる．さらに，$x = l$ で $y = 0$ の条件を上式に代入すると，

$$1 - \cos \alpha l = 0$$

となる．これより，

$$\cos \alpha l = 1 \quad \therefore \alpha l = 2n\pi \ (n = 0, 1, 2, 3, \ldots)$$

が得られる．$n = 1$ のときの P を P_{cr} とおくと，$\alpha^2 = P_{cr}/(EI)$ であるから

$$P_{cr} = 4 \cdot \frac{\pi^2 EI}{l^2}$$

となり，片持ちはり形状の座屈荷重 $\pi^2 EI/(4l^2)$（式 (11.7) 参照）に比べて 16 倍の大きさである．これは，解図 11.2 (c) に示すように，両端固定の柱は，一端固定で他端自由の四つの柱から成り立っていることからも理解できる．

11.9　計算に必要な式は，式 (11.25) である．この式の計算に先立って，必要な量を計算すると（ここでは，丸めの誤差を防ぐために有効数字を多めにとって 5 桁とする）

$$A = \frac{\pi}{4}(d_o^2 - d_i^2) = \frac{\pi}{4}(0.09^2 - 0.07^2) = 2.5133 \times 10^{-3}\,\mathrm{m}^2,$$

$$I = \frac{\pi}{64}(d_o^4 - d_i^4) = \frac{\pi}{64}(0.09^4 - 0.07^4) = 2.0420 \times 10^{-6}\,\mathrm{m}^4,$$

$$Z = \frac{\pi}{32 d_o}(d_o^4 - d_i^4) = \frac{\pi}{32 \times 0.09}(0.09^4 - 0.07^4) = 4.5379 \times 10^{-5}\,\mathrm{m}^3,$$

$$\sqrt{\frac{P}{EI}}\,l = \sqrt{\frac{15 \times 10^3}{206 \times 10^9 \times 2.0420 \times 10^{-6}}} \times 6 = 1.1330\,\mathrm{rad}$$

となる．したがって，式 (11.25) より（角度計算は rad 単位であることに注意して）

$$\begin{aligned}
\sigma_{\max} &= \frac{P}{A}\left(1 + \frac{Ae}{Z}\sec\sqrt{\frac{P}{EI}}\,l\right) \\
&= \frac{15 \times 10^3}{2.5133 \times 10^{-3}}\left(1 + \frac{2.5133 \times 10^{-3} \times 0.11}{4.5379 \times 10^{-5}}\sec 1.1330\right) \\
&= 91.735 \times 10^6\,\mathrm{N/m^2} \approx 91.7\,\mathrm{MPa}
\end{aligned}$$

となる．

参考文献

[1] 中原, 材料力学（上），（下），養賢堂，1965, 1966.

[2] 黒木, 友田, 材料力学（第3版）新装版，森北出版，2014.

[3] 金沢, 山田, 高橋, 竹鼻, 小林, 岡村, 材料力学演習1, 2, 培風館，1992.

[4] 渥美, 鈴木, 三ケ田, 材料力学I, II SI版，森北出版，1984, 1985.

[5] 西村編著, ポイントを学ぶ材料力学，丸善，1988.

[6] 西村編著, 例題で学ぶ材料力学，丸善，1987.

[7] 斎藤, 平井, 詳解材料力学演習（上）（下），共立出版，1972.

[8] 柴田, 大谷, 駒井, 井上, 材料力学の基礎，培風館，1991.

[9] S. Timoshenko, D. H. Young, Elements of Strength of Materials 5th Ed., Van Nostrand Co. 1968.

[10] 渡辺編著, 演習・材料力学，培風館，2005.

[11] 臺丸谷, 小林, 基礎から学ぶ材料力学（第2版），森北出版，2015.

[12] 小泉監修, 笠野, 原, 水口著, 基礎材料力学，養賢堂，1990.

[13] 中原, 渋谷, 土田, 笠野, 辻, 井上, 弾性学ハンドブック，朝倉書店，2001.

[14] 日本機械学会, 材料力学，丸善，2007.

[15] 伊藤, やさしく学べる材料力学（第3版），森北出版，2014.

[16] 有光, 図解でわかるはじめての材料力学 改訂新版，技術評論社，2021.

[17] 堀辺, 問題で学ぶ材料力学，三恵社，2021.

本書の執筆にあたっては，上記の教科書を参考にした．各著者に深く謝意を表したい．

索　引

著者略歴

堀辺　忠志（ほりべ・ただし）

1980 年　東京大学大学院工学系研究科舶用機械工学専攻修士課程修了
1980 年　茨城工業高等専門学校機械工学科助手
1991 年　茨城工業高等専門学校機械工学科助教授
2000 年　茨城大学工学部機械工学科助教授
2009 年　茨城大学工学部機械工学科教授
2020 年　茨城大学名誉教授
現在　　芝浦工業大学，東京都市大学および茨城大学非常勤講師
　　　　博士（工学）

【著書，訳書】

1) Visual Basic でわかるやさしい有限要素法の基礎，森北出版（2008），堀辺著.
2) たわみやすいはりの大変形理論（F. Fay 著），二恵社（2019），堀辺訳.
3) 問題で学ぶ材料力学，三恵社（2021），堀辺著.

編集担当　上村紗帆(森北出版)
編集責任　藤原祐介(森北出版)
組　　版　プレイン
印　　刷　丸井工文社
製　　本　同

例題で学ぶ材料力学　　　　　　　　　　　　　　　ⓒ 堀辺忠志　2022

2022 年 7 月 29 日　第 1 版第 1 刷発行　　【本書の無断転載を禁ず】

著　　者　堀辺忠志
発行者　森北博巳
発行所　森北出版株式会社
　　　　　東京都千代田区富士見 1-4-11（〒102-0071）
　　　　　電話 03-3265-8341 ／ FAX 03-3264-8709
　　　　　https://www.morikita.co.jp/
　　　　　日本書籍出版協会・自然科学書協会　会員
　　　　　JCOPY ＜（一社）出版者著作権管理機構 委託出版物＞

Printed in Japan ／ ISBN978-4-627-65081-7